Stefan Hänzsche

Steigerung der Leistungsfähigkeit von integrierten Analog-Digital-Wandlern nach dem Verfahren der sukzessiven Approximation

TUDpress

Stefan Hänzsche

Steigerung der Leistungsfähigkeit von integrierten Analog-Digital-Wandlern nach dem Verfahren der sukzessiven Approximation

TUD_press_

2016

Die vorliegende Arbeit wurde am 19. März 2015 an der Fakultät Elektrotechnik und Informationstechnik der Technischen Universität Dresden als Dissertation eingereicht und am 11. Dezember 2015 erfolgreich verteidigt.

Vorsitzender: Prof. Dr.-Ing. habil. Leon Urbas

Gutachter:
Prof. Dr.-Ing. habil. René Schüffny
Prof. Dr.-Ing. habil. Helmut Beikirch

Bibliografische Information der Deutschen Nationalbibliothek
Die Deutsche Nationalbibliothek verzeichnet diese Publikation in der Deutschen Nationalbibliografie; detaillierte bibliografische Daten sind im Internet über http://dnb.d-nb.de abrufbar.

Bibliographic information published by the Deutsche Nationalbibliothek
The Deutsche Nationalbibliothek lists this publication in the Deutsche Nationalbibliografie; detailed bibliographic data are available in the Internet at http://dnb.d-nb.de.

ISBN 978-3-95908-035-4

Verlag der Wissenschaften GmbH
Bergstr. 70 | D-01069 Dresden
Tel.: 0351/47 96 97 20 | Fax: 0351/47 96 08 19
http://www.tudpress.de

Gesetzt vom Autor.
Printed in Germany.

TECHNISCHE UNIVERSITÄT DRESDEN

Steigerung der Leistungsfähigkeit von integrierten Analog-Digital-Wandlern nach dem Verfahren der sukzessiven Approximation

Stefan Hänzsche

von der Fakultät Elektrotechnik und Informationstechnik der

Technischen Universität Dresden

zur Erlangung des akademischen Grades eines

Doktoringenieurs

(Dr.-Ing.)

genehmigte Dissertation

Vorsitzender:	Prof. Dr.-Ing. habil. Leon Urbas		
Gutachter:	Prof. Dr.-Ing. habil. René Schüffny	Tag der Einreichung:	19.03.2015
	Prof. Dr.-Ing. habil. Helmut Beikirch	Tag der Verteidigung:	11.12.2015

Kurzfassung

Energieeffiziente Ein-Chip Systeme (SoC) mit umfangreicher digitaler Signalverarbeitung benötigen Analog-Digital Wandler (ADCs), die in sub-100 nm CMOS-Technologien implementierbar sind. Aufgrund ihrer digitalen Natur, der guten Skalierbarkeit und hohen Energieeffizienz sind besonders ADCs, die nach dem Verfahren der sukzessiven Approximation (SAR) arbeiten, für diese Anwendung geeignet.

Die vorliegende Arbeit entwickelt Methoden und Schaltungstechniken zur Steigerung der Leistungsfähigkeit und Erhöhung der Energieeffizienz von SAR ADCs. Ein ladungsbasiertes Systemmodell ermöglicht die Berechnung vollständiger Kennlinien hochauflösender SAR ADCs und statistische Analysen in vertretbarer Rechenzeit. Es erfolgt eine Analyse der gebräuchlichsten kapazitiven SAR ADC-Architekturen unter Berücksichtigung der wesentlichen Fehlerquellen, wie parasitären Kapazitäten, Mismatch, Ladungsinjektion und Offsetspannung des Komparators. Einen Schwerpunkt stellt dabei die analytische Betrachtung der zufälligen Variation der Kondensatoren, basierend auf deren statistischer Verteilung, dar. Anhand der Analyseergebnisse erfolgt ein Vergleich der untersuchten Architekturen.

Weiterhin entwickelt und analysiert diese Arbeit Verfahren zur Steigerung der Abtastrate von SAR ADCs. Die maximale Abtastrate herkömmlicher SAR ADCs ist durch das Einschwingverhalten von DAC (Digital-Analog Wandler) und Komparator begrenzt. Es wird ein redundantes Suchverfahren vorgestellt und dieses mit anderen Verfahren hinsichtlich der erzielbaren Steigerung der Abtastrate verglichen.

Ein weiterer Beitrag dieser Arbeit ist die Entwicklung von Schaltungstechniken, die durch Selbstkalibrierung oder geeigneter Kodierung die Linearität des ADCs erhöhen. Beide Techniken ermöglichen eine Steigerung der Auflösung mit geringer zusätzlicher Chipfläche bzw. eine Implementierung ohne hohe Anforderungen an die verwendeten Bauelemente.

Aufbauend auf den theoretischen Ergebnissen werden fünf praktische ADC-Implementierungen in CMOS-Technologien mit Strukturweiten von 0.35 µm bis 28 nm präsentiert. Es wird ein Selbstkalibrierverfahren für differenzielle Architekturen entwickelt, das die statische Linearität über die Genauigkeit der Kondensatoren hinaus erhöht und keinen Einfluss auf den Ablauf der Wandlung hat. Die Implementierung des Kalibrierverfahrens wird an einem ADC mit 14 bit Auflösung dargestellt. Messwerte belegen die praktische Anwendbarkeit im Rahmen eines industriellen Produkts. Eine timingeffiziente digitale Berechnung der redundanten Suche wird am Beispiel eines 12 bit ADCs in 28 nm CMOS-Technologie vorgestellt. Messwerte bestätigen eine vollständige Korrektur der Einschwingfehler von DAC und Komparator im Vergleich zur herkömmlichen binären Suche. Bei einer Abtastrate von 4 MS/s wird eine ENOB von 10.1 bit und eine Energieeffizienz (FOM) von 26 fJ/conv_step erreicht.

Weiterhin wird für den Einsatz in einem digital gesteuerten DC-DC Wandler ein 10 bit ADC mit neuartiger Fensterfunktion entwickelt. Durch den reduzierten Eingangsspannungsbereich wird bei konstanter Taktfrequenz und Verlustleistung eine um 60% erhöhte Abtastrate von 26.7 MS/s erzielt. Die digitale Implementierung erlaubt einen schnellen Wechsel der Betriebsmodi, eine Anpassung von Größe und Position des Spannungsbereichs und damit einen flexiblen Einsatz.

Die bei niedriger Versorgungsspannung durch Rauschen begrenzte Auflösung wird energieeffizient durch ein digitales Verfahren zur Rauschunterdrückung verbessert. Bei acht zusätzlichen Wandlungstakten und einer Steigerung der Energie pro Wandlung um lediglich 46% wird das Ausgangsrauschen eines 12 bit-ADCs auf die Hälfte reduziert. Trotz der umfangreichen digitalen Arithmetik erzielt der Prototyp eine zu aktuellen low-power SAR ADCs vergleichbare FOM von 9.6 fJ/conv_step.

Die in dieser Arbeit vorgeschlagenen Schaltungstechniken korrigieren nicht-ideales Verhalten der analogen Komponenten durch zusätzliche digitale Funktionalität und zeichnen sich besonders durch eine hohe Robustheit und gute Implementierbarkeit in modernen Technologien aus.

Abstract

Energy efficient systems on chip (SoCs) demand for analog-to-digital converters (ADCs), that allow implementation in modern sub-100 nm CMOS technologies. Successive approximation (SAR) ADCs are well suited for this purpose, because of their highly digital nature, good scalability and high energy efficiency.

This dissertation presents approaches and circuit techniques for improving performance and energy efficiency of SAR ADCs.

A charge based system model of charge redistribution SAR ADCs is developed. The model allows calculation of complete ADC characteristics and statistical analysis with reasonable computation time. An analysis of common capacitive ADC architectures is performed. Fundamental error sources like parasitic capacitors, device mismatch, charge injection and comparator offset are considered. One focus is the analytical investigation of random capacitor mismatch, based on their statistical distribution. A comparison of the examined architectures is executed with the help of the analysis results.

Furthermore, this work investigates different techniques to increase the sample rate of SAR ADCs. The maximum sample rate of conventional SAR ADC is limited by the settling of the digital-to-analog converter (DAC) and the comparator. A redundant search algorithm is presented and the attainable increase of the sample rate is compared to previously published approaches.

Another contribution of this thesis is the development of circuit techniques, that improve the linearity of the ADC by self-calibration or appropriate coding. Both techniques offer enhancement of the resolution with small additional chip area and allow for an implementation without high matching requirements.

Based on the theoretical analyses, five different ADC implementations are presented in CMOS technologies from 0.35 μm to 28 nm feature size. A self calibration algorithm is extended to differential architectures. It improves the static linearity beyond the accuracy of the capacitors without an impact on the conventional conversion sequence. The practical implementation of the calibration algorithm is illustrated on a 14 bit SAR ADC. Measurement results demonstrate the applicability in an industrial product.

A timing efficient digital calculation of the redundant search tree is presented, using the example of a 12 bit ADC in 28 nm CMOS technology. Measurement results prove a full correction of errors due to incomplete settling of the DAC and the comparator, compared to the conventional binary search. At a sample rate of 4 MS/s an ENOB of 10.1 bit and a figure of merit (FOM) of 26 fJ/conv_step is achieved.

Additionally, a 10 bit SAR ADC with window function is developed for the application in a digitally controlled DC-DC converter. The required digital circuitry for calculation of a redundant search tree provides implementation of a window function, where only a reduced input range is converted. The window mode enables a speed enhancement of 60% without an increase of clock frequency or power consumption. The flexible digital implementation allows fast changes of the operation mode and an adaption of the window size and its position at each conversion.

The resolution of SAR ADCs is limited by noise, as the supply voltage decreases by technology scaling. A power efficient digital approach for noise suppression is presented. With 8 additional conversion cycles and 46% increase of power the ENOB of a 12 bit ADC is improved by 1 bit. In spite of the extensive digital post processing the prototype achieves a FOM of 9.6 fJ/conv_step, comparable to recent low-power SAR ADCs.

The proposed techniques correct non-ideal behavior of analog circuits by additional digital functionality. This approach leads to high robustness and enables efficient implementation of high quality SAR ADCs in sub-100 nm CMOS technologies.

Danksagung

Allen Mitarbeitern der Professur für hochparallele VLSI-Systeme und Neuromikroelektronik danke ich für die angenehme und konstruktive Arbeitsatmosphäre und die projektübergreifende gegenseitige Hilfe. Herrn Prof. Schüffny danke ich für das Betreuen dieser Dissertation und die zuverlässige durchgängige Beschäftigung über viele Jahre, trotz immer größerer Verwaltungshürden. Besonders Sebastian Höppner möchte ich für konstruktive Diskussionen, Lösungsvorschläge und Anregungen danken. Seine ausdauernde Ermutigung zum Schreiben von Veröffentlichungen hat das Entstehen dieser Arbeit maßgeblich vorangetrieben. Stephan Henker danke ich für die Hilfe bei der Programmierung und die Unterstützung bei vielfältigen Fragen hinsichtlich Schaltungssimulation, Layouterstellung und Designflow. Meine Kollegen Georg Ellguth und Stefan Scholze unterstützten mich bei Synthese, Timinganalyse und Layoutgenerierung von Digitalschaltungen. Durch die langjährige Nachbarschaft im Büro waren sie bei alltäglichen Fragen zur Software und beim Lösen von Computerproblemen geduldige Ansprechpartner.

Dem Projektpartner ZMDI bin ich für das Bereitstellen von Messwerten und die Genehmigung zur Veröffentlichung zu Dank verpflichtet.

Meinen Freunden Ute Schiffel und Christoph Lehmann danke ich für das aufmerksame Korrekturlesen und für Anregungen hinsichtlich der Gliederung. Besonders durch ihren Blick von außen auf diesen Fachbereich hat Ute enorm zur besseren Verständlichkeit und Strukturierung dieser Arbeit beigetragen.

Für Ihre Geduld beim allabendlichen Blockieren Ihres Notebooks, das Interesse an meiner Arbeit und das Korrekturlesen danke ich meiner Frau Theresia. Unser Sohn Elias hat mir durch seinen ausgedehnten Mittagsschlaf und eine unterbrechungsfreie Nachtruhe ungestörtes Arbeiten ermöglicht und dafür ein ganz großes Lob verdient.

Abkürzungsverzeichnis

ADC	Analog-Digital-Wandler (engl. analog-to-digital converter)
AMS	Analog und Mixed-Signal
BiCMOS	Bipolar CMOS (engl. bipolar complementary metal oxide semiconductor)
CBW	binär gewichtet (engl. conventional binary weighted)
BPS	Abtasten mit der unteren Kondensatorplatte (engl. bottom plate sampling)
CDAC	kapazitiver Digital-Analog-Wandler
CLK	Taktsignal (engl. clock)
CMOS	sich ergänzender Metalloxid-Halbleiter (engl. complementary metal oxide semiconductor)
DAC	Digital-Analog Wandler (engl. Analog-to-digital converter)
DC	Gleichspannung (engl. direct current)
DNL	differenzielle Nichtlinearität (engl. differential non-linearity)
ENOB	effektive Auflösung (engl. effective number of bits)
ESD	elektrostatische Entladung (engl. electrostatic discharge)
FD	symmetrisch/volldifferenziell (engl. fully differential)
FIR	endliche Impulsantwort (engl. finite impulse response)
FOM	Leistungszahl (engl. figure of merit)
FSM	Zustandsautomat (engl. finite state machine)
FTC	vollständig thermometerkodiert (engl. fully thermometer coded)
IC	integrierter Schaltkreis (engl. integrated circuit)
IFC	ineinandergreifender Finger-Kondensator (engl. interdigitated finger capacitor)
INL	integrale Nichtlinearität (engl. integral non-linearity)
IO	Input-Output
I2C	serieller Datenbus (engl. Inter-Integrated Circuit)
LFC	lateraler Kondensator (engl. lateral flux capacitor)
LSB	niederwertigstes Bit (engl. least significant bit)
LUT	Umsetzungstablelle (engl. lookup table)
MIM	Metall-Isolator-Metall (Kondensator)
MOM	Metall-Oxid-Metall (Kondensator)
MOSFET	Metall-Oxid-Halbleiter-Feldeffekttransistor (engl. metal oxide semiconductor field effect transistor)
MSB	höchstwertigstes Bit (engl. most significant bit)
MUX	Multiplexer
NMOS	n-Kanal Feldeffekttransistor
NVCAP	natürlicher vertikaler Metallkondensator
OPV	Operationsverstärker
OSR	Überabtastrate (engl. oversampling ratio)
OTA	Transkonduktanzverstärker (engl. operational transconductance amplifier)
PCB	Leiterplatte (engl. printed circuit board)
PECVD	plasmaunterstützte chemische Gasphasenabscheidung
PLL	Phasenregelschleife (engl. phase locked loop)

PMOS	p-Kanal Feldeffekttransistor
PTC	teilweise thermometerkodiert (engl. partially thermometer coded)
PWM	Pulsweitenmodulation
RDAC	resistiver Digital-Analog Wandler
ROM	Festwertspeicher (engl. read-only memory)
RTL	Registertransferebene (engl. register transfer level)
SAR	Sukzessive Approximations-Register
SBW	seriengekoppelt binär gewichtet (engl. series-split binary weigted)
SC	geschaltete Kondensatoren (engl. switched capacitor)
SE	unsymmetrisch/nicht differenziell (engl. single-ended)
SFDR	Störungsfreier Dynamikbereich (engl. spurious-free dynamic range)
SH	Abtast-Halte Schaltung (engl. sample-and-hold)
SiO_2	Siliziumdioxid
SNDR	Signal-Rausch-und-Verzerrungs-Verhältnis (engl. signal-to-noise and distortion ratio)
SNR	Signal-Rausch-Verhältnis (engl. signal-to-noise ratio)
SoC	Ein-Chip-System (engl. system on chip)
SOI	Silizium auf einem Isolator (engl. silicon-on-insulator)
THD	gesamte harmonische Verzerrung (engl. total harmonic distortion)
TI	zeitlich versetzter Betrieb (engl. timing interleaved)
TPS	Abtasten mit der oberen Kondensatorplatte (engl. top-plate sampling)
VPP	vertikal parallele Platten

Formelzeichen

A	geometrische Fläche
A_0	Gleichspannungsverstärkung
A_{C}	Matching-Faktor einer Kapazität
C	Kapazität
c_{a}	auf Fläche bezogener Kapazitätsbeleg
c_{p}	auf Umfang bezogener Kapazitätsbeleg
C_{DS}	Drain-Source Kapazität
C_{GS}	Gate-Source Kapazität
C_{In}	Eingangskapazität
C_{L}	Lastkapazität
C_{T}	Kalibrier/Trimm-Kapazität
C_{TP}	parasitäre Kapazität der oberen Platte eines Kondensator-Arrays
$CMRR$	Gleichtaktunterdrückung (engl. common mode rejection ratio)
d	geometrischer Abstand
d_i	Bit i eines digitalen Datenwortes
D_{Out}	digitaler Ausgabewert
DNL	differenzielle Nichtlinearität (engl. differential non-linearity)
E_{G}	Verstärkungsfehler (engl. gain error)
E_{OS}	Offsetfehler (engl. offset error)
f_{Clk}	Taktfrequenz

f_{S}	Abtastfrequenz
g_{DS}	Kleinsignal Drain-Source Leitwert eines Transistors
g_{m}	Transistorkonduktanz (von Gate-Spannung nach Drain-Strom)
I	elektr. Stromstärke
I_{D}	Drain-Stromstärke
I_{leak}	Leckstrom
I_{Ref}	Referenzstrom
INL	integrale Nichtlinearität (engl. integral non-linearity)
k	Boltzmannkonstante
L	Länge eines Bauelements (Widerstand, Kondensator oder Transistor)
N	Auflösung in Bit
P	elektr. Leistung
P_{V}	Verlustleistung
$PSRR$	Versorgungsspannungsdurchgriff (enlg. power supply rejection ratio)
Q	elektr. Ladung
Q_{inj}	injizierte Ladung eines Transistor-Schalters
R	elektr. Widerstand
r_{DS}	Kleinsignal Drain-Source Widerstand eines Transistors
SNR	Signal-Rausch-Verhältnis (engl. signal to noise ratio)
T	Periodendauer
T_{Acq}	Abtastzeit
t_{cc}	Temperaturkoeffizient
T_{Clk}	Periodendauer eines Taktsignals
THD	gesamte harmonische Verzerrung (engl. total harmonic distortion)
V	elektr. Spannung
V_{Bias}	Bias -Spannung
v_{cc1}	linearer Koeffizient der Spannungsabhängigkeit
v_{cc2}	quadratischer Koeffizient der Spannungsabhängigkeit
V_{DD}	Versorgungsspannung
V_{DS}	Drain-Source Spannung
V_{GS}	Gate-Source Spannung
V_{In}	Eingangsspannung
V_{Offset}	Offset-Spannung eines Komparators oder Verstärkers
V_{Out}	Ausgangsspannung
V_{Ref}	Referenzspannung
V_{th}	Schwellspannung eines MOS-Transistors
W	Breite eines Bauelements (Widerstand, Kondensator oder Transistor)
ε	Permitivität
ε_{r}	relative Permitivität
σ	Standardabweichung
τ	Zeitkonstante
ω	Kreisfrequenz
Δ	absolute Differenz

Inhaltsverzeichnis

1 Einleitung

Analog-Digital-Wandler (ADCs) bilden die Schnittstelle zwischen der analogen Umwelt und der digitalen Signalverarbeitung. Sie führen eine Wert- und Zeitdiskretisierung durch und ermöglichen damit eine Verarbeitung analoger Sensorsignalgrößen in einem synchronen digitalen System. Abbildung 1.1 zeigt den Aufbau eines Systems zur digitalen Signalverarbeitung. Der ADC stellt in der Signalverarbeitungskette das Bindeglied zwischen Sensor bzw. Vorverstärker und digitalem Signalprozessor dar.

ADCs befinden sich heute in der Haushaltselektronik in vielfältigen integrierten Schaltungen (IC) von der elektronischen Küchenwaage, dem elektronischen Thermometer, der Digitalkamera, dem Mobiltelefon bis zum digitalen Radio oder Satellitenempfänger, aber auch in der Automatisierungs- und Regelungstechnik werden sie vielfältig eingesetzt. Dabei werden ganz unterschiedliche Signalgrößen wie Druck, Temperatur, Helligkeit, akustische Schwingungen und elektrische Felder erfasst und in Form von elektrischer Spannung, Strom oder Ladung vom ADC in ein digitales Signal umgewandelt. ADCs werden mittlerweile aber auch in großen Prozessorsystemen eingesetzt, die keine externen analogen Sensorsignale verarbeiten. Dort dienen sie zur Messung der eigenen Versorgungsspannung oder Temperatur des ICs [Lon08].

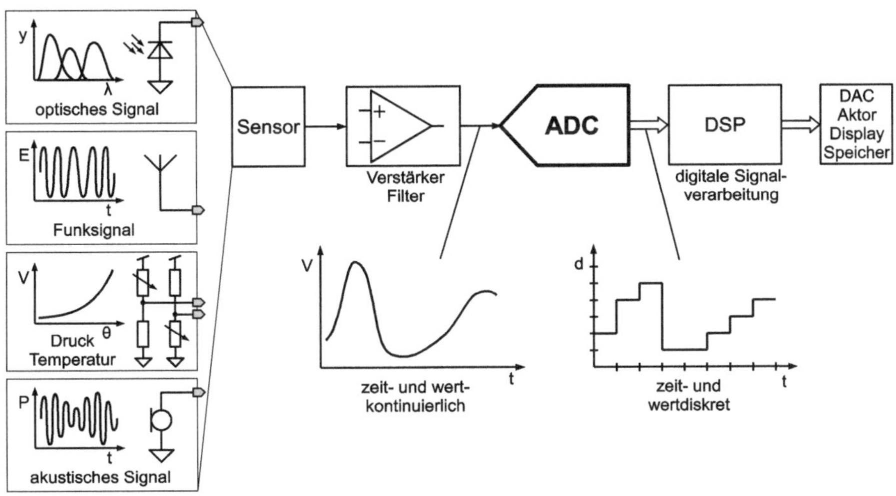

Abbildung 1.1: Digitales Signalverarbeitungssystem mit verschiedenen Signalquellen

Der aktuelle Trend der Integration der analogen Signalerfassung in Ein-Chip-Systeme (SoC) reduziert die mechanische Baugröße, die Leistungsaufnahme und damit die Fertigungskosten. Die Umsetzung eines SoCs ist jedoch darauf angewiesen, dass alle Komponenten in der gleichen Halbleitertechnologie implementierbar sind. Durch die stetige Technologieskalierung hin zu immer kleineren Strukturweiten erhöht sich die Leistungsfähigkeit von digitalen Systemen bei gleichzeitiger Zunahme des Funktionsumfangs. Auf analoge Schaltungen hat die Technologieskalierung jedoch nicht diese vorteilhafte Wirkung. Die kleinere Versorgungsspannung, höhere Leckströme und niedrigerer Ausgangswiderstand der Transistoren sowie stärkere Prozessvariationen bringen mehr Probleme beim Schaltungsentwurf mit sich [Lew09]. Aus diesem Grund wird angestrebt, die Signalverarbeitung weitestgehend digital durchzuführen. Auch wenn viele analoge Baugruppen in modernen Systemen durch robuste digitale Schaltungen ersetzt werden, bleibt die Notwendigkeit von ADCs als Schnittstelle zur analogen Umwelt erhalten oder es entstehen sogar neue Einsatzgebiete (z.B software-defined Radio). Daraus resultiert die Notwendigkeit ADCs zu entwickeln, die sich in modernen sub-100nm Technologien implementieren lassen und nicht auf spezielle Technologieoptionen, wie Metall-Isolator-Metall (MIM)-Kondensatoren, angewiesen sind.

ADCs, die nach dem Verfahren der sukzessiven Approximation (SAR) arbeiten, besitzen von allen ADC-Architekturen den kleinstmöglichen Umfang an analogen Komponenten und sind deshalb grundsätzlich für die Integration in modernen CMOS-Technologien geeignet [Jon12]. Vor allem SAR ADCs mit kapazitivem (Charge Redistribution) Digital-Analog-Wandler (DAC) stellen seit bald 40 Jahren eine typische Bauform in CMOS-Technologie dar [McC75]. Eine aktuelle Herausforderung besteht im Entwurf robuster Architekturen und Schaltungsverfahren, die auch in modernen sub-100nm Technologien implementiert werden können.

Jeder ADC kann durch die vier Kenngrößen Auflösung, Abtastrate, Leistungsaufnahme und Fläche beschrieben werden. Die verwendete Technologie bestimmt Randbedingungen, wie zulässige Signalpegel, Verfügbarkeit von Bauelementen und deren Eigenschaften sowie die grundsätzliche Implementierbarkeit verschiedener Schaltungsstrukturen. Abbildung 1.2 zeigt den entstehenden mehrdimensionalen Entwurfsraum. Die gestrichelt dargestellten Linien stellen dabei keine feste Grenze dar, sondern können auf Kosten von Leistungsaufnahme und Chipfläche verschoben werden. Eine Erhöhung der Auflösung geht mit einer Steigerung von Fläche und Leistung und einer Verringerung der Abtastrate einher, während eine höhere Abtastrate zumeist nur zusätzliche Leistung erfordert. Eine Ausnahme bildet der zeitversetzte Betrieb (time interleaved), wo die Geschwindigkeitssteigerung gleichzeitig mit erhöhter Leistungsaufnahme und größerer Fläche einher geht [Dor11]. Zusätzlich existiert eine technologieabhängige absolute Limitierung von maximal erzielbarer Auflösung und Abtastrate.

Aufgrund ihrer hohen Energieeffizienz und guten Implementierbarkeit in modernen Technologien sind SAR ADCs besonders in den letzten Jahren sehr beliebt geworden. Es existiert eine Vielzahl von wissenschaftlichen Arbeiten in einem weiten Anwendungsbereich. Dieser reicht von einer Auflösung von 14 bit bei Abtastraten von 40 MS/s [Hes07] bis hin zu Hochgeschwindigkeitsanwendungen mit 6 bit bei 1.25 GS/s [Cao08, Jia12]. Als Steigerung der Leistungsfähigkeit wird nicht nur das Durchbrechen der aktuellen Begrenzung von maximaler Auflösung bzw. Abtastrate angesehen, sondern

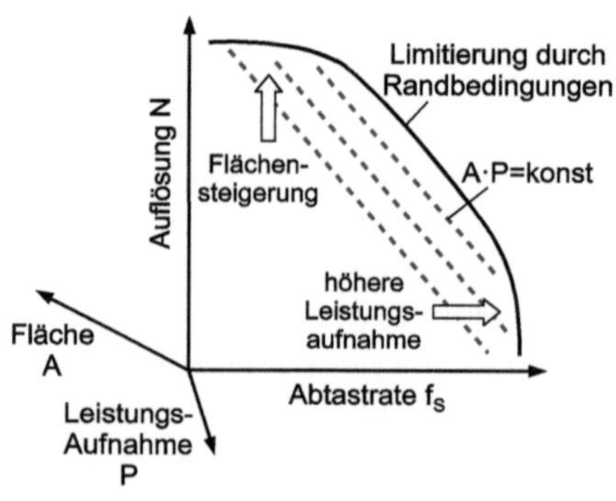

Abbildung 1.2: Mehrdimensionaler Entwurfsraum eines ADCs

auch eine Verschiebung entlang einer Achse innerhalb des bereits abgedeckten Parameterraumes, also zum Beispiel eine Steigerung der Abtastrate bei gleichbleibender Auflösung und Verlustleistung oder das Erzielen einer hohen Auflösung bei reduzierter Fläche. Abhängig von der Position im Parameterraum und der Richtung der angestrebten Verbesserung sind vollkommen unterschiedliche und speziell angepasste Verfahren nötig.

Die erzielbare Auflösung von SAR ADCs wird grundsätzlich durch zwei Größen bestimmt. Dies sind die Linearität der statischen Kennlinie und das Rauschen des Wandlungsergebnisses. Die Linearität wird durch die Kennlinie des intern verwendeten DAC und damit wiederum durch die relative Genauigkeit der Bauelemente bestimmt. Um Fläche und Verlustleistung zu minimieren, sind diese so klein wie möglich zu wählen. Damit werden zufällige Variationen (Mismatch) der Bauelementeparameter und systematische Layout-Effekte jedoch schnell zur limitierenden Größe der erzielbaren Linearität und somit der Auflösung des gesamten Wandlers. Für eine optimale Dimensionierung und damit einen bestmöglichen Kompromiss zwischen Fläche und Genauigkeit ist eine genaue Modellierung des Mismatch und eine exakte Vorhersage der erzielbaren Auflösung, abhängig von der verwendeten Architektur, erforderlich. Hervorgerufen durch die Technologieskalierung führen immer niedrigere Signalpegel zu einer stetigen Verschlechterung des Signal-Rausch-Verhältnisses und damit letztlich zu einer Begrenzung der erzielbaren Auflösung von ADCs in modernen Technologien. Um diese Limitierung zu überwinden sind neuartige Verfahren zur Rauschunterdrückung nötig.

Die maximale Abtastrate herkömmlicher SAR ADCs ist durch das Einschwingverhalten der analogen Komponenten während der sukzessiven Approximation bestimmt. Durch Hinzufügen von Redundanz können Fehlentscheidungen des Komparators, hervorgerufen durch unvollständiges Einschwingen, korrigiert werden. Die redundante Suche ermöglicht durch die entspannten Einschwinganforderungen eine enorme Steigerung der Taktfrequenz. Die meisten existierenden Implementierungen verwenden eine nicht binäre Wichtung der Kondensatoren im kapazitiven DAC, um eine Überlappung der Spannungslevel und damit eine Redundanz zu erreichen. Dieser Ansatz erschwert jedoch das Layout des Kondensator-Arrays, ist nicht kompatibel zu thermometerkodierten Strukturen und erfordert meist eine aufwendige Kalibrierung [Cha13b]. Durch die gesteigerte Komplexität der analogen Komponenten widerspricht diese Variante dem aktuellen Entwicklungstrend, der eine Minimierung analoger Funktionalität anstrebt. Eine digitale Berechnung des redundanten Suchbaumes benötigt eine aufwendige Arithmetik und ist mit einer Erhöhung der Verlustleistung verbunden [Kut02, Hes07]. Allerdings ist eine digitale Implementierung unabhängig von Struktur und Kodierung des DACs einfacher in eine neue Technologie portierbar und damit letztlich zukunftsorientierter.

1.1 Beiträge dieser Arbeit zur Verbesserung von SAR ADCs

Im Rahmen dieser Arbeit werden Methoden und Schaltungstechniken zur Steigerung der Leistungsfähigkeit und Erhöhung der Energieeffizienz von SAR ADCs vorgestellt, wozu theoretische Studien, Analysen sowie Schaltungsimplementierungen und deren experimentelle Validierung erfolgen. Einen Schwerpunkt stellt die analytische Betrachtung des Mismatch der Kondensatoren dar. Basierend auf der statistischen Verteilung der Kapazitätswerte werden Gleichungen zur Dimensionierung und zur Ausbeuteabschätzung verschiedener Strukturen hergeleitet. Es existiert mittlerweile eine Vielzahl von kapazitiven SAR ADC-Architekturen, die sich vor allem hinsichtlich der erreichbaren Genauigkeit und des Hardwareaufwandes unterscheiden. Es erfolgt eine Analyse von Offset- und Verstärkungsfehler sowie INL und DNL der gebräuchlichsten Architekturen unter Berücksichtigung der wesentlichen Fehlerquellen, wie parasitären Kapazitäten, Ladungsinjektion, Komparatoroffset und Mismatch. Ziel ist dabei eine einheitliche Betrachtung, um einen Vergleich und eine Beurteilung zu ermöglichen und damit eine Hilfestellung bei der Auswahl einer geeigneten Schaltungstopologie zu bieten.

Die wissenschaftliche Entwicklung von SAR ADCs war in den letzten Jahren stark auf eine Steigerung der Energieeffizienz ausgerichtet. Dieses Entwurfsziel hat einen Trend hin zu minimalistischen Designs bei mittleren Auflösungen ausgelöst. Ein sehr einfacher Aufbau der analogen Komponenten erleichtert zwar eine Implementierung in modernen Technologien und den Betrieb bei niedriger Versorgungsspannung, führt jedoch nicht zwangsläufig zu einer hohen Robustheit [Jon12]. Mehrere Implementierungsbeispiele dieser Arbeit zeigen, dass eine hohe Energieeffizienz in sub-100nm Technologien nicht auf einen minimalen Umfang an digitalen Schaltungen angewiesen ist, sondern entgegen dem aktuellen Trend auch beim Einsatz einer komplexen digitalen Steuerung erzielbar ist.

Beim Entwurf eines ADCs mit 10 oder mehr Bit Auflösung besteht das Problem, dass die Simulation einer gesamten Kennlinie auf Transistorlevel, aber meist auch auf Modellebene, durch einen Schaltungssimulator eine Rechenzeit von mehreren Stunden oder sogar Tagen erfordert. Um diese Schwierigkeit zu umgehen, wird ein Systemmodell ohne Schaltungssimulator vorgestellt, welches statistische Simulationen mit mehreren Tausend Durchläufen in wenigen Minuten erlaubt. Dieser Ansatz ermöglicht sowohl eine Architektur- und Technologieevaluierung frühzeitig im Entwurfsprozess, als auch eine schnelle Analyse von parasitären Layout-Effekten und Nichtidealitäten eines bestehenden Designs. Anhand der Analyseergebnisse kann, abhängig von den vorliegenden Technologieparametern und der Anwendung des ADCs, die am besten geeignete Architektur und damit ein sinnvoller Startpunkt für weitere Optimierungen gewählt werden.

Ein weiterer Beitrag dieser Arbeit ist die Entwicklung von Schaltungstechniken, die unabhängig vom vorliegenden Matching entweder durch Selbstkalibrierung eine geforderte Linearität erreichen oder diese mit geeigneter Kodierung des kapazitiven DAC inhärent garantieren. Beide Techniken ermöglichen eine Steigerung der Auflösung ohne zusätzliche Chipfläche bzw. eine Implementierung ohne hohe Anforderungen an die verwendeten Bauelemente.

Weiterhin wird eine energie- und zeit-effiziente rein digitale Implementierung der redundanten Suche vorgestellt. Die Steigerung der Abtastrate im Vergleich zur herkömmlichen binären Suche wird ausführlich analytisch untersucht und anhand von Messwerten diskutiert.

Im Rahmen dieser Arbeit wurden fünf ADCs entwickelt und an die unterschiedlichen Technologien angepasste Schaltungstechniken eingesetzt. Zwei ADCs entstanden in industriellen Projekten mit 12 und 14 bit Auflösung in 0.18 µm und 0.35 µm CMOS-Technologie. Es wird ein Selbstkalibrierverfahren eingesetzt, das ohne Einfluss auf den normalen Betrieb und ohne zusätzliche digitale Berechnung eine Auflösung von 14 bit ermöglicht. Weitere drei praktische Arbeiten mit 10 und 12 bit Auflösung verwenden eine low-power 28 nm CMOS-Technologie, die für aktuelle mobile Prozessorsysteme genutzt wird [ARM13, Glo14]. Durch die Arbeit mit einer der modernsten kommerziell verfügbaren Technologien werden zunehmende Einschränkungen beim Entwurf analoger Schaltungen deutlich aufgezeigt. Basierend auf der enormen Energie- und Flächeneffizienz komplexer digitaler Schaltungen wird ein zukunftsfähiger Lösungsansatz zur Implementierung von hochauflösenden SAR ADCs in sub-100 nm CMOS-Technologien präsentiert. Eine digitale Berechnung der redundanten Suche und ein digitales Verfahren zur Rauschreduktion verringern die Anforderungen an die analogen Komponenten und ermöglichen eine Steigerung der Abtastrate bzw. Auflösung. Damit wird die bestehende Limitierung der erzielbaren Auflösung bei niedriger Versorgungsspannung durchbrochen.

1.2 Aufbau der Arbeit

Die vorliegende Arbeit gliedert sich wie folgt: Teil I enthält theoretische Betrachtungen, die Systemmodellierung und mathematische Analysen. Kapitel 2 erklärt die grundsätzliche Funktionsweise und stellt charakteristische Eigenschaften von SAR ADCs dar. Der Stand der Technik und aktuelle Schwerpunkte der Forschung und bestehende Limitierungen werden anhand einer ausführlichen Studie wissenschaftlicher Publikationen in Kapitel 3 betrachtet. In Kapitel 5 und 6 erfolgt ein Vergleich unterschiedlicher Architekturen mittels einer analytischen Betrachtung und dem im Kapitel 4 eingeführten Systemmodell. Eine Betrachtung von Methoden zur Steigerung der Wandlungsrate, mit dem Fokus auf die redundante Suche, erfolgt in Kapitel 7.

Teil II dieser Arbeit enthält fünf praktische Arbeiten mit jeweils unterschiedlichem Schwerpunkt. Dabei kamen CMOS-Technologien von 0.35 µm bis 28 nm Strukturweite zum Einsatz. Ein Selbstkalibrierverfahren, eine digitale Implementierung der redundanten Suche, die Anwendung einer Fensterfunktion und ein Verfahren zur Rauschunterdrückung werden jeweils am Beispiel eines ADCs vorgestellt. Die Implementierbarkeit in sub-100nm CMOS-Technologien und eine hohe Energieeffizienz bildet dabei einen Schwerpunkt. Die Wirksamkeit der vorgestellten Methoden wird anhand von Messwerten gefertigter Chips diskutiert. Die Arbeit schließt mit einer Zusammenfassung der Ergebnisse und einem Ausblick. Im Anhang findet man vertiefende theoretische Untersuchungen, die Definition der verwendeten Kenngrößen von ADCs und einen Abschnitt zu Bauformen von Kondensatoren in einer CMOS-Technologie.

Alle in dieser Arbeit verwendeten Abbildungen und Diagramme sind eigene Darstellungen des Autors und enthalten deshalb keine Angaben zur Herkunft.

2 Grundlagen

2.1 Aufbau und Funktionsweise eines SAR ADC

Die grundsätzlichen Bestandteile eines SAR ADC sind ein Abtast-Halte-Glied (SH), ein Komparator, ein Digital-Analog-Wandler (DAC) mit der gleichen Auflösung wie der gesamte Wandler und die namensgebende SAR-Steuerlogik, wie in Abbildung 2.1a dargestellt. Die Analog-Digital-Wandlung erfolgt durch schrittweises Vergleichen der abgetasteten Eingangsspannung mit einer durch den DAC erzeugten Vergleichsspannung, weshalb diese Methode auch Wägeverfahren genannt wird. Dieser Vorgang wird mehrfach wiederholt, wobei die Vergleichsspannung so verändert wird, dass sie sich immer mehr der Eingangsspannung annähert. Ein Beispielverlauf ist in Abbildung 2.1b für eine Eingangsspannung V_{In} von 0.63 V und eine Referenzspannung V_{Ref} von 1.0 V dargestellt. Im ersten Wandlungstakt wird die zuvor abgetastete Eingangsspannung mit halber Referenzspannung verglichen, indem das höchstwertige Bit (MSB) im Steuerwort des DAC auf 1 gesetzt wird, während alle anderen Bits 0 sind. Ist die Eingangsspannung größer als V_{DAC}, so wird das MSB beibehalten und als nächster Vergleichswert $\frac{3}{4}$ der Referenzspannung gewählt, andernfalls wird das MSB auf 0 zurückgesetzt und als nächstes $\frac{1}{4}V_{\mathrm{Ref}}$ gewählt. Das im vorherigen Takt gesetzte Bit wird somit abhängig von der Komparatorentscheidung beibehalten oder rückgesetzt, und das nächst niederwertige Bit immer auf 1 gesetzt. Dieser Vorgang wird zyklisch wiederholt bis die Entscheidung für das niederwertigste Bit (LSB) getroffen wurde. Das so ermittelte Digitalwort stellt direkt das Wandlungsergebnis dar. Durch die stetige Halbierung des Suchbereichs wird 1 Bit Information pro Wandlungstakt bestimmt. Es sind somit N Wandlungstakte für N Bit Auflösung erforderlich. Der zugrundeliegende Algorithmus ist vergleichbar mit dem mathematischen Iterationsverfahren der Intervallhalbierung (Bisektion).

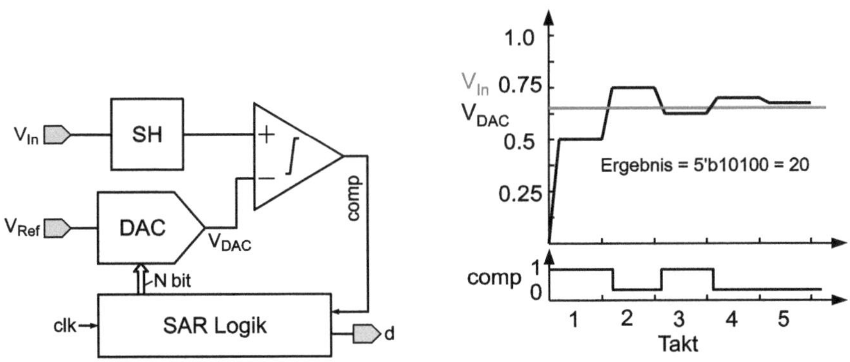

(a) Blockschaltbild eines SAR ADCs

(b) Spannungsverlaufs einer 5 bit Wandlung

Abbildung 2.1: Aufbau und Funktionsweise eines SAR ADCs

Es existiert eine Vielzahl von Möglichkeiten, die Grundbausteine eines SAR ADCs aufzubauen und zu verschalten. Eine Sonderform ist die Gruppe der Ladungsumverteilungs SAR ADC (Charge-Redistribution), die einen kapazitiven DAC verwenden. Dieser Aufbau ermöglicht es, die Kondensatoren des Abtast-Halte-Gliedes und des DAC zu kombinieren und damit erheblich Fläche zu sparen. Der kapazitive DAC wird meist in Form von binär gewichteten Kondensatoren aufgebaut, wie in Abbildung 2.2 am Beispiel eines 4 bit ADCs dargestellt. Das Kapazitätsnetzwerk bildet einen

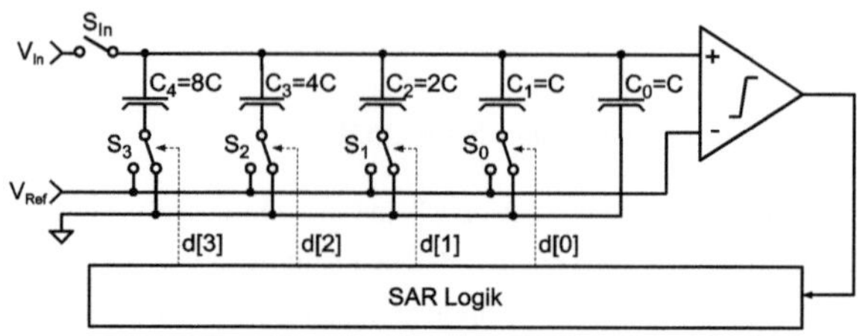

Abbildung 2.2: Einfacher kapazitiver SAR ADC mit einer Auflösung von 4 bit

einstellbaren kapazitiven Spannungsteiler, mit dem je nach Stellung der Schalter 2^N Unterteilungen der Referenzspannung erzeugt werden können. Dabei sind die Schalter S_0 bis S_3 direkt den Bits des Steuerwortes $d[3{:}0]$ zugeordnet. Durch das vorherige Abtasten der Eingangsspannung mit dem Kondensatornetzwerk wird die Spannung am Komparator aus der Summe der Eingangsspannung V_{In} und der einstellbaren Spannung des DAC V_{DAC} gebildet. Der Komparator vergleicht somit V_{Ref} mit $V_{\mathrm{In}}+V_{\mathrm{DAC}}$. Die sukzessive Approximation läuft nach dem gleichem Algorithmus ab, wie am Beispiel beschrieben. Am Ende der Wandlung ist die Eingangsspannung in diesem Fall durch $V_{\mathrm{In}}=V_{\mathrm{Ref}}-V_{\mathrm{DAC}}$ definiert.

Da diese Bauform keine Widerstände benötigt, ist sie gut zur Integration in Standard-CMOS-Technologien geeignet. Eine hervorragende Energieeffizienz wird durch den fehlenden statischen Strom des kapazitiven DAC und den geringen Umfang an aktiven Schaltungen erreicht. Diese Merkmale begründen die große Beliebtheit von Ladungsumverteilungs-SAR ADCs, die sich auch daran zeigt, dass in aktuellen Veröffentlichungen fast ausschließlich diese Bauform verwendet wird [Har12a, Jan13, Yos13].

Basierend auf ihren Wandlungsverfahren besitzen SAR ADCs folgende typische Eigenschaften:

- für N bit Auflösung werden N Wandlungstakte benötigt
- ein Abtastvorgang pro Wandlung (nicht überabtastend), aufeinander folgende Wandlungen sind unabhängig
- Signalbandbreite nahe der Nyquist-Frequenz
- Linearität und Auflösung wird durch den DAC bestimmt
- Offsetspannung des Komparators hat keinen Einfluss auf die Linearität, sondern wirkt sich nur als Offset-Fehler des gesamten ADCs aus
- Geschwindigkeit ist durch Einschwingen von DAC und Komparator begrenzt
- keine aktiven Schaltungen außer dem Komparator erforderlich

2.2 Einordnung von SAR ADCs

Es existieren verschiedene Ansätze zur Klassifizierung von ADCs. Am gängigsten ist die Einteilung nach dem zugrunde liegenden Wandlungsverfahren. Bedingt durch die für jedes Verfahren typische Anzahl an Wandlungsschritten sowie der Relation von Hardwareaufwand und Auflösung, kann jedem ADC-Typ ein typischer Abtastraten- und Auflösungsbereich zugeordnet werden. Abbildung 2.3

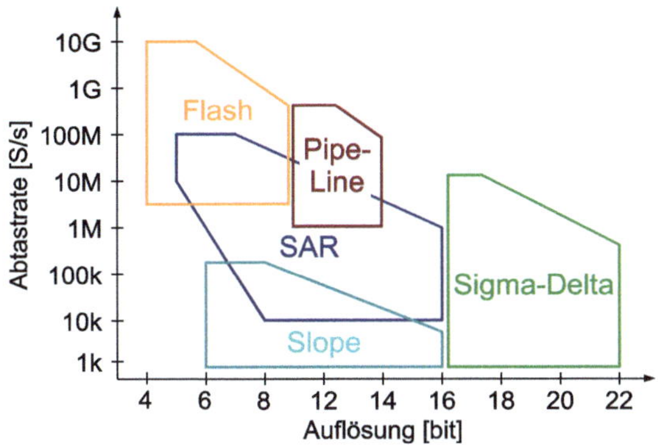

Abbildung 2.3: Einordnung der AD-Wandlungsverfahren nach typischer Auflösung und Abtastrate

zeigt diese Einordnung. Je nach konkreter schaltungstechnischer Realisierung und verwendeter Technologie, sowie verfügbarem Verlustleistungsbudget, existieren bei allen ADC-Typen stets einzelne Designs, deren Kenngrößen weit außerhalb des dargestellten Bereichs liegen. SAR ADCs nehmen einen zentralen Bereich mit Auflösungen von 5 bis 16 bit und Abtastraten bis zu 100 MS/s ein und sind damit in einem vielfältigem Anwendungsbereich zu finden.

Flash-Wandler, auch bekannt als Parallel-Wandler, erreichen die höchsten Abtastraten da nur ein Takt zur Wandlung benötigt wird. Allerdings steigt der Schaltungsaufwand und ihre Leistungsaufnahme exponentiell mit der Auflösung. SAR ADCs sind langsamer als Flash-Wandler, da mehrere Takte pro Wandlung benötigt werden. Da nur ein Komparator vorhanden ist, besitzen SAR ADCs jedoch eine deutlich geringere Leistungsaufnahme.

Zyklische bzw. Algorithmische ADCs benötigen wie SAR ADCs ebenfalls N Wandlungstakte für N bit Auflösung. Trotzdem können diese nur bei niedrigeren Taktfrequenzen arbeiten als SAR ADCs, da sie auf das Einschwingen der geschlossenen Schleife von Verstärkern mit hoher Verstärkung angewiesen sind. SAR ADCs enthalten als aktive Schaltung lediglich einen Komparator, der entweder keinen Vorverstärker aufweist oder mehrere einzelne Stufen mit niedriger Verstärkung und damit hoher Bandbreite besitzt. Deshalb ist der Betrieb bei höherer Taktfrequenz möglich.

Sigma-Delta ADCs gehören zu der Gruppe der überabtastenden ADCs und besitzen eine maximale Signalbandbreite, die im Gegensatz zu SAR ADCs deutlich unter der Abtastrate liegt. Weiterhin sind Sigma-Delta-ADCs auf das Einschwingen von Integratorschaltungen angewiesen und erzielen nicht annähernd die Signalbandbreite von SAR ADCs. Da Sigma-Delta-ADCs das Eingangssignal überabtasten, ist es möglich Schaltungsnichtidealitäten durch Rauschformung zu unterdrücken. Aus diesem Grund erreichen Sigma-Delta-ADCs die höchste Auflösung unter allen ADC-Typen

Pipe-Line ADCs besitzen ähnliche Abtasraten wie SAR ADCs, erzielen jedoch nicht die gleiche maximale Auflösung und sind auf aktive Verstärkerschaltungen angewiesen.

Zählverfahren (Single oder Dual-Slope-ADC) benötigen 2^N Wandlungstakte und sind damit nur für niedrige Abtastraten einsetzbar. Die erzielbare Linearität ist auf eine zu SAR ADCs vergleichbare Auflösung begrenzt.

Durch ihre digitale Natur und den minimalen Umfang an aktiven Schaltungen skaliert die Leistungsaufnahme und Geschwindigkeit von SAR ADCs hervorragend mit der Strukturweite der verwendeten Technologie. Dadurch erreichen SAR ADCs in modernen CMOS-Technologien die höchste Energieeffizienz unter allen ADC-Typen.

3 Stand der Technik

3.1 Zur Geschichte von SAR ADCs

Der grundlegende Algorithmus der sukzessiven Approximation ist seit dem 15. Jahrhundert bekannt. Die erste Beschreibung findet man als mathematisches Problem zur Bestimmung eines unbekannten Gewichts mit möglichst wenigen Wiegedurchgängen [RB87]. Dabei wird die kleinste Anzahl an Gewichten und Vergleichsdurchgängen gesucht, um eine ganzzahlige Masse zwischen 1 und 40 Pfund zu bestimmen. Der Mathematiker Tartaglia schlug 1556 eine Lösung mithilfe der Gewichte 1, 2, 4, 8, 16 und 32 Pfund vor. Dieser Algorithmus wird noch heute in modernen SAR ADCs verwendet.

Die erste elektrische Umsetzung wurde in einem Pulsweiten-Modulations (PCM) System in der Forschungseinrichtung „Bell Laboratories“ in den 1940er Jahren mit 5 bit Auflösung und einer Abtastrate von 8 kS/s gebaut. Dabei wurden binär gewichtete Referenzspannungen addiert [Sch48]. Nächster Meilenstein war der Entwurf des ersten kommerziellen SAR ADCs 1954 durch B. Gordon bei EPSCO. Dieser verwendete Vakuumröhren und erreichte 11 bit Auflösung und eine Abtastrate von 50 kS/s bei einer Leistungsaufnahme von 500 W. Der dabei verwendete Algorithmus zur digitalen Steuerung wurde 1958 patentiert [Gor61]. Zu dieser Zeit wurde noch die Bezeichnung “Feedback Substraction” oder “Feedback Coder” verwendet. Die heutige Bezeichnung ist erst seit den frühen 1970er Jahren gebräuchlich, als die SAR Steuerlogik als einzelner IC (2503/2504) kommerziell von National Semiconductor und Advanced Micro Devices (AMD) hergestellt wurde. Diese zur Steuerung einer AD-Wandlung entworfenen Chips mit 8 oder 12 bit Wortbreite waren für die nächsten 10 Jahre grundlegender Baustein vieler diskreter und hybrider SAR ADC-Implementierungen.

Vorerst existierten nur ADCs mit modularem Aufbau aus mehreren separaten Bausteinen. Als binär gewichteter DAC wurden ICs mit per Laser getrimmten Dünnfilm-Widerständen verwendet. Eine erste herausragende hybride Lösung war der AD752 von Analog Devices mit 12 bit Auflösung und 25 µs Wandlungsdauer. Er beinhaltete sogar einen Taktgenerator, eine interne Referenzquelle, einen Komparator sowie einen Eingangsverstärker und bestand aus mehreren Chips, die in ein Gehäuse verpackt wurden. Zur Steuerung diente ein 2504 IC und als DAC wurde ein Widerstandsnetzwerk verwendet. Der erste monolithische SAR ADC (AD571) mit 10 bit Auflösung und 25 µs Wandlungszeit wurde 1978 von Paul Brokaw entworfen. Wenig später folgte der AD574 mit 12 bit Auflösung und 35 µs Wandlungszeit.

Dieser Schaltkreis wurde in den frühen 1980er Jahren der Standard der industriellen ADCs. Auch er bestand noch aus zwei getrennten Chips in einem gemeinsamen Gehäuse. Erst ab 1985 wurden SAR ADCs als einzelner Chip gefertigt. In den 80er Jahren tauchten in den Datenblättern dann auch die heute typischen Bezeichnungen wie SNR, SINAD, INL, DNL usw. auf. Mit der Entwicklung von CMOS und BiCMOS in der zweiten Hälfte der 80er Jahre wurden ADCs mit 12 bit Auflösung und Abtastraten bis zu 100 kS/s (AD7870) angeboten.

Zehn Jahre später wurde CMOS die Technologie für die Standard-ADCs. BiCMOS war nur noch den Produkten mit sehr hoher Wandlungsrate vorbehalten. SAR ADCs besetzten den typischen Bereich von 10 bis 12 bit Auflösung mit Wandlungsraten bis 1 MS/s. Auflösungen über 14 bit wurden vorerst nur durch die stark aufstrebenden Delta-Sigma ADCs erreicht. Die 90er Jahre waren bei den kommerziellen SAR ADCs hauptsächlich durch die stetige Steigerung der Geschwindigkeit und Reduktion der Versorgungsspannung und damit auch der Leistungsaufnahme geprägt.

Eine nennenswerte Erhöhung der Auflösung wurde erst in den 2000er Jahren erreicht. Mobile batteriebetriebene Produkte forderten eine niedrige Single-ended Versorgungsspannung und eine geringe Leistungsaufnahme. Eine detaillierte Darstellung der Geschichte und technischen Entwicklung von SAR ADCs findet man in [Kes05], jedoch stark fokussiert auf die Produkte des Herstellers Analog Devices.

3.2 Stand der Technik kommerzieller ADC-Produkte

In den letzten fünf Jahren haben SAR ADCs mit 18 oder 20 bit Auflösung den bisher Delta-Sigma ADCs vorbehaltenen Genauigkeitsbereich erreicht. Eine umfassende Produktpalette an SAR ADCs bieten mittlerweile fast ausschließlich die vier Hersteller Analog Devices, Texas Instruments, Linear Technologie und Maxim Integrated, die auch die technische Entwicklung der letzten 20 Jahre dominierten. Tabelle 3.1 gibt anhand einer kleinen Auswahl einen Überblick zur Entwicklung der maximalen Auflösung und zugehörigen verfügbaren Abtastrate.

In wissenschaftlichen Veröffentlichungen erreichte Werte sind mit der Spezifikation kommerzieller Produkte nicht vergleichbar. Besonders bei der Leistungsaufnahme besteht meist ein sehr großer Unterschied. Die deutlich höhere Verlustleistung kommerzieller Produkte ist dadurch zu begründen, dass ihre Spezifikation einen weitaus größeren Versorgungsspannungs- und Temperaturbereich abdeckt und die Schaltungen zum Erreichen einer hohen Ausbeute enorm robust gegenüber Prozessschwankungen sein müssen. Dies ist in industriellen Produkten nur zu Lasten des Stromverbrauchs und der Chipfläche zu gewährleisten.

Jahr	Hersteller	Bezeichnung	N [bit]	f_S [S/s]	INL [LSB]	V_{DD} [V]	$ENOB$ [bit]	P_V [mW]
1990	Analog Devices	AD1674	12	100k	0.5	11.4-16.5	11.5	385
1999	Analog Devices	AD7472	12	1M	1.0	2.7-5.5	9.7	3.5
2001	Analog Devices	AD7671	16	1M	2.5	5±5%	14,7	112
2003	Analog Devices	AD7674	18	800k	2.5	5±5%	16,0	89
2005	Analog Devices	AD7980	16	1M	0.6	2.5±5%	14.9	5.7
2011	Linear Technologies	LTC2378	18	1M	0.5	2.5±5%	16.7	13.5
2013	Analog Devices	AD7960	18	5M	0.8	2.5-5.5V	16.7	46.5
2013	Maxim	MAX11156	18	500k	2.5	5±5%	15.4	26.5
2013	Texas Instruments	ADS8881	18	1M	1.5	2.7-3.6	16.3	5.5
2013	Analog Devices	AD7960	18	5M	0.8	5±5%	16.1	39
2013	Linear Technologies	LTC2378	20	1M	5	2.5±5%	17.0	21.0
2014	Linear Technologies	LTC2389	18	2.5M	3	5±5%	16.3	162.5
2014	Maxim	MAX11905	20	1.6M	6	1.8±5%	16.0	9

Tabelle 3.1: Entwicklung kommerzieller integrierter SAR ADCs

3.3 Wissenschaftliche Entwicklung der letzten Jahre

Dieser Abschnitt soll einen Überblick zur aktuellen Entwicklung von SAR ADCs in wissenschaftlichen Arbeiten geben, dabei Trends aufzeigen und den aktuellen Stand der Technik darstellen.

Einige der bekanntesten ADC-Studien stammen von R. H. Walden. Eine der frühesten Übersichtsdarstellungen wurde 1994 veröffentlicht [Wal94]. 1999 folgte dann seine wahrscheinlich am häufigsten zitierte Analyse zu ADC-Trends [Wal99]. Seine Betrachtung konzentriert sich auf die Abtastrate in Relation zur tatsächlichen Auflösung, repräsentiert durch die Größe SNDR bzw. ENOB. Walden sieht drei Ursachen für die Begrenzung der ADC Performance: thermisches Rauschen, Apertur-Jitter und Komparator Metastabilität. Eine kurze Aktualisierung zur Entwicklung der zurückliegenden zehn Jahre erschien 2008 [Wal08], jedoch ohne nennenswerte neue Erkenntnisse.

B. Le, T. Rondeau, J. Reed und C. Bostian haben eine Studie von 914 kommerziellen ADCs der vier bedeutendsten IC Hersteller Analog Devices, Maxim, National Semiconductor und Texas Instruments aus dem Zeitraum von 1983 bis 2005 präsentiert [Le05]. Aufbauend auf der Studie von Walden werden die drei grundsätzlichen Parameter Abtastrate, Auflösung und Leistungsaufnahme analysiert und verschiedene Begrenzungsursachen für unterschiedliche Bereiche der Abtastrate dargestellt. Dabei gehen die Autoren im Gegensatz zu Walden auf das spezifische Verhalten der unterschiedlichen ADC-Architekturen ein. Bei der Analyse der Leistungsaufnahme wird eine ganz klare Abhängigkeit von der Architektur, dabei besonders von der Anzahl an Komparatoren als dominierender Leistungsverbraucher, gezeigt. Bei der Analyse der zeitlichen Entwicklung wurde entgegen der Voraussage von Walden [Wal99] ein ganz klarer Anstieg der Leistungsfähigkeit seit 1994 erkannt.

In [Mur08] werden von B. Murmann rund 260 Publikationen der angesehenen Konferenzen ISSC (International Solid-State Circuits Conference) und VLSI (Symposium on VLSI Circuits) aus dem Zeitraum 1997 bis 2008 betrachtet und damit ausschließlich wissenschaftlich führende Entwicklungen. Diese Arbeit konzentriert sich auf den Trend der Energieeffizienz und des Rauschens, ausgedrückt durch die Größe SNDR. Murmann erkennt pro Jahr eine Steigerung der Energieeffizienz um Faktor 1.4. Der Einfluss der Technologieskalierung wird ausführlich untersucht. Ein Trend weg von Architekturen, die auf Verstärker mit hoher Verstärkung angewiesen sind, hin zu minimalistischen Schaltungen mit geringen Anforderungen an die analogen Komponenten, wird nachgewiesen. Kritisch wird dabei jedoch der Verlust an Robustheit und Gleichtakt- sowie Versorgungsspannungsunterdrückung angesehen. Der in [Mur08] verwendete Datensatz steht in ständig aktualisierter Form online frei zur Verfügung und bietet die einzigartige Möglichkeit eigenständige Analysen durchzuführen [Mur15]. Derzeit sind rund 390 ADCs enthalten, davon 58 SAR ADCs.

Den umfangreichsten Überblick mit 1700 wissenschaftlichen Publikationen, die zwischen 1974 bis 2012 veröffentlicht wurden, präsentiert B. Johnson [Jon12]. Die Studie analysiert zum Beispiel die zeitliche Entwicklung der Versorgungsspannung und die für ADCs verwendete Technologie. Johnson erkennt eine theoretische Limitierung der Auflösung durch thermisches Rauschen. Trotz fortschreitender Technologieskalierung ist seit dem Jahr 2000 keine Verbesserung des Rauschens pro Signalbandbreite mehr erreicht worden. Eine weitere Reduzierung der Versorgungsspannung und damit des Dynamikbereichs könnte sogar bewirken, dass zukünftige ADCs den derzeitigen Stand der Technik hinsichtlich ihrer Rauschkenngrößen nicht beibehalten können [Jon10]. Interessante Betrachtungen ausschließlich zur Entwicklung der Chipfläche von ADCs findet man in [Jon11]. Weitere Analysen von Johnson und eine ständig aktualisierte Übersicht der führenden ADCs aus wissenschaftlichen Veröffentlichungen ist online verfügbar[1]. Tabelle 3.2 zeigt eine Übersicht bedeutender ADC-Studien.

Alle diese Studien unterscheiden höchstens zwischen Over-Sampling- bzw. Delta-Sigma-ADCs und Nyquist-ADCs, führen aber keine ausführliche separate Analyse einzelner Architekturen durch. Bei der Darstellung der typischen Auflösung und Abtastrate in Abbildung 3.2 erkennt man, dass SAR

[1] ADC-Studie von B. Johnson: http://converterpassion.wordpress.com

Autoren	Zeitraum	Datensätze	Auswahl	untersuchte Größen	Ref.
Walden	1994	100	wiss. + industr.	N, SNR, f_S	[Wal94]
Walden	1978-1997	150	wiss. + industr.	SNR, SFDR, f_S, FOM	[Wal99]
Merkel, Wilson	1993-2003	150	wiss. + industr. N>12, f_S>1MS/s	N, f_S, P, SFDR, V_{DD}, Tech.	[Mer03]
Le, Rondeau, Reed	1983-2004	914	industriell	ENOB, f_S, P_V, Jahr, FOM, Kaufpreis, Anzahl Kanäle	[Le05]
Johnson	1974-2010	1400	wissenschaftlich	Technologietrend, V_{DD}, SNDR, FOM	[Jon10]
Johnson	1974-2012	1700	wissenschaftlich	V_{DD}, Technologie, Jahr, Rauschen und Jitter, SNDR bzw. SFDR, FOM	[Jon12]
diese Arbeit	2004-2014	116	wisssenschaftlich nur SAR ADCs	ENOB, f_S, FOM, V_{DD}, Technologie, Fläche	

Tabelle 3.2: Übersicht bedeutender ADC-Studien

ADCs bei beiden Größen im mittleren Bereich zu finden sind und deshalb bei der Betrachtung der Gesamtmenge an ADCs kaum Einfluss auf die Entwicklung der Maximalwerte dieser Größen haben. Die maximale Auflösung (ENOB, SNDR) wird von Delta-Sigma ADCs dominiert und die maximale Abtastrate von Flash- und Pipeline-ADCs. Lediglich bei der Energieeffizienz sind SAR ADCs aktuell führend. Deshalb ist es kaum möglich aus der Analyse der Gesamtmenge an ADCs getroffene Rückschlüsse auf einzelne Architekturen zu übertragen.

Diese Arbeit präsentiert eine eigene Analyse zur aktuellen Entwicklung von SAR ADCs. Sie beinhaltet bei IEEE (Institute of Electrical and Electronics Engineers) verfügbare Veröffentlichungen zu SAR ADCs im Zeitraum von 2004 bis 2014. Folgende Quellen wurden zur Analyse herangezogen:

1. Alle Paper der Konferenzen ISSCC und VLSI aus den Rohdaten der online verfügbaren Sammlung von Murmann [Mur15], ergänzt um die Kenngrößen ENOB und Versorgungsspannung.

2. Eine eigene Sammlung von Publikationen der internationalen Konferenzen ESSCIRC (European Solid-State Circuits Conference), CICC (Custom Integrated Circuits Conference) und ISCAS (International Symposium on Circuits and Systems).

3. Eine selbst erstellte Auswahl der Journals JSSC (Journal of Solid-State Circuits) und TCAS I/II (Transactions on Circuits and Systems).

Erfasst wurden von jedem ADC die Kenngrößen: Abtastrate, Leistungsaufnahme, SNDR, SFDR, SNR, THD, ENOB, FOM, Fläche, Versorgungsspannung und verwendete Technologie. Einbezogen wurden ausschließlich Publikationen mit Messwerten gefertigter Chips. Damit ergibt sich eine Gesamtmenge von 171 Datensätzen (Stand Nov. 2014).

Ein zeitlicher Verlauf der Anzahl an Veröffentlichungen und die Aufteilung zu den Konferenzen und Journals ist in Abbildung 3.1a dargestellt. Eine nahezu exponentielle Zunahme der Anzahl an Veröffentlichungen belegt die enorme Popularität von SAR ADCs. Die Verteilung der verwendeten CMOS-Technologien zeigt Abbildung 3.1b. Technologien mit Strukturweiten größer 90 nm verlieren zunehmend an Bedeutung. Die Mehrheit der Publikationen liegt mittlerweile in 65 nm CMOS-Technologie vor.

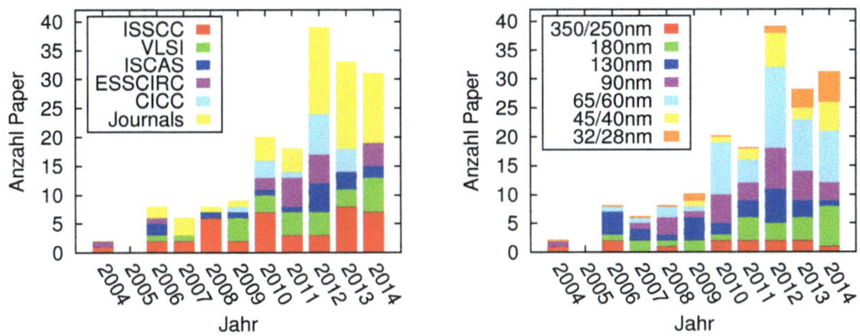

(a) Verteilung der einbezogenen Quellen (b) Verteilung nach verwendeter Technologie

Abbildung 3.1: Verteilung der untersuchten wissenschaftlichen Publikationen mit Messwerten von SAR ADCs

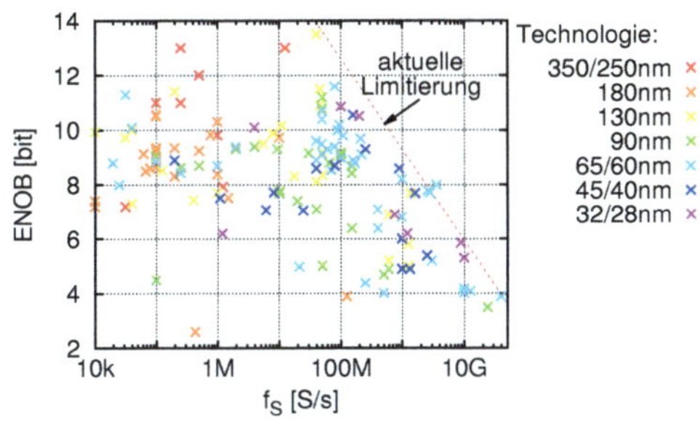

Abbildung 3.2: Darstellung der tatsächlich erreichten effektiven Anzahl an Bits in Relation zur Abtastrate, mit farblicher Markierung der verwendeten Technologie.

3.3.1 Begrenzung von Abtastrate und effektiver Auflösung

Abbildung 3.2 zeigt die typische Gegenüberstellung von Abtastrate f_S und effektiver Anzahl an Bits ENOB. Farblich gekennzeichnet ist die Strukturweite der verwendeten CMOS-Technologie, wie sie auch für viele nachfolgende Abbildungen beibehalten wird. Abtastraten über 10 MS/s wurden nicht in 350 nm und 180 nm Strukturweite erreicht, wahrscheinlich begrenzt durch die maximale Taktfrequenz von digitalen Schaltungskomponenten. Ab 130 nm zeigt sich ein sehr inhomogenes Bild, so dass keine grundsätzliche Limitierung der Abtastrate durch die Technologie nachzuweisen ist. Die effektive Anzahl an Bits ist abhängig von der Abtastrate nach oben begrenzt. Mit jedem Verdoppeln der Abtastrate sinkt die erreichbare Auflösung um rund 1 bit, dargestellt durch die rote Linie. Dies ist jedoch keine harte physikalische Grenze, sondern mit fortschreitender Technologieentwicklung verschiebt sich diese Grenze zu höheren Auflösungen. Oberhalb der gezeichneten Grenze liegen Time-Interleaved (TI) SAR ADCs [Dor11, Jan13, Ste12], die entsprechend ihrer parallelen Verarbeitung die Abtastrate um einen Faktor steigern. Der Abfall dieser Grenze besitzt auch bei SAR ADCs noch heute den gleichen Anstieg, wie von R. Walden 1999 beobachtet [Wal99]. Er führt den Abfall von 1 bit pro Oktave in diesem Bereich der Abtastrate auf eine zeitliche Aperture-Unsicherheit/Jitter

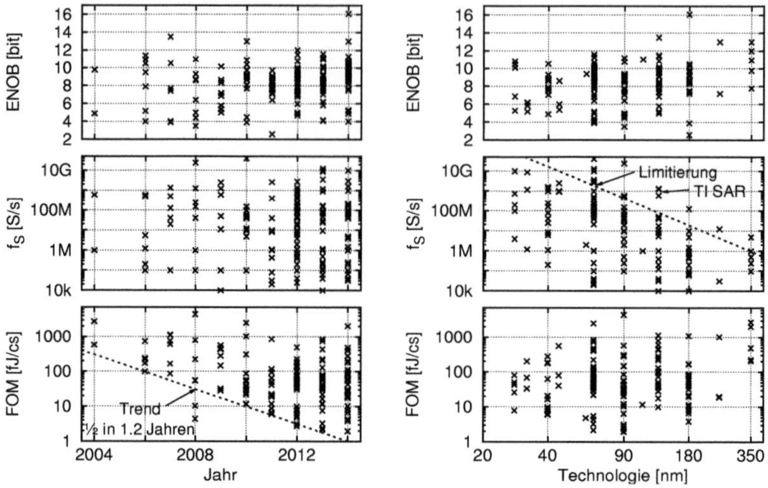

Abbildung 3.3: Trend der effektiven Auflösung, Abtastrate und Energieeffizienz über die Zeit und Technologie.

zurück, mit der sich die erreichbare Auflösung in Bit wie folgt berechnet

$$B_{\text{aperture}} = \log_2 \left(\frac{2}{\sqrt{3}\pi \cdot f_S \cdot \tau_a} \right) - 1 \,. \tag{3.1}$$

Passt man die Gleichung an die vorliegende Punktmenge an, ergibt sich ein Aperture-Jitter von $\tau_a = 0.3\,\text{ps}$. Die von Walden beobachtete Limitierung der Gesamtmenge an ADC-Architekturen lag 1999 bei rund 2 ps. Diese Betrachtung gilt nur für die Wandlung von Signalen nahe der Nyquist-Frequenz. Bei kleinerer Signalfrequenz wirkt sich der Aperture-Jitter weniger stark aus und limitiert grundsätzlich nur die auf dem Spektrum basierten dynamischen Kenngrößen wie SNDR, SFDR, SNR, THD und ENOB. Der Aperture-Jitter wird hauptsächlich hervorgerufen durch den Perioden-Jitter des Taktsignals, welches den Abtastzeitpunkt bestimmt. Integrierte Oszillatoren oder PLLs erreichen typischerweise Werte deutlich größer als 5 ps, allein Quarzoszillatoren bieten die geforderte Genauigkeit. Somit wird der Aperture-Jitter nicht durch den ADC bestimmt, sondern durch die Taktquelle vorgegeben, wie auch Murmann erkannte [Mur08]. Im eigentlichen Sinne stellt diese Grenze keine Limitierung der Leistungsfähigkeit des ADCs dar, sondern nur der maximal messbaren dynamischen Performance.

Die Entwicklung der Auflösung, der Abtastrate und der Walden FOM über die letzten zehn Jahre zeigt Abbildung 3.3. Die Mehrheit der Veröffentlichungen zielt nur auf eine moderate Auflösung von 8 bis 10 bit, wie auch Murmann 2008 bemerkte [Mur08]. Seit über 10 Jahren findet keine Entwicklung hinsichtlich der maximalen Auflösung von SAR ADCs statt. Mehr als 12 bit sind bei wissenschaftlichen Arbeiten die absolute Ausnahme. In den untersuchten Daten existieren nur fünf ADCs mit ENOB $\geq$ 12 bit. Im Gegensatz dazu sind Auflösung und SNDR kommerzieller Produkte besonders in den letzten fünf Jahre noch deutlich gestiegen. Der Baustein AD7960 von Analog Devices besitzt 18 bit Auflösung mit ENOB=16.1 bit bei 5 MS/s und der Schaltkreis LTC2378-20 von Linear Technologie mit 20 bit nomineller Auflösung erreicht ENOB=17.0 bit, dies entspricht einem SNDR=104 dB bei einer Abtastrate von 1 MS/s. Eine grundsätzliche physikalische Begrenzung der erreichbaren Auflösung bei moderaten Abtastraten liegt somit nicht vor. Der Entwurf von SAR ADCs mit hoher Auflösung ist für wissenschaftliche Arbeiten wahrscheinlich unattraktiv, da das praktische Erreichen einer so hohen Genauigkeit enorme Anforderung an alle beteiligten Schaltungskomponenten und die Messtechnik stellt und womöglich mehrfache Optimierung von Schaltung und Layout erfordert. Damit ist nicht sichergestellt, dass die Ziele innerhalb einer kurzen Projektzeit mit vertretbaren Kosten erreicht werden. Somit bleibt der Entwurf von SAR ADCs mit mehr als 14 bit Auflösung wenigen kommerziellen Herstellern vorbehalten, die auf jahrelange Designerfahrung, eine optimierte Technologie und viele Generationen an Schaltkreisen aufbauen können.

Bei der zeitlichen Entwicklung der maximalen Abtastrate ist kein klarer Trend zu erkennen. Eine deutliche Steigerung oder Häufung ist nicht vorhanden, vielmehr verteilen sich die vorhandenen Abtastraten gleichmäßig auf einen Frequenzbereich von über fünf Dekaden. Damit reicht die Anwendung von UWB (ultra-widthband) und Software-Defined Radioempfängern [Har12c, Cao08, Lin12], mit Abtastraten von mehreren GS/s, bis hin zu biomedizinischen Anwendungen im kS/s Bereich [Zha12b, Cha11].

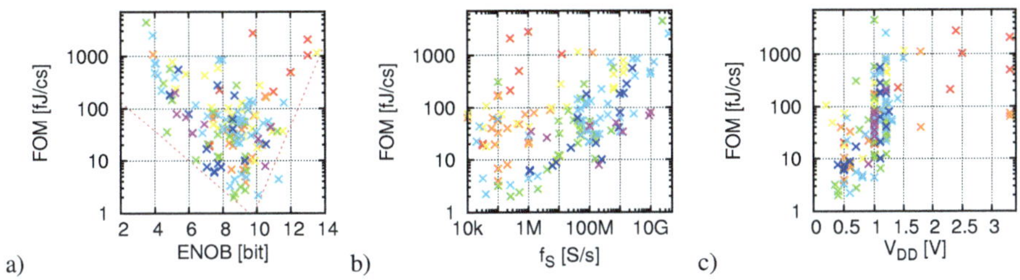

Abbildung 3.4: Energieeffizienz in Abhängigkeit von ENOB, Abtastrate und Versorgungsspannung

3.3.2 Entwicklung der Energieeffizienz

Betrachtet man die Publikationen der letzten Jahre mit der niedrigsten FOM, so sind die Spitzenreiter jeweils SAR ADCs. Bei der Energieeffizienz ist in Abbildung 3.3 ein klarer Trend zu erkennen. Die beste FOM von SAR ADCs wurde im betrachteten Zeitraum im Mittel alle 1.2 Jahre um Faktor 2 reduziert. Verglichen mit Delta-Sigma-ADCs, die eine Verbesserung um Faktor 2 in 2.5 Jahren und der Gesamtmenge an ADCs, die Faktor 2 in 1.8 Jahren erreichen [Jon12], ist dies eine enorme Entwicklung. SAR ADCs haben damit ihre Führungsposition im low-Power-Bereich klar bewiesen. Mit einem Sprung um mehr als Faktor 20, verbesserten Van Elzakker et al. [VE08] 2008 den Spitzenwert des Vorjahres und leiteten damit einen „Wettlauf“ um die kleinste FOM ein. Die größte Energieeffizienz wird derzeit bei einer Auflösung von 9 bis 10 bit erreicht, wie Abbildung 3.4a) klar zeigt. In diesem Bereich ist auch bei niedriger Versorgungsspannung kTC-Rauschen und thermisches Rauschen noch unkritisch, die Genauigkeit von getakteten Komparatoren ohne statischen Strom ausreichend und damit eine sehr hohe Energieeffizienz erreichbar. Die Abtastrate hat dabei keinen so deutlichen Einfluss wie die Auflösung. Werte unter 10 fJ/conv_step werden mit Abtastraten zwischen 1 kS/s [Zha12a] und 250 MS/s [VdP08, Ver12] erreicht, siehe Abbildung 3.4b). Dies ist dadurch zu erklären, dass diese Designs keinen statischen Strom verbrauchen und damit die Leistungsaufnahme

FOM [fJ]	f_S [S/s]	*ENOB* [bit]	Tech. [nm]	V_{DD}[V]	Autor	Ref.
2.8	2 M	9.3	90	0.7	Harpe	[Har12a]
3.2	100 k	9.1	90	0.35	Tai	[Tai12]
4.9	2 M	9.4	65	0.8	Yin	[Yin12]
5.5	1 k	8.8	65	0.7	Zhang	[Zha12a]
6.1	1.3 M	7.1	45	0.4	Yoshioka	[Yos12]
6.3	1.1 M	7.5	40	0.5	Shikata	[Shi12]

Tabelle 3.3: 2012 veröffentlichte SAR ADCs mit niedriger FOM

sehr gut mit der Taktfrequenz skaliert. Einzig bei sehr hohen Taktfrequenzen steigt die Verlustleistung überproportional.

Ein großer Anteil der Verbesserung der FOM ist allein auf eine Reduzierung der Versorgungsspannung zurückzuführen, wie in Abbildung 3.4c) ersichtlich. Nutzten 2010 noch die meisten low-Power SAR ADCs die für die jeweilige Technologie übliche nominale Versorgungsspannung, so wurden die 2012 veröffentlichten SAR ADCs mit niedriger FOM alle mit einer Spannung deutlich unterhalb der nominellen Versorgungsspannung betrieben, wie Tabelle 3.3 zeigt.

Die Entwicklung der letzten Jahre mit starker Konzentration auf die FOM als Herausstellungsmerkmal muss sehr kritisch gesehen werden. Es wird meist nur ein konkreter Wert der Versorgungsspannung angegeben und die gemessenen Werte beziehen sich auf wenige Chips, die ausschließlich bei Raumtemperatur vermessen wurden. Angaben zur DC Genauigkeit wie Offset- und Verstärkungsfehler und eine Betrachtung der Gleichtakt- und Versorgungsspannungsunterdrückung sind kaum zu finden. Dadurch fehlt jegliches Maß zur Beurteilung der Robustheit einer vorgestellten Realisierung und zur Einordnung der Praxistauglichkeit.

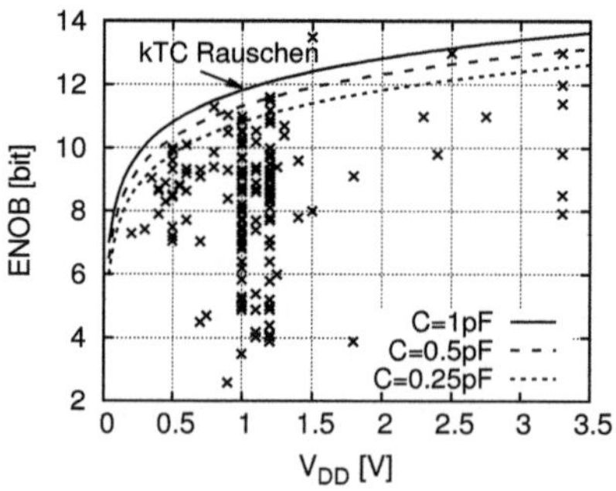

Abbildung 3.5: Erreichte ENOB in Abhängigkeit der verwendeten Versorgungsspannung.

3.3.3 Abhängigkeit von der Technologie

Im Gegensatz zu anderen ADC-Architekturen, die auf OPVs mit hoher Verstärkung angewiesen sind [Jon12], liegt bei SAR ADCs zumindest bis 11 bit Auflösung keine Limitierung durch niedrige Versorgungsspannungen vor. Zwar kann man in Abbildung 3.5 unterhalb von 1 V Versorgungsspannung eine stetige Abnahme der maximalen ENOB beobachten, allerdings kann dies auch einen beabsichtigten Trend von low-Power-Entwürfen hin zu moderaten Auflösungen darstellen. Da mit der Ver-

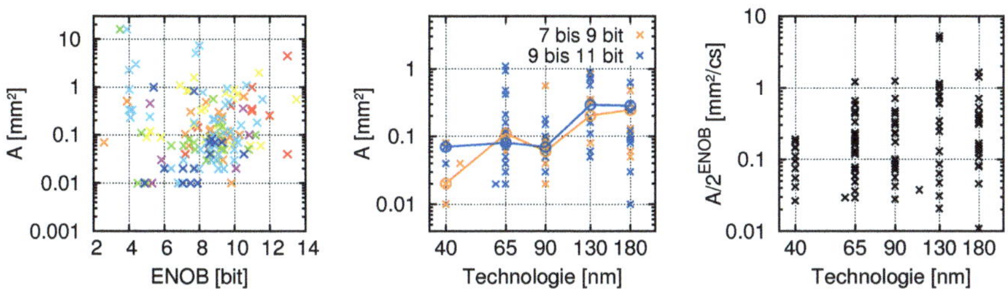

Abbildung 3.6: (a) Fläche in Abhängigkeit von ENOB und Technologie. (b) Fläche und (c) normierte Fläche in Abhängigkeit zur Technologie. Die durchgezogene Linie zeigt den Mittelwert für zwei Auflösungsbereiche.

sorgungsspannung zwangsläufig auch der Signalpegel sinkt, nimmt der Einfluss von kTC-Rauschen stetig zu. Eine Halbierung des Signalpegels muss durch eine vierfache Kapazität ausgeglichen werden (siehe dazu Abschnitt 8.5.1). In Abbildung 3.5 ist die resultierende Grenze der Auflösung für verschiedene Größen der Sample-Kapazität bei einer Temperatur von 70°C dargestellt.

Eine Einschränkung der Auflösung durch die abnehmende Leistungsfähigkeit von analogen Schaltungen in sub-100 nm Technologien ist nicht nachweisbar. Allerdings scheint die minimale Abtastrate begrenzt durch Leckströme bei Technologien kleiner 65 nm anzusteigen (siehe Abbildung 3.3).

Abbildung 3.6 stellt die Fläche eines ADCs in Abhängigkeit von der erzielten ENOB und verwendeten Technologie dar. Dabei zeigt sich eine sehr inhomogene Punktwolke. Die erforderliche Fläche bei gleicher Auflösung und gleicher Technologie variiert um mehr als Faktor 10. Auch im Mittelwert ist nur ein schwacher Trend hinsichtlich der Technologiegröße zu erkennen. Von Johnson wird als Maß der Flächeneffizienz einer Normierung der Fläche auf die effektive Anzahl an Quantisierungsstufen wie folgt vorgeschlagen

$$A_{\mathrm{Q}} = \frac{A}{2^{ENOB}}, \tag{3.2}$$

wobei kleine Werte eine gute Flächenausnutzung symbolisieren. Abbildung 3.6(c) zeigt die normierte Fläche in Abhängigkeit zum Technologieknoten. Anhang der Punktwolke von A_{Q} kann man deutlicher erkennen, dass die Flächeneffizienz im Mittel bei kleineren Technologieweiten wie erwartet zunimmt. Interessant ist jedoch, dass durchweg in allen Technologieknoten vereinzelt eine sehr gute Flächeneffizienz erzielt wird. Daraus kann man schlussfolgern, dass die erforderliche Fläche nicht ausschließlich von der Technologie abhängt, sondern auch durch die verwendete Architektur und Schaltungstechnik minimiert werden kann, wie in [Che14] an einer voll-differenziellen Architektur in 180 nm CMOS-Technologie dargestellt.

3.4 Zusammenfassung

In diesem Kapitel erfolgte ein kurzer Abriss der historischen Entwicklung von SAR ADCs und des Standes von industriell gefertigten Produkten sowie eine Vorstellung bedeutender ADC-Übersichtsanalysen und deren Schwerpunkte. Anhand einer selbst erstellten Datenerhebung wurde eine umfassende Analyse der wissenschaftlichen Entwicklung von SAR ADCs der letzten zehn Jahre durchgeführt. Dabei erfolgte die Analyse des Zusammenhangs von Geschwindigkeit und Auflösung sowie von zeitlichen Trends hinsichtlich Auflösung, Technologie, Versorgungsspannung und Fläche. Einen

Schwerpunkt bildet dabei die aktuelle Entwicklung der Energieeffizienz und deren kritische Beurteilung.

Aus der Analyse der letzten zehn Jahre können folgende Aussagen zur wissenschaftlichen Entwicklung von SAR ADCs zusammengefasst werden:

- ein enormer Anstieg der Popularität von SAR ADCs ist durch die gute Integrierbarkeit in sub-100 nm Technologien beobachtbar
- die Mehrheit der Veröffentlichungen zielt auf eine moderate Auflösung von 8 bis 10 bit
- es findet keine Entwicklung bei Auflösungen größer 12 bit statt
- erreichbarer SNDR in Relation zur Abtastrate ist durch zeitlichen Apertur-Jitter begrenzt
- Energieeffizienz bildet größten Forschungsschwerpunkt mit einer Reduktion der FOM alle 1.2 Jahre um Faktor 2
- eine hohe Energieeffizienz ist für einen großen Geschwindigkeitsbereich erzielbar
- DC Kenngrößen und Robustheit der Schaltung werden durch Streben nach hoher Energieeffizienz stark vernachlässigt
- es liegt keine architekturbedingte Limitierung der ENOB durch niedrige Versorgungsspannung oder kleine Technologieweite vor
- die Flächeneffizienz ist nicht zwangsläufig an eine kleine Technologie gebunden

Teil I

Schaltungsmodellierung und Architekturanalyse

4 Systemmodellierung von SAR ADCs

In diesem Kapitel wird ein abstraktes Systemmodell vorgestellt, das ohne eine konkrete Schaltungsimplementierung und ohne herkömmlichen Schaltungssimulator eine Analyse und Beurteilung einer SAR ADC-Architektur frühzeitig im Entwurfsprozess ermöglicht. Die geringe Rechenzeit erlaubt die Untersuchung vollständiger ADC-Kennlinien und statistische Analysen.

4.1 Problemstellung

Der Entwurf eines ADCs beginnt idealerweise mit der Evaluierung der Technologie, Auswahl der genauigkeitsbestimmenden Bauelemente und damit verbunden der Wahl einer geeigneten Architektur. Zum Dimensionieren der Kondensatoren und Erstellen einer Spezifikation für Komparator und Abtastschalter ist eine Vorhersage der ADC-Kennlinie und damit von Offset- und Verstärkungsfehler sowie von DNL und INL, unter Berücksichtigung verschiedener Störeffekte, nötig. Um DNL- und INL-Fehler mit einer aussagekräftigen Genauigkeit zu bestimmen, müssen die Diskretisierungsschwellen der Kennlinie exakt ermittelt werden, da andernfalls der Quantisierungsfehler im Ergebnis enthalten ist. Dafür sind weit mehr als 2^N Wandlungen nötig. Mittels Schaltungssimulation auf Transistorlevel erfordert diese Aufgabe für einen Wandler mit mehr als 10 bit Auflösung eine Rechenzeit von mehreren Tagen. Dies ist maximal für eine abschließende Verifikation einer implementierten Schaltung vertretbar, aber nicht für eine schnelle Evaluierung verschiedener Architekturen geeignet.

Um die Auswirkung von zufälligen Effekten, z.B. lokale Schwankungen (Mismatch) der Bauelementeparameter, zu untersuchen, werden gewöhnlich Monte-Carlo Simulationen verwendet [Gra07]. Basierend auf der statistischen Verteilung der variierenden Größen werden zufällige Realisierungen generiert und deren Verhalten nacheinander simuliert. Dabei erhält man ein Histogramm der ermittelten Kenngrößen und kann die Parameter der Verteilung abschätzen. Um z.B. die Ausbeute mit einem hohen Konfidenzlevel vorherzusagen, ist eine große Anzahl an Datenpunkten notwendig [Gra07]. Tabelle 4.1 zeigt die Anzahl an Stichproben zur Abschätzung der Ausbeute für verschiedene Konfidenzniveaus. Basierend auf der Annahme einer Normalverteilung sind 5972 simulierte Datensätze erforderlich, um mit 99% Wahrscheinlichkeit vorherzusagen, dass die Ausbeute innerhalb eines Bereichs von 1% um den geschätzten Wert von 90% liegt. Mit der Methode des „Importance Sampling“ kann die erforderliche Stichprobenzahl deutlich reduziert werden, indem gezielt auch Realisierungen mit eigentlich niedriger Wahrscheinlichkeit anstelle von zufälligen Realisierungen gewählt werden [Doo08].

Die große Anzahl an erforderlichen Datenpunkten zur Analyse zufälliger Effekte, wie Mismatch und Rauschen, verstärkt die Notwendigkeit einer schnellen Berechnung vollständiger Kennlinien. Mittels herkömmlicher Schaltungssimulation ist eine Monte-Carlo Simulation schon für ADCs mit niedriger Auflösung nicht zu bewerkstelligen.

Ausbeute	Konfidenzniveau			
	90%	95%	99%	99.9%
90%±10%	24	35	60	97
90%±5%	97	138	239	390
90%±1%	2435	3457	5972	9748

Tabelle 4.1: Erforderlicher Stichprobenumfang für die Abschätzung einer Ausbeute von 90%

4.2 Lösungsansatz

Störeffekte von kapazitiven SAR ADC, wie parasitäre Kapazitäten, Ladungsinjektion, Spannungsabhängigkeit der Kondensatoren, Offsetspannung des Komparators und Kondensator-Mismatch, sind alle durch die Größen Spannung oder Ladung darstellbar und besitzen kein dynamisches Verhalten, da sie entweder zeitinvariant (z.B. Kapazitätswerte und Offsetspannung) oder zeitdiskrete Ereignisse (z.B. Ladungsinjektion) sind. Ein Schaltungssimulator berechnet während einer Transientensimulation für jeden Zeitschritt eine numerische Lösung eines Differenzialgleichungssystems. Da es sich bei einem SAR ADC um ein getaktetes System handelt, können die genannten Effekte vollständig zeitdiskret beschrieben werden ohne Einschwingvorgänge zu berechnen. Mit dem nachfolgend beschriebenen Verfahren ist für jeden Wandlungsschritt nur das Lösen eines nichtlinearen Gleichungssystems mit wenigen Unbekannten nötig. Differenzialgleichungen und eine Schrittweitensteuerung entfallen vollständig und in vielen Fällen ist sogar eine explizite Lösung der Gleichungen möglich. Der Einsatz eines Schaltungssimulators entfällt, wodurch dieses Verfahren eine enorme Verkürzung der Rechenzeit erzielt.

Dieses Kapitel stellt ein weitestgehend abstraktes Systemmodell vor, das die Analyse und Beurteilung einer SAR ADC-Architektur, ohne eine konkrete Schaltungsimplementierung, und damit frühzeitig im Entwurfsprozess ermöglicht. Das Modell kann aber auch zur Analyse eines bereits existierenden Layouts des Kondensator-Arrays herangezogen werden. Auf Basis der extrahierten Größen kann die DNL und INL bestimmt und damit eine Beurteilung und Anpassung des Layouts durchgeführt werden. Anders als eine Schaltungssimulation der Transistor- und Kondensatormodelle ermöglicht das nachfolgend präsentierte Systemmodell überlagerte Störeffekte klar zu trennen und damit die Ursache für z.B. unzureichende Linearität genau zu identifizieren.

Dieses ladungsbasierte Modellierungsverfahren und ein Vergleich der Ergebnisse mit analytischen Methoden wurde vom Autor in [Hae10] dargestellt. Ergänzend wird in diesem Kapitel ein Vergleich der Rechenzeit von Schaltungssimulation und Softwareimplementierung durchgeführt.

4.3 Aufbau und Funktionsweise des Modells

Ein SAR ADC kann als zeitdiskretes System beschrieben werden, wobei die Stellung der Schalter und die Ladung der Kondensatoren die Zustandsvariablen darstellen. Die Spannung der niederohmigen Knoten ist durch die Stellung der Schalter definiert und die Spannung der hochohmigen Knoten ergibt sich aus der in den Kondensatoren gespeicherten Ladung. Die unbekannte Ladung von Kondensatoren kann im umgekehrten Fall aus den anliegenden Spannungen berechnet werden. Beim Zustandsübergang wechselt die Stellung der Schalter, wobei die gespeicherten Ladungen während der Wandlung unverändert bleiben und sich nur im Abtastvorgang ändern.

Der Abtastvorgang stellt die Initialisierung des Systems dar, da in diesem Zustand meist keine hochohmigen Knoten existieren, damit alle Spannungen bekannt und die Kondensatorladungen explizit berechenbar sind. Zur Definition des Anfangzustandes ist nur die Ladung der Knoten von Bedeutung, die während der Wandlung einen hochohmigen Zustand einnehmen. Dies sind gewöhnlich die gemeinsamen oberen Elektroden des Kondensator-Arrays (Top-Plates). Allgemein kann die Ladung des Knotens i als Funktion

$$Q_i = f\left(C_i, V_{\mathrm{In}}, V_{\mathrm{Ref}}, C_{\mathrm{TP}}, Q_{\mathrm{inj}}\right) \tag{4.1}$$

angegeben werden. Dabei sind C_i die Kapazitäten des Kondensator-Arrays, V_{In} die Eingangs- und V_{Ref} die Referenzspannung des Wandlers. Als sogenannte parasitäre Größen, also unerwünschte aber unvermeidbare Störeffekte, haben die Kapazität der oberen Elektrode C_{TP} und die vom Abtastschalter injizierte Ladung Q_{inj} ebenfalls einen Einfluss. Nach Abschluss des Abtastvorgangs bleibt die Ladung der anschließend hochohmigen Knoten unverändert. Durch die Stellung der Schalter am unteren Anschluss der Kondensatoren wird die Spannung V_i dieser Knoten verändert. Auch in diesem Zustand lässt sich deren Ladung explizit als Funktion

$$Q_i = f\left(C_i, V_i, V_{\mathrm{Ref}}, C_{\mathrm{TP}}\right) \tag{4.2}$$

beschreiben. Einschwingvorgänge während der Zustandsübergänge haben keinen Einfluss auf die Ladung. Die Spannungen im eingeschwungenen Zustand bleiben von allen dynamischen Vorgängen unberührt. Viele SAR ADC-Architekturen besitzen nur einen hochohmigen Knoten, dieser ist dann mit einem Eingang des Komparators verbunden. In diesem Fall kann Gl. 4.2 bei vorerst vernachlässigen der Nichtlinearität der Kondensatoren direkt nach V_i aufgelöst werden. Für Wandler mit mehreren hochohmigen Knoten, z.B. series-split-Architekturen, ergibt sich ein lineares Gleichungssystem. Die beiden Schaltungszweige von differenziellen Architekturen können meist unabhängig voneinander gelöst werden. Eine analytische Berechnung der Kennlinie einiger grundlegenden Architekturen, basierend auf dem hier vorgestellten Ansatz, findet man im nächsten Kapitel. Deshalb wird hier auf eine konkrete Herleitung der architekturspezifischen Gleichungen verzichtet, sondern nur die grundlegende Berechnungsmethode dargestellt.

Für das Ausführen einer Wandlung ergibt sich folgender Ablauf: Zuerst erfolgt das Berechnen der Ladungen mit den im Abtastvorgang anliegenden Spannungen und parasitären Größen. Anschließend wird die sukzessive Approximation schrittweise durchgeführt und die Stellung der Schalter mit der Komparatorentscheidung angepasst. In jedem Takt werden abhängig von den Schalterstellungen die unbekannten Spannungen erneut berechnet. Ein Offset oder Rauschen der Komparatorschwelle wird während des Vergleichs der Top-Plate-Spannung mit der Referenzspannung einbezogen. Diese Berechnungsabfolge wird für alle Eingangsspannungen und Durchläufe der Monte-Carlo-Analyse wiederholt. Anschließend werden INL, DNL, Offset- und Verstäkerungsfehler berechnet und statistisch ausgewerdet. Der gesamte Algorithmus ist in Abbildung 4.1 vereinfacht dargestellt.

Für die Berechnungen innerhalb dieses Modells sind die grundlegenden mathematischen Funktionen einer Programmiersprache ausreichend. Da keine dynamischen Effekte berücksichtigt werden, ist kein Lösen von Differenzialgleichungen und keine Schrittweitensteuerung erforderlich. Deshalb kann auf einen Schaltungssimulator vollständig verzichtet werden. Eine Umsetzung ist in einer beliebigen Programmiersprache möglich. Das eigentliche Modell des ADCs wird zusammen mit der Testbench zur Generierung der Eingangssignale und zur Auswertung kombiniert. Um eine Architektur mit diesem Modellierungsverfahren zu untersuchen, müssen Gl. 4.1 und 4.2 manuell aufgestellt werden. Es existiert keine automatisierte Herleitung basierend auf einem Schaltplan. Beim Hinzufügen neuer Architekturen kann jedoch auf wiederkehrende Konstrukte zurückgegriffen werden.

Um DNL- und INL-Fehler vom Quantisierungsfehler unterscheiden zu können, erfolgt die exakte Bestimmung aller Diskretisierungsschwellen der gesamten Kennlinie. Das verwendete Iterationsverfahren zum Auffinden der aller Schwellen ist effektiver als ein kontinuierliches Durchlaufen des Eingangsspannungsbereiches mit sehr kleiner Schrittweite. Abbildung 4.2 zeigt den Iterationsalgo-

```
load Optionen(enable_mismatch, enable_non-linearity)
load Parameter(C0, AC,W,L, N, vcc1, vcc2, VOS, Qinj, VIn Bereich, VRef, MC_runs)
select Architektur(single-ended, fully-differential, series-split, series-sampling, usw.)
select AnalyseTyp(monte-carlo, einzelner Lauf)
for i=1 to MC_runs
 ├ Generiere normalverteilte zufällige Kapazitätswerte
 ├ Addiere parasitäre Kapazitäten
 ├ for VIn=Vmin to Vmax
 │  ├ iterate Diskretisierungsschwelle
 │  │  ├ Berechnung Abtastvorgang Q=f(VIn, C, Qinj, ...)
 │  │  ├ Initialisierung Wandlung d=0
 │  │  └ for n=N-1 to 0
 │  │     ├ setze Schalterstellung d[n]=1
 │  │     ├ Berechnung der Spannungen ohne Nichtlinearität der Kondensatoren:
 │  │     │ Vj=0 = f(Q, C(V=0), d, VRef, ...)
 │  │     │ repeat
 │  │     │  ├ Berechnung der Spannungen mit Nichtlinearität:
 │  │     │  │ Vj = f(Q, C(Vj-1), d, VRef, ...)
 │  │     │ until | Vj-1 -Vj | < Toleranz
 │  │     ├ Komparatorentscheidung mit konstantem/zufälligem Offset VOS:
 │  │     └ if VComp>VOS then d[n]=0
 │  └ save VIn und Wandlungsergebnis d[n-1:0]
 └ calculate INL, DNL, Offset- und Verstärkungsfehler
calculate Statistik von INL, DNL, Offset und Verstärkungsfehler
```

Abbildung 4.1: vereinfachter Programmablauf des Systemmodells

rithmus. Die initiale Schrittweite in der Größenordnung eines LSB wird solange beibehalten bis der Übergang zum nächst größeren Wandlungsergebnis stattfindet. Danach wird in jeder Iteration die Schrittweite halbiert und noch eine festgelegte Anzahl an Schritten durchgeführt. Mit einer initialen Schrittweite von 0.7 LSB und drei Iterationen nach dem ersten Überschreiten der Diskretisierungsschwelle wird deren Position mit einer Toleranz von 0.04 LSB im Mittel in fünf Schritten erreicht. Ein Abtasten des Spannungsbereichs in gleichgroßen Schritten liefert mit der gleichen Anzahl an Punkten lediglich eine Genauigkeit von 0.17 LSB. Missing-Codes werden daran erkannt, dass sich das Wandlungsergebnis von einer Iteration zur nächsten um mehr als ein LSB ändert. Die zu den übersprungenen Wandlungsergebnis zugehörige Eingangsspannung wird auf den gleichen Wert gesetzt wie beim nächst höheren existierenden Ergebnis. Damit ergibt sich bei der Berechnung der DNL für Missing-Codes automatisch der Wert -1 LSB.

Nachfolgend wird die Modellierung verschiedener Effekte detailliert erläutert und deren Analysemethode vorgestellt.

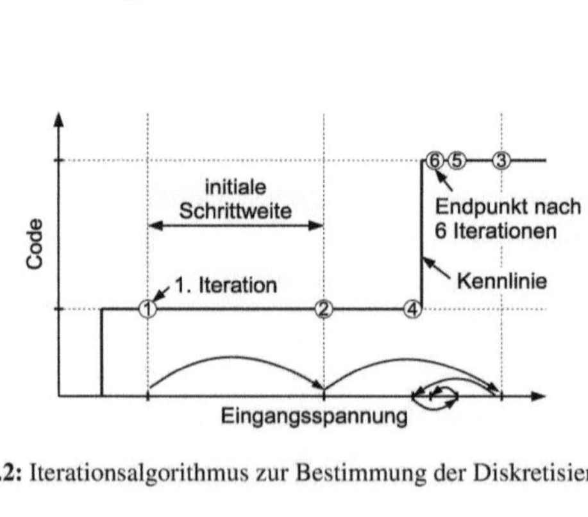

Abbildung 4.2: Iterationsalgorithmus zur Bestimmung der Diskretisierungsschwellen

4.4 Modellierte Effekte

4.4.1 Mismatch der Kondensatoren

Eine systematische Störung der Kapazitätswerte erfolgt im Rahmen des vorgestellten Modells durch Hinzufügen von zusätzlichen individuellen Kapazitätsanteilen zur idealen (z.B. binär gewichteten) Dimensionierung. Damit kann nach der Extraktion eines Layouts und der Eingabe der parasitären Kapazitätswerte in das Modell die Kennlinie berechnet und die Qualität des Layouts beurteilt werden.

Der Einfluss zufälliger Variationen der Bauelemente (Mismatch) wird mittels einer Monte-Carlo-Simulation untersucht. Die gesamte Kennlinie wird dazu mehrfach berechnet, während die Einheitskondensatoren zufällige normalverteilte Werte mit vorgegebenem Erwartungswert und Standardabweichung erhalten. Zur Zufallszahlengenerierung wird die Funktionalität der jeweiligen Programmiersprache genutzt. Es erfolgt keine Berücksichtigung der Layoutanordnung, sondern alle Kondensatoren gleicher Größe besitzen die gleiche Standardabweichung, keine Korrelation und werden als stochastisch unabhängig angenommen. Für alle Durchläufe werden die Kenngrößen Absoluter-Fehler, INL, DNL, Offset- und Verstärkungsfehler berechnet und zusammen mit der Kennlinie gespeichert. Dies ermöglicht eine spätere detaillierte Analyse einzelner Realisierungen. Am Ende der Analyse werden für jeden Punkt der Kennlinie Mittelwert und Standardabweichung von INL und DNL berechnet. Systematische Effekte wie eine Nichtlinearität durch die Spannungsabhängigkeit der Kondensatoren und die Wirkung von parasitären Kapazitäten zeigen sich am Verlauf des Mittelwertes. Zufällige Effekte sind an der Standardabweichung erkennbar (siehe Abbildung 4.5). Als Eingabe benötigt das vorgestellte Modell den Kapazitätsbelag und Matching-Faktor der verwendeten Technologie sowie die Größe des Einheitskondensators. Ausgehend von diesen drei Größen kann eine iterative Dimensionierung der Architektur erfolgen.

Die Methode der INL-Berechnung hat eine Auswirkung auf den Verlauf der INL und deren Standardabweichung. Wird eine Gerade zwischen den Endpunkten der Kennlinie als Referenz genutzt (Straight-Line-Methode), ergibt sich ein stetiger Verlauf der Standardabweichung ohne Sprünge. Wird eine Ausgleichsgerade als Bezug verwendet (Best-Fit-Methode), dann entsteht ein Verlauf der INL mit Sprüngen. Die INL einer CBW-Architektur ist in Abbildung 4.3 für beide Berechnungsmethoden gegenübergestellt. Der Unterschied ist dadurch zu erklären, dass die Ausgleichsgerade bei jeder Realisierung anders ausfällt und damit eine Verschiebung, abhängig vom aktuellen INL-Verlauf, entsteht.

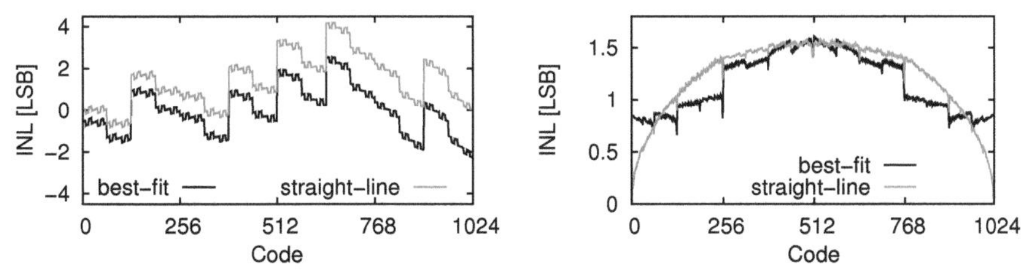

(a) Verlauf des INL-Fehlers einer Beispielkennlinie

(b) Standardabweichung bei Monte-Carlo-Simulation mit 500 Durchläufen

Abbildung 4.3: Vergleich der INL-Berechnungsmethoden

4.4.2 Spannungsabhängigkeit der Kondensatoren

Die Nichtlinearität der Kondensatoren wird durch eine quadratische Gleichung oder stückweise lineare Beziehung von Spannung und Kapazitätswert nachgebildet (siehe Gl. A.5). Bei bekannter Spannung kann der Kapazitätswert und die enthaltene Ladung direkt berechnet werden. Dies ist z.B. im Abtastvorgang der Fall. Für den umgekehrten Rechenweg von der Ladung zur Spannung, z.B. beim Lösen von Gl. 4.2, erfolgt zuerst eine Berechnung der Spannung ohne Berücksichtigung der Nichtlinearität. Ausgehend von diesem Initialwert wird die tatsächliche Kapazität und dann damit ein neuer Spannungswert berechnet. Dieser Vorgang wird wiederholt bis die Änderung der Spannung von einer Iteration zur nächsten eine vorgegebene Schwelle unterschreitet. Aufgrund der geringen Nichtlinearität konvergiert dieses Iterationsverfahren immer und erreicht sehr schnell eine hohe Genauigkeit. Die Abbruchbedingung wird automatisch an die Auflösung des Wandlers angepasst, so dass bezogen auf die Größe eines LSBs eine feste Genauigkeit erreicht wird.

Durch die iterative Wiederholung erhöht sich der Rechenaufwand für jeden Wandlungstakt deutlich. Die Berechnung der Spannungsabhängigkeit kann in der präsentierten Implementierung des Modells für eine Monte-Carlo-Analyse deaktiviert werden.

4.4.3 Rauschen des Komparators

Vergleichbar zur Monte-Carlo-Analyse wird Rauschen des Komparators im vorgestellten Modellierungsansatz durch wiederholte Simulation der Kennlinie bei zufällig variierender Offsetspannung betrachtet. Im Gegensatz zum Mismatch der Kondensatoren wird die Offsetspannung des Komparators bei jedem Vergleichsvorgang, also jedem Wandlungstakt, zufällig verändert und nicht für eine vollständige Kennlinie beibehalten. Die effektive Rauschspannung wird hier als normalverteilt angenommen, ohne ein zeitliches Verhalten, also eine Korrelation von aufeinander folgenden Takten, zu berücksichtigen. Es wird damit nicht zwischen verschiedenen Frequenzkomponenten des Rauschens unterschieden. Eine entsprechende Erweiterung ist jedoch leicht möglich.

4.5 Vergleich der Rechenzeit

Um die Rechenzeit der unterschiedlichen Modellvarianten zu beurteilen, wird eine vergleichbare Implementierung einer single-ended CBW-TPS-Architektur in der Programmiersprache C^{++} und der numerischen Berechnungssoftware Matlab, sowie mehrere Schaltungssimulationen mittels Spectre bzw. NCSim in der Cadence DFII-Designumgebung verwendet. Das Schaltungsmodell wurde hierarchisch aufgebaut, um Schalter, Kondensatoren und Komparator beliebig als VerilogA- bzw. VerilogAMS-Beschreibung, als ideale Bauelemente mit Spectre-Modellen oder als Transistorschaltung einbinden zu können. Auch für das digitale Steuerwerk und die Testbench, einschließlich Stimulierung und Auswertung, wurde alternativ zur Verilog-Verhaltensbeschreibung eine Variante mittels VerilogA angelegt. Damit ist eine rein analoge Simulation ohne die Kopplung eines Simulators für digitale Schaltungen durchführbar. Eine Beschreibung der digitalen Ablaufsteuerung mittels VerilogA ist zwar möglich, allerdings nur schwer lesbar und viele vom VerilogA-Standard erlaubte Konstrukte führen zu Konvergenzproblemen des Simulators.

Erfasst wurde die zur Berechnung einer vollständigen Kennlinie benötigte Zeit in Abhängigkeit der Auflösung. Bei höheren Auflösungen wurde diese nach der Berechnung eines Abschnitts der Kennli-

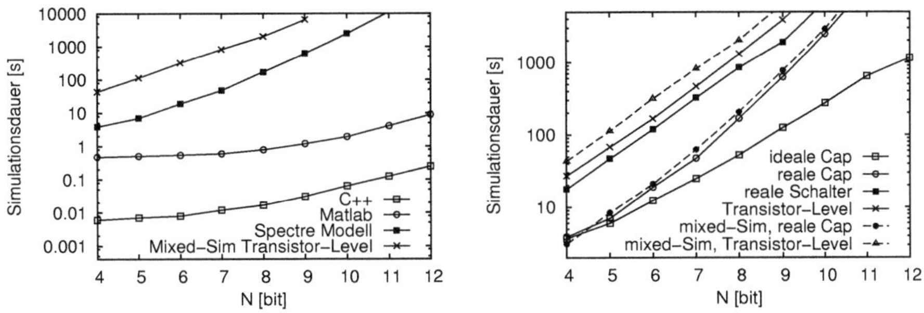

(a) Gegenüberstellung von Systemmodell und Schaltungssimulation

(b) verschiedene Abstraktionslevel der Schaltungssimulation

Abbildung 4.4: Vergleich der Simulationsdauer einer vollständigen Kennlinie abhängig von der Auflösung (CBW-TPS-Architektur, MIM-Kondensatoren mit quadratischer Spannungsabhängigkeit, rund $\frac{1}{16}$ LSB Toleranz, wenn nicht anders angegeben: ideale Schalter und gesteuerte Quelle als Komparator)

nie hochgerechnet. Die Simulation erfolgte für alle Modellvarianten auf dem gleichen Rechner (AMD Opteron Dual Core, 2.4GHz, 16 GByte RAM, RHEL 5 Linux).

Abbildung 4.4a vergleicht die Rechenzeit des abstrakten C^{++} und Matlab-Softwaremodelles mit einer Spectre-Simulation eines VerilogA-Modells und einer mixed-signal-Simulation (Verilog-Beschreibung des Steuerwerkes und Transistor-Level Schaltung des DAC). Die Geschwindigkeit von Matlab und C^{++}-Modell unterscheiden sich bei nahezu identischem Quellcode um fast 2 Dekaden, was darauf zurückzuführen ist, dass Matlab den Code als Interpreter abarbeitet. Die Schaltungssimulation eines einfachen VerilogA Modells benötigt bei einer Auflösung von 8 bit eine Simulationsdauer von 53 Sekunden. Bei Simulation der Schalter und des Komparators als Transistorschaltung und des Steuerwerkes als Verilog-Beschreibung steigt die Rechenzeit um Faktor 30 auf rund 30 Minuten.

In Abbildung 4.4b sind verschiedene Abstraktionslevel der Schaltungssimulation gegenübergestellt. Der Wechsel von idealen Kondensatoren zu dem Spectre-Modell realer MIM-Kondensatoren mit quadratischer Spannungsabhängigkeit führt zu einem deutlich steileren Anstieg der Simulationszeit. Der Unterschied zwischen einer Simulation ausschließlich mit dem Spectre-Simulator und einer mixed-Signal-Simulation mittels NCsim liegt bei ansonsten einfachster Modellvariante bei rund Faktor 2. Als schnellstes Modell eines kontinuierlich arbeitenden Komparators hat sich eine einfache spannungsgesteuerte Spannungsquelle mit begrenzter Ausgangsspannung herausgestellt. Im Gegensatz zum VerilogA Cross()-Statement, weist die gesteuerte Quelle keine Diskontinuität auf und erleichtert die Schrittweitensteuerung des Simulators.

Der Spectre-Simulator ist zwar Multithreading-fähig, die Parallelisierung bewirkt aber nur bei großen Netzlisten eine Beschleunigung, dies ist hier nicht der Fall. Eine Berechnung mittels Matlab ist zwar langsamer als mit einer Programmiersprache, so dass eine Monte-Carlo-Simulation eine gewisse Wartezeit verursacht, dafür stehen allerdings umfangreiche mathematische Funktionen und Visualisierungs-Routinen zur Verfügung, die eine einfachere Auswertung der Daten und Darstellung der Ergebnisse ermöglichen.

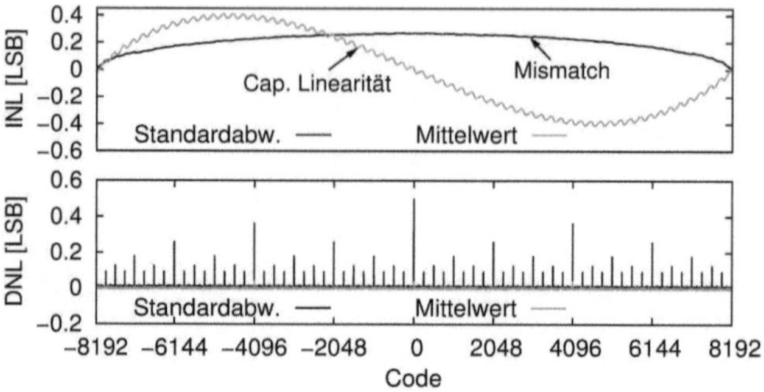

Abbildung 4.5: INL- und DNL-Fehler einer voll-differenziellen Architektur mit Bottom-Plate-Sampling und einer Auflösung von 14 bit. (hybrid series-split Architektur mit 6 bit Main-DAC, 4 bit kapazitiven und 4 bit resistiven Sub-DAC, Spannungen: V_{Ref}=5 V, V_{In}=-5 V bis 5 V, MIM-Kondensatoren mit C=200 fF, A_{C}=0.65 %µm², $\frac{\sigma(C)}{C}$=0.036 %, v_{cc1}=35 ppm/V, v_{cc2}=20 ppm/V²)

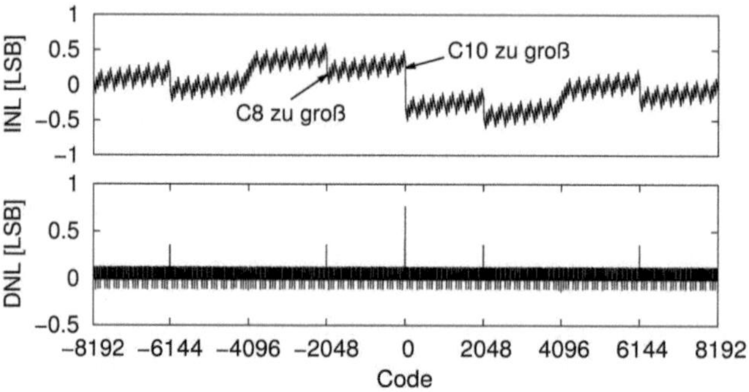

Abbildung 4.6: Beispielverlauf von INL- und DNL-Fehler verursacht durch parasitäre Kapazitäten

4.6 Beispielergebnisse

Die differenzielle 14 bit Architektur mit Serienkopplung aus Kapitel 9 dieser Arbeit dient als Anwendungsbeispiel. In Abbildung 4.5 sind Mittelwert und Standardabweichung von INL- und DNL-Fehler dargestellt und deren Verlauf kommentiert. Die Nichtlinearität der verwendeten MIM-Kondensatoren ist relativ gering und bewirkt nur eine leichte Krümmung der Kennlinie. Das vergleichsweise gute Matching der Kondensatoren ist für die angestrebte Auflösung von 14 bit bei der gewählten Dimensionierung nicht ausreichend und verursacht Sprünge in der Kennlinie und Missing-Codes. Um dies ohne signifikante Steigerung der Chipfläche zu kompensieren, wird ein Selbstkalibrierverfahren eingesetzt. In Abbildung 4.6 ist das Analyseergebnis einer ersten Layoutversion des Kondensator-Arrays zu sehen. Die parasitäre Kapazität der Verbindungsleitungen von Schaltern und Kondensatoren wurde extrahiert und ins Systemmodell eingegeben. Die parasitären Anteile von zwei Kondensatorgruppen liegen über dem Mittelwert. Zahlreiche weitere Analyseergebnisse verschiedener Architekturen sind in den nachfolgenden Kapiteln zu finden.

4.7 Zusammenfassung

In diesem Kapitel wurde ein abstraktes SAR ADC-Modell entwickelt, das auf einer zeitdiskreten ladungsbasierten Berechnung des Kondensatornetzwerkes beruht. Der mathematische Ansatz des Modells erfasst folgende Größen:

- zufälliges Mismatch der Kondensatoren
- systematische Störung der binären Kapazitätswichtung
- Offsetspannung und Rauschen des Komparators
- Spannungsabhängigkeit der Kondensatoren
- parasitäre Kapazitäten der hochohmigen Knoten
- Ladungsinjektion der Schalter

Vom Modell nicht berücksichtigte Effekte:

- Fehlentscheidungen des Komparators durch unvollständige Einschwingvorgänge
- Dynamik des Eingangssignals
- Leckströme der Schalter

Es werden alle für die DC-Genauigkeit eines kapazitiven SAR ADCs relevanten Effekte berücksichtigt. Dynamische Vorgänge müssen im Rahmen von Schaltungssimulationen untersucht werden. Dies ist aber am Beispiel einzelner Wandlungen möglich und erfordert keine Simulation vollständiger Kennlinien. Die Auswirkung von Leckströmen kann nach Festlegung einer Taktfrequenz ebenfalls in das Modell integriert werden.

Ein Teil der mit dem Systemmodell durchführbaren Untersuchungen ist ebenfalls analytisch mit den in Kapitel 6 hergeleiteten Formeln möglich. Die Herleitung der Kennliniengleichung bei einer Spannungsabhängigkeit der Kondensatoren ist jedoch schon für eine single-ended binär gewichtete Architektur als einfachste Variante enorm umfangreich und für series-split-Architekturen oder alle differenziellen Anordnungen nicht mehr analytisch zu bewältigen. Ebenso ist die Überlagerung von Mismatch und nichtlinearem Verhalten nicht symbolisch möglich. Einfache Dimensionierungsvorschriften sind für den Vergleich von Architekturen hilfreich, aber zur Dimensionierung und Analyse von komplexen Topologien ist der Einsatz eines Systemmodells unerlässlich.

Größter Vorteil des hier vorgestellten Modellierungsverfahrens ist die hohe Geschwindigkeit und damit die Möglichkeit ganze Kennlinien zu berechnen und sogar Monte-Carlo-Analysen durchzuführen. Damit existieren Analysemöglichkeiten, die mittels herkömmlicher Schaltungssimulation nicht in vertretbarer Rechenzeit verfügbar sind. Von Nachteil ist, dass die Schaltungstopologie manuell in Gleichungen überführt werden muss und dafür keine automatische Verifikation existiert.

Aus der Möglichkeit vollständige Kennlinien in sehr kurzer Zeit zu berechnen, ergeben sich folgende Anwendungen:

- iterative Dimensionierung der Kondensatoren hinsichtlich Mismatch
- generelle Machbarkeitsanalyse, Technologieevaluierung und schnelle Flächenabschätzung

- Untersuchung der Auswirkung von nichtlinearen Kondensatoren
- Vergleich verschiedener Architekturen

Das Systemmodell ist vielmehr ein Evaluierungs-Werkzeug und nicht zur Verifikation einer Schaltungsimplementierung geeignet. Es kann nicht in die Simulation eines Gesamtsystems eingebettet werden, sondern ist nur separat ausführbar. Bei der Implementierung in Matlab ist prinzipiell mittels Simulink eine Kopplung mit einer Spectre-Schaltungssimulation möglich, aber wenig sinnvoll. Für diesen Zweck und zur Verifikation der Interaktion zwischen ADC und Gesamtsystem ist ein VerilogAMS-Modell des ADCs zweckmäßiger. Bei dessen Erstellung kann auf den hier vorgestellten ladungsbasierten Ansatz zurückgegriffen werden.

5 Analyse kapazitiver DAC Architekturen

Ein DAC bildet den Kernbaustein eines jeden SAR ADCs und bestimmt wesentlich die erreichbare Auflösung. Die inverse Kennlinie des DAC ergibt den grundsätzlichen Verlauf der statischen Kennlinie des gesamten ADCs, während der Komparator meist nur einen zusätzlichen Offsetfehler und dynamische Effekte hinzufügt. Dies ermöglicht es, DNL und INL einer DAC-Architektur auf den ADC zu übertragen. In diesem Kapitel werden grundlegende und häufig verwendete kapazitive DAC-Architekturen vorgestellt und der Einfluss von parasitären Größen auf die Kennlinie untersucht. INL- und DNL-Fehler, hervorgerufen durch Mismatch der Kondensatoren, werden basierend auf deren statistischer Verteilung analytisch untersucht und die Gültigkeit der notwendigen Näherungen ausführlich geprüft. Die verteilungsbasierte Betrachtungsweise erlaubt die Berechnung von Quantilen und damit ein zuverlässiges Abschätzen der Ausbeute.

Eine Untersuchung der Wirkung von Mismatch auf die Linearität der Kennlinie findet man in zahlreichen Veröffentlichungen [Gin07, Lin05, Pun13, Sab11, Lei09, Zhu08]. Dabei wird jedoch meist nur der maximale Fehler einer speziellen Architektur, bei zudem oft unterschiedlichen Randbedingungen, behandelt. Im Gegensatz dazu bietet diese Arbeit eine einheitliche analytische Betrachtung von vier Architekturen mit vollständig variablen Bitbreiten und ermöglicht somit einen direkten Vergleich dieser vier Architekturen untereinander und die Herleitung von Dimensionierungsvorschriften. Dabei werden INL- und DNL-Fehler nicht nur an den kritischsten Punkten sondern für alle Kennlinienpunkte berechnet. Die analytische Betrachtung wird durch zahlreiche Simulationsergebnisse bei verschiedenen Auflösungen überprüft. In den praktischen Schaltungsimplementierungen im zweiten Teil dieser Arbeit wird basierend auf den hier ermittelten Ergebnissen, abhängig von Technologie und Anwendung, die jeweils optimale Architektur gewählt. Die Definition der nachfolgend verwendeten Kenngrößen befindet sich im Anhang dieser Arbeit.

In der Fachliteratur haben sich keine einheitlichen Bezeichnungen der verschiedenen Architekturen durchgesetzt. Man findet sogar gleiche Namen oder Abkürzungen für unterschiedliche Strukturen. Deshalb ist beim Vergleich verschiedener Publikationen ein genaues Betrachten der zugehörigen Schaltbilder erforderlich. Gewöhnliche binär gewichtete Architekturen (binary weighted) sind unter dieser Bezeichnung noch relativ gut erkennbar. Aber die Begriffe „series-split“ und „split“ werden mit vollkommen unterschiedlicher Bedeutung verwendet. Die Bezeichnung „segmented“ oder „unit element“ sind oft gleichzusetzen mit thermometerkodierten Strukturen. Die im folgenden verwendeten Abkürzungen orientieren sich an englischen Bezeichnungen, ohne dabei jedoch ein durchgehendes Vorbild zu besitzen. Durch die Darstellung des Schaltplanes wird jede Architektur eindeutig identifiziert.

5.1 Gewöhnliche binär gewichtete (CBW)-Architektur

In einem binär gewichteten DAC ist jedem Bit des Steuerwortes ein Bauelement zugeordnet, dessen Größe sich aus der Wertigkeit des Bits ergibt. Diese damit binär gewichteten Bauelemente sind alle mit einem Summenknoten verbunden, an dem sich die einstellbare Ausgangsgröße ergibt. Als Bauelemente werden Widerstände, Stromquellen oder Kondensatoren verwendet. Binär gewichtete Strukturen (CBW - conventional binary weighted) werden schon seit den Anfängen der integrierten Schaltungstechnik als Grundbausteine vieler DACs verwendet [Smi53]. Die Größe der Kondensato-

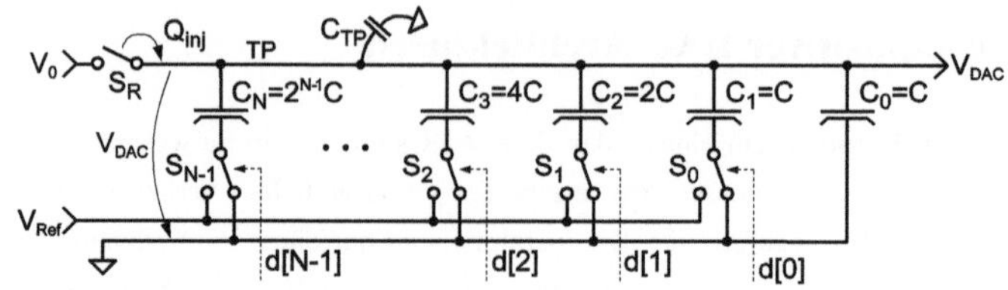

Abbildung 5.1: gewöhnlicher binär gewichteter (CBW) kapazitiver DAC

ren einer kapazitiven CBW-Architektur, wie sie Abbildung 5.1 zeigt, entspricht der Wertigkeit der Bits im binären Datenwort. Für die Kondensatoren C_1 bis C_N gilt

$$C_i = 2^{i-1} \cdot C\,. \tag{5.1}$$

Einzige Ausnahme bildet die Kapazität C_0, die ebenfalls die Einheitsgröße C besitzt und der kein Schalter zugeordnet ist. Diese Kapazität ist erforderlich, damit auch bei einem maximalen Steuerwert $d{=}2^N-1$, also alle Bits auf 1 gesetzt, noch ein wirksamer Spannungsteiler besteht und die Kennlinie den gewünschten Anstieg aufweist (siehe Abschnitt A.2.1 auf Seite 181). Typischerweise wird die binäre Wichtung durch Parallelschalten von Einheitskondensatoren der Größe C erzeugt. Damit entstehen Kondensatorgruppen, deren Anzahl an Einheitselementen den Zweierpotenzen 1, 2, 4, 8 usw. entsprechen und für die Bezeichnung dieser Struktur verantwortlich sind.

Die digitale Steuerung eines binär gewichtete DAC benötigt keine Decoder, da jedem Bit im Datenwort $d[N-1{:}0]$ genau eine Kondensatorgruppe zugeordnet ist und sich damit die Stellung der Schalter ohne zusätzliche Logik direkt ergibt. Bei $d[i]{=}0$ verbindet der Schalter S_i den Kondensator C_{i+1} mit Masse (entspricht 0 V) und bei $d[i]{=}1$ mit der Referenzspannung V_{Ref}.

5.1.1 Berechnung der Kennlinie

Die Berechnung der Ausgangsspannungen erfolgt in zwei Schritten mittels der in den Kondensatoren gespeicherten Ladung. Im ersten Schritt wird durch Schließen des Schalters $\mathrm{S_R}$ die gemeinsame obere Platte (TP, top plate) aller Kondensatoren mit der Spannung V_0 verbunden, während durch das Steuerwort $d = 0$ alle unteren Kondensatorplatten (BP, bottom plate) auf Massepotential liegen. Die gespeicherte Ladung nach Öffnen von $\mathrm{S_R}$ berechnet sich durch

$$Q = V_0 \cdot \left(\sum_{i=0}^{N} C_i + C_{\mathrm{TP}} \right) + Q_{\mathrm{inj}} \tag{5.2}$$

mit der parasitären Kapazität C_{TP} und der vom Schalter $\mathrm{S_R}$ injizierten Ladung Q_{inj}. Unter der Voraussetzung einer hochohmigen Last bleibt die Ladung bei geöffnetem Schalter $\mathrm{S_R}$ auch beim Anlegen eines Steuerwertes $d \neq 0$ erhalten. Aus der Position der Schalter und der Ausgangsspannung V_{DAC} erhält man die Ladung des zweiten Berechnungsschrittes

$$Q = (V_{\mathrm{DAC}} - V_{\mathrm{Ref}}) \cdot \sum_{i=0}^{N-1} C_{i+1} d[i] + V_{\mathrm{DAC}} \cdot \left(\sum_{i=0}^{N-1} C_{i+1} \cdot (1 - d[i]) + C_0 + C_{\mathrm{TP}} \right) . \tag{5.3}$$

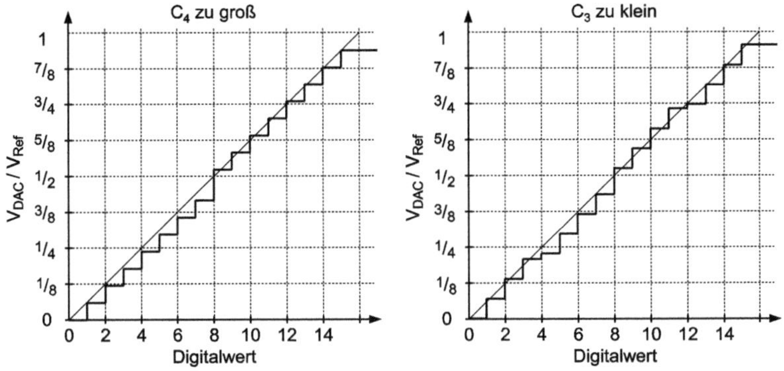

Abbildung 5.2: Beispielkennlinien eines 4 bit binär gewichteten CDAC bei Abweichung einzelner Kapazitäten vom Idealwert

Zusammenfassen der Summen ermöglicht das Umformen zu

$$Q = V_{\mathrm{DAC}} \left(\sum_{i=0}^{N} C_i + C_{\mathrm{TP}} \right) - V_{\mathrm{Ref}} \sum_{i=0}^{N-1} (C_{i+1} \cdot d[i]) \ . \tag{5.4}$$

Gleichsetzen von Gl. 5.2 und Gl. 5.4 sowie anschließendes Umstellen ermöglichen das Berechnen der Ausgangsspannung

$$V_{\mathrm{DAC}} = V_0 + \frac{V_{\mathrm{Ref}} \cdot \sum_{i=0}^{N-1} (C_{i+1} \cdot d[i]) + Q_{\mathrm{inj}}}{\sum_{i=0}^{N} C_i + C_{\mathrm{TP}}} \ . \tag{5.5}$$

Mit der Annahme einer fehlerfreien binären Wichtung entsprechend Gl. 5.1 erhält man die Kennlinie

$$V_{\mathrm{DAC}} = V_0 + \frac{V_{\mathrm{Ref}} \cdot C \cdot d + Q_{\mathrm{inj}}}{2^N C + C_{\mathrm{TP}}} \ . \tag{5.6}$$

Die Ladungsinjektion des Rücksetzschalters $\mathrm{S_R}$ bewirkt einen Offset und die parasitäre Kapazität C_{TP} einen Anstiegsfehler im Vergleich zur idealen Kennlinie

$$V_{\mathrm{DAC}} = V_0 + V_{\mathrm{Ref}} \frac{d}{2^N} \ . \tag{5.7}$$

Eine Abweichung der Größe einzelner Kondensatoren vom Nominalwert stört die binäre Wichtung und bewirkt Sprünge in der Kennlinie. Eine zu große Kapazität bewirkt einen zu großen Spannungsschritt wenn das gehörige Bit im Steuerwort auf 1 gesetzt wird. Beim Rücksetzen entsteht ein zu kleiner Schritt. Bei einer zu kleinen Kapazität ist die Wirkung genau umgekehrt. Abbildung 5.2 zeigt zwei Beispielkennlinien eines kapazitiven 4 bit DAC. Eine Variation der größten Kapazität C_4 wirkt sich genau in der Mitte der Kennlinie aus und C_3 bestimmt die Schrittweite bei Vielfachen von $2^{3-1} = 4$. Die Variation der Kapazitäten verursacht DNL- und INL-Fehler, hat jedoch keinen Einfluss auf den mittleren Anstieg oder den Offsetfehler der Kennlinie.

5.1.2 Spannungsabhängigkeit der Kondensatoren

Bezieht man eine quadratische Spannungsabhängigkeit der Kondensatoren entsprechend Gl. A.5 mit in die Berechnung ein, ergibt sich durch Vernachlässigen von C_{TP} und Q_{inj} folgende inverse Kennlinie

$$d = \frac{2^N}{V_{\mathrm{Ref}}} \cdot \frac{V_{\mathrm{DAC}}\left(v_{\mathrm{cc2}}V_{\mathrm{DAC}}^2 + v_{\mathrm{cc1}}V_{\mathrm{DAC}} + 1\right) - V_0\left(v_{\mathrm{cc2}}V_0^2 + v_{\mathrm{cc1}}V_0 + 1\right)}{3v_{\mathrm{cc2}}V_{\mathrm{DAC}}^2 - 3v_{\mathrm{cc2}}V_{\mathrm{DAC}}V_{\mathrm{Ref}} + 2v_{\mathrm{cc1}}V_{\mathrm{DAC}} + v_{\mathrm{cc2}}V_{\mathrm{Ref}}^2 - v_{\mathrm{cc1}}V_{\mathrm{Ref}} + 1}\,. \tag{5.8}$$

Ein Auflösen nach V_{DAC} ist grundsätzlich möglich, aus Darstellungsgründen jedoch nicht sinnvoll. Abbildung 5.3 zeigt den resultierenden absoluten Fehler der Kennlinie bei verschiedenen Spannungskoeffizienten am Beispiel eines 10 bit DAC. Eine quadratische Spannungsabhängigkeit der Kondensatoren führt zu einer Nichtlinearität 3. Ordnung. Schon eine lineare Beziehung zwischen Spannung und Kapazität bewirkt einen quadratischen, also nichtlinearen Verlauf. Der maximale Fehler hängt ebenfalls nichtlinear von der Größe der Referenzspannung ab. Bei kleinen Referenz- und damit niedrigen Signalspannungen ist auch die relative Wirkung der Nichtlinearität geringer. Deshalb ist die Nichtlinearität der Kondensatoren in modernen Technologien mit kleinen Signalspannungen weniger kritisch. In Abbildung 6.13 wird untersucht, wieweit sich die Wirkung der Spannungsabhängigkeit der Kondensatoren durch eine differenzielle Architektur verringern lässt.

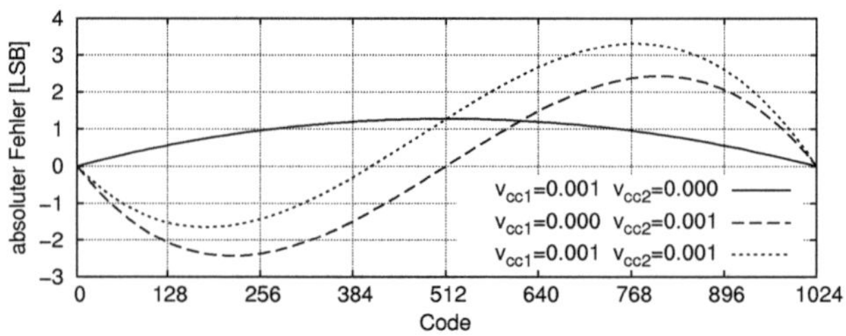

Abbildung 5.3: Absoluter Fehler der Kennlinie eines kapazitiven DAC durch eine Spannungsabhängigkeit der Kondensatoren bei N=10 und V_{Ref}=5.0 V

5.1.3 INL- und DNL-Fehler

Die Definition des DNL-Fehlers eines DAC erfolgt äquivalent zur Definition im Abschnitt A.2 anhand von

$$DNL(d) = V_{\mathrm{DAC}}(d) - V_{\mathrm{DAC}}(d-1) - V_{\mathrm{LSB}}\,. \tag{5.9}$$

Der maximale DNL-Fehler tritt bei zufälliger Variation der Kapazitäten im Mittel in der Mitte der Kennlinie bei $d = 2^{N-1}$ auf [Gin07, Zhu08, Hae10] und ergibt sich aus der Größe der Kapazitäten durch

$$DNL_{\mathrm{MSB}} = \frac{V_{\mathrm{Ref}} \cdot \left(C_N - \sum_{i=1}^{N-1} C_i\right)}{\sum_{i=0}^{N} C_i + C_{\mathrm{TP}}} - V_{\mathrm{LSB}}\,. \tag{5.10}$$

Mit Berücksichtigung des tatsächlichen Anstiegs der Kennlinie besitzt eine Quantisierungsstufe die mittlere Größe

$$V_{\mathrm{LSB}} = \frac{V_{\mathrm{Ref}}}{2^N} \cdot \frac{\sum_{i=0}^{N} C_i}{\sum_{i=0}^{N} C_i + C_{\mathrm{TP}}} \tag{5.11}$$

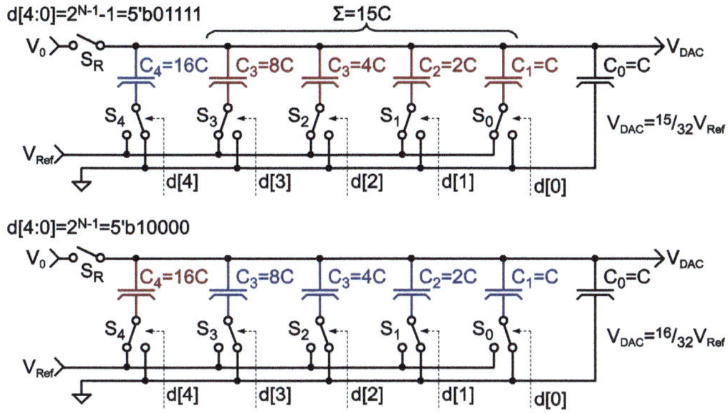

Abbildung 5.4: Erklärung des DNL-Fehlers am Beispiel eines 5 bit binär gewichteten CDAC

und Normieren von Gl. 5.10 mit der tatsächlichen LSB Größe ergibt

$$\frac{DNL_{\text{MSB}}}{V_{\text{LSB}}} = 2^N \frac{\left(C_N - \sum_{i=1}^{N-1} C_i\right)}{\sum_{i=0}^{N} C_i} - 1\,. \tag{5.12}$$

Die absoluten Kapazitätswerte haben keinen Einfluss, ausschließlich Abweichungen von der binären Wichtung bewirken DNL-Fehler. Eine einheitliche Variation der Prozessparameter wird somit toleriert, da diese die Wichtung der Kapazitäten untereinander nicht verändert.

Der DNL-Fehler in der Mitte der Kennlinie, wie z.B. in Abbildung 5.2, entsteht durch den Unterschied zwischen der MSB-Kapazität C_N und der Summe aller anderen Kondensatoren (außer C_0), also zwischen einer Hälfte des Arrays und der anderen Hälfte. An dieser Stelle der Kennlinie sind außer C_0 alle Kondensatoren am Umschaltvorgang beteiligt, was zum erwartungsgemäß größten DNL-Fehler führt. In Abbildung 5.4 ist dieses Verhalten am Schaltbild eines 5 bit DAC grafisch dargestellt.

Eine Störung der binären Wichtung entsteht durch zwei Effekte: zum einen durch systematische Abweichungen einzelner Kapazitätswerte, die typischerweise für alle gefertigten Chips wiederholbare annähernd konstante Werte besitzen, und zum anderen durch zufällige Variationen (Mismatch), die durch fertigungsbedingte lokale Schwankungen der Prozessgrößen und Geometrien entstehen. Systematische Abweichungen durch Gradienten der Prozessgrößen, Randeffekte und Asymmetrien können durch einen Aufbau aus Einheitselementen und eine symmetrische Anordnung (Common Centroid Layout) weitestgehend unterdrückt werden. Im Abschnitt 8.6 werden verschiedene Aspekte der praktischen Layoutanordnung eines binär gewichteten Kondensator-Arrays vorgestellt. DNL-Fehler durch systematische Variation können unmittelbar mit Gl. 5.12 berechnet werden, falls die tatsächlichen Kapazitätswerte, z.B. durch Layoutextraktion, bekannt sind. Als einfache Dimensionierungs- oder Beurteilungsvorschrift für DNL-Fehler kleiner ½ LSB ergibt sich aus Gl. 5.12 folgende Regel

$$\left|\sum_{i=0}^{m} \triangle C_i\right| < \frac{1}{2}C\,, \tag{5.13}$$

wobei $\triangle C_i$ die Abweichung der Kapazität C_i vom Nominal- bzw. Mittelwert darstellt. Die Bedingung $\triangle C_i < \frac{1}{2}C$ ist zwar notwendig aber nicht hinreichend.

Zufällige Variationen der Kapazitätswerte lassen sich durch die Gestaltung des Layouts nur begrenzt beeinflussen. Allein die Fläche der Kondensatoren hat direkten Einfluss auf das zu erwartende Mismatch (siehe Anschnitt A.1.1) und damit auf DNL- und INL-Fehler. Da die Anzahl der Einheitskondensatoren und damit auch die Gesamtfläche eines DAC exponentiell mit der Auflösung steigt, ist es wichtig, den durch Mismatch hervorgerufenen DNL- Fehler genau abzuschätzen und eine optimale Dimensionierung der Einheitskondensatoren und damit minimale Fläche zu erreichen. Dies kann durch Monte-Carlo-Simulation geschehen, wobei diese nur an einer bereits vorliegenden Dimensionierung einer konkreten Architektur durchgeführt werden kann. Die Festlegung der Größe kann somit nur iterativ erfolgen, was aufgrund des hohen Rechenaufwands bei Verwendung einer Schaltungssimulation nicht praktikabel ist. Ein effektiver Ansatz zur Systemmodellierung mit sehr schneller Berechnung ganzer Kennlinien wird im Kapitel 4 vorgestellt.

Methoden zur Betrachtung von Mismatch Zur analytischen Berechnung von DNL und INL sowie deren statistischer Verteilung existieren verschiedene Ansätze. In [Lin05] wird eine Worst-Case-Methode vorgestellt, die keine Wahrscheinlichkeitsverteilungen berücksichtigt, deshalb besonders für hohe Auflösungen viel zu pessimistische Ergebnisse liefert und damit praktisch nicht anwendbar ist. Die erheblichen Abweichungen der Worst-Case-Methode zur hier nachfolgend vorgestellten verteilungsbasierten Analyse haben wir in [Hae10] dargelegt.

Der zweite Ansatz basiert auf der Berechnung der Standardabweichung von DNL und INL mit der Annahme einer Normalverteilung der fertigungsbedingten zufälligen Variation der Kondensatoren. Dies erfordert eine höhere Komplexität, ermöglicht jedoch erst die Herleitung realistischer Dimensionierungsvorschriften oder ein Abschätzen der Ausbeute. Eine analytische Lösung der nichtlinearen Transformation und Überlagern mehrerer Zufallsgrößen erfolgt dabei durch unterschiedliche Vereinfachungen und Näherungen.

Eine Berechnung der INL für die gesamte Kennlinie wird in [Gin07] auf Basis von Normalverteilungen durchgeführt. Um eine geschlossene Lösung zu erhalten, wird die Variation des Nenners in Gleichung 5.5 vernachlässigt. Der DNL-Fehler wird ausschließlich am Mittelpunkt der Kennlinie ermittelt. Es werden eine Architektur mit in binärer Wichtung aufgeteilter MSB Kapazität (nicht zu vergleichen mit SBW und FTC) und die CBW-Architektur analysiert und verglichen. Der Fokus liegt jedoch hauptsächlich auf der Leistungsaufnahme des CDAC.

In [Lei09] wird eine leicht modifizierte SBW-Architektur betrachtet. Zur Berechnung der Standardabweichungen von INL- und DNL-Fehler werden viele Näherungen ohne Betrachtung der Wahrscheinlichkeitsverteilungen durchgeführt, wodurch die Ergebnisse sehr spezifisch und nicht ausreichend fundiert sind.

Ebenfalls eine Analyse, der schon in [Gin07] betrachten Architektur mit aufgeteiltem MSB, findet man in [Zhu08]. Die umfangreiche Rechnung liefert allerdings auch nur eine lineare Überlagerung der Terme im Zähler bei Vernachlässigen des Nenners in Gleichung 5.20. Die Endergebnisse sind äußerst komplex und praktisch schwer anwendbar.

[Sab11] verwendet Ergebnisse aus [Gin07], ergänzt um die SBW-Architektur für den Spezialfall $m = \frac{1}{2}N$. Hervorzuheben ist die gute Übersichtlichkeit der Ergebnisse und der praxisorientierte Vergleich von drei Architekturen. Der Schwerpunkt liegt aber auch hier auf der Energieeffizienz.

In [Pun13] werden INL und DNL eines vollständig thermometerkodierten DAC (FTC) analysiert und mit der in [Gin07] betrachteten Architektur und der herkömmlichen binär gewichteten Architektur verglichen. Es erfolgt dabei aber keine Herleitung der Formeln. Keine der genannten Veröffentlichungen untersucht die Gültigkeit der durchgeführten Näherungen, sondern führt maximal einen Vergleich mit Ergebnissen einer Monte-Carlo-Simulation einer bestimmten Auflösung durch. Ein Vergleich der Architekturen untereinander ist auf Basis der genannten Publikationen nicht möglich.

Berechnung des DNL Fehlers Die fertigungsbedingte zufällige Variation von Kondensatoren wird im Rahmen dieser Arbeit, entsprechend Abschnitt A.1, als normalverteilt angenommen. Ein kapazitiver DAC gehört im weiteren Sinne zu den linearen Schaltungen. Hinsichtlich der Wirkung der Kapazitäten liegt jedoch keine lineare Beziehung vor, was die Berechnung der Verteilung der Spannungen erschwert. Zur Berechnung der Verteilung des DNL Fehlers kann Gleichung 5.12 durch Aufteilen der Summe im Nenner wie folgt umgeschrieben werden

$$\frac{DNL_{\text{MSB}}}{V_{\text{LSB}}} = 2^N \frac{\left(C_N - \sum_{i=1}^{N-1} C_i\right)}{C_N + \sum_{i=1}^{N-1} C_i + C_0} - 1 \tag{5.14}$$

und entspricht damit der Form

$$Y = 2^N \frac{X_1 - X_2}{X_1 + X_2 + X_0} - 1\,, \tag{5.15}$$

wobei X_1, X_2 und X_0 unabhängige Zufallsgrößen mit den Erwartungswerten $E(X_1){=}E_1{=}2^{N-1}C$, $E(X_2){=}E_2{=}\left(2^{N-1}-1\right)C$ und $E(X_0){=}E_0{=}C$ sowie den Standardabweichungen $\sigma(X_1){=}\sqrt{2^{N-1}}\cdot\sigma(C)$, $\sigma(X_2){=}\sqrt{2^{N-1}-1}\cdot\sigma(C)$ und $\sigma(X_0){=}\sigma(C)$ sind. Aufgrund des nichtlinearen Zusammenhangs entspricht Y keiner Normalverteilung und es existiert keine analytische Lösung des exakten Quotienten [Arn92, Mar06]. In [Gin07] wird die Variation des Nenners ignoriert und damit eine Berechnung durch eine lineare Verkettung der Varianzen von X_1 und X_2 ermöglicht. Unter der Voraussetzung, dass die Kapazitätssummen so gruppiert sind, dass zwischen X_0, X_1 und X_2 keine Korrelation besteht, ermöglicht die Taylor-Reihenentwicklung erster Ordnung

$$\mathrm{Var}(Y) = \sum_{i=0}^{2} \left[\left(\frac{\mathrm{d}Y}{\mathrm{d}X_0}(X_0 = E_0, X_1 = E_1, X_2 = E_2) \right)^2 \cdot \mathrm{Var}(X_i) \right] \tag{5.16}$$

eine Berechnung der Varianz von Y ohne dabei den Nenner zu vernachlässigen [Cas02]. Einsetzen der Erwartungswerte und Varianzen sowie umfangreiches Umformen führt zu der linearen Approximation

$$\frac{\sigma(DNL_{\text{MSB}})}{V_{\text{LSB}}} = \frac{\sigma(C)}{C} \cdot \sqrt{2^N - 1 - 2^{-N}} \approx \frac{\sigma(C)}{C} \cdot \sqrt{2^N - 1}\,. \tag{5.17}$$

Die vollständige Herleitung und eine Ausführliche Untersuchung des Gültigkeitsbereiches dieser Näherung befindet sich im Anhang in Abschnitt A.3.

Einen Vergleich der analytischen Näherung mit den Ergebnissen einer numerischen Simulation (Monte-Carlo-Simulation mit 1 Million Samples) zeigt Abbildung 5.5 für verschiedene $\frac{\sigma(C)}{C}$ und N. Dabei ist erkennbar, dass im gesamten dargestellten Bereich eine sehr gute Übereinstimmung hinsichtlich der Standardabweichung vorliegt.

Der DNL-Fehler anderer Kennlinienpunkte kann auf die gleiche Weise berechnet werden. Dieser

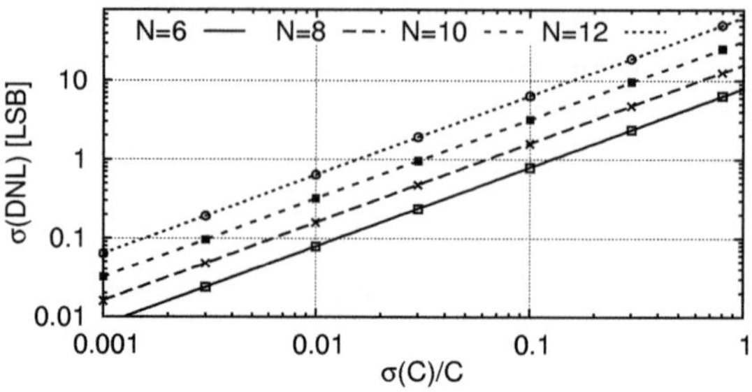

Abbildung 5.5: Standardabweichung des maximalen DNL-Fehlers der CBW-Architektur als Vergleich der analytischen Näherung (durchgehende Linien) und numerischen Simulationen (markierte Punkte).

hängt von der Anzahl an Einheitskondensatoren ab, die am betrachteten Kennlinienpunkt umgeschaltet werden. Eine mathematische Darstellung ist auf folgende Weise möglich

$$\frac{\sigma(DNL(d))}{V_{\mathrm{LSB}}} \approx \frac{\sigma(C)}{C} \cdot \sqrt{\sum_{i=1}^{N-1} (2^i \cdot s_i(d)) + 1}\,. \tag{5.18}$$

Mit der wertdiskreten Variable

$$s_i = \begin{cases} 1 & \text{wenn } d \bmod 2^i = 0 \\ 0 & \text{wenn } d \bmod 2^i \neq 0 \end{cases} \tag{5.19}$$

wird dabei beschrieben, ob sich das Bit i im Datenwort ändert und damit die zugehörige Kapazität einen Anteil zum DNL-Fehler beiträgt. Das Maximum tritt wie erwartet in der Mitte der Kennlinie auf. Mit jedem niederwertigeren Bit sinkt die Standardabweichung um Faktor $\sqrt{2}$.

Berechnung des INL-Fehlers Vernachlässigt man die Wechselwirkung von Ladungsinjektion und Mismatch, so sind die Endpunkte der Kennlinie trotz Mismatch fehlerfrei. Der INL-Fehler hervorgerufen durch Mismatch entspricht der Abweichung von der Kennlinie ohne Mismatch (Strait-Line INL-Berechnungsmethode)

$$INL(d) = \frac{V_{\mathrm{Ref}} \cdot \sum_{i=0}^{N-1} (C_{i+1} \cdot d[i])}{\sum_{i=0}^{N} C_i} - V_{\mathrm{Ref}} \cdot \frac{d}{2^N}\,. \tag{5.20}$$

Durch Normieren mit der tatsächlichen mittleren Breite einer Quantisierungsstufe erhält man die Gleichung

$$\frac{INL(d)}{V_{\mathrm{LSB}}} = 2^N \left[\frac{\sum_{i=0}^{N-1} (C_{i+1} \cdot d[i])}{\sum_{i=0}^{N} C_i} - d \right] \tag{5.21}$$

und diese entspricht der allgemeinen Form

$$Y = 2^N \left[\frac{X_1}{X_1 + X_2} - d \right], \tag{5.22}$$

wobei X_1, X_2 stochastisch unabhängige Zufallsgrößen mit den Erwartungswerten $E(X_1)=d\cdot C$, $E(X_2)=\left(2^N-d\right)\cdot C$ und den Standardabweichungen $\sigma(X_1)=\sqrt{d}\cdot\sigma(C)$, $\sigma(X_2)=\sqrt{2^N-d}\cdot\sigma(C)$ sind. Auch die Verteilung dieses Quotienten von Normalverteilungen ist nicht analytisch lösbar. Eine lineare Näherung mittels Taylor-Reihe führt zu

$$\frac{\sigma(INL)}{V_{\mathrm{LSB}}}=\frac{\sigma(C)}{C}\cdot\sqrt{d-\frac{d^2}{2^N}}\,. \tag{5.23}$$

Die vollständige Herleitung findet man in Abschnitt A.3. Das Maximum liegt in der Mitte der Kennlinie bei $d=2^{N-1}$ und besitzt den Wert

$$\max\left(\frac{\sigma(INL)}{V_{\mathrm{LSB}}}\right)=\frac{\sigma(C)}{C}\cdot\frac{1}{2}\sqrt{2^N}=\frac{\sigma(C)}{C}\cdot 2^{\frac{N}{2}-1}\,. \tag{5.24}$$

Das Verhältnis der Standardabweichungen von DNL- und INL-Fehler beträgt

$$\frac{\sigma(DNL_{\mathrm{MSB}})}{\sigma(INL_{\mathrm{MSB}})}=2\cdot\sqrt{\frac{2^N-1}{2^N}}\approx 2\,. \tag{5.25}$$

Der maximale DNL-Fehler eines CBW-CDACs ist im Mittel doppelt so groß wie der maximale INL-Fehler. Für viele Anwendungen, z.B. in Regelschleifen, ist die Anforderung an die DNL grundsätzlich höher als an die INL, weshalb die DNL das kritische Maß für die Dimensionierung darstellt.

In den oben genannten Veröffentlichungen, z.B. in [Lin05] und [Pun13], wird zur Berechnung der erreichbaren Auflösung meist eine Standardabweichung von einem halben LSB gefordert. Damit wird jedoch nur mit einer Wahrscheinlichkeit von 68% ein DNL- bzw. INL-Fehler im Bereich $\pm\frac{1}{2}$ LSB erreicht. Mit 4.5% Wahrscheinlichkeit tritt sogar ein Fehler größer als 1 LSB auf. Dies entspricht keiner industriell akzeptablen Ausbeute. Mit der Forderung

$$2\cdot\sigma(DNL_{\mathrm{MSB}})<\frac{1}{2}V_{\mathrm{LSB}} \tag{5.26}$$

liegt der DNL-Fehler in der Mitte der Kennlinie mit einer Wahrscheinlichkeit von 95.5% innerhalb des $\pm\frac{1}{2}$ LSB Bereichs. An den Stellen $V_{\mathrm{DAC}}=\frac{1}{4}V_{\mathrm{Ref}}$ und $V_{\mathrm{DAC}}=\frac{3}{4}V_{\mathrm{Ref}}$ beträgt die Wahrscheinlichkeit, durch die um den Faktor $\sqrt{2}$ kleinere Standardabweichung, sogar 99.5%. Die erzielbare Auflösung hinsichtlich des DNL-Fehlers beträgt somit

$$N\leq \mathrm{ld}\left(\left(\frac{1}{4}\cdot\frac{C}{\sigma(C)}\right)^2+1\right)\,. \tag{5.27}$$

5.2 Vollständig thermometerkodierte (FTC)-Architektur

Bei einem vollständig thermometerkodierten DAC (FTC - fully thermometer coded) sind die Kondensatoren im Gegensatz zur CBW-Architektur nicht in Gruppen zusammengefasst, sondern 2^N Einheitskondensatoren sind jeweils einem separaten Schalter zugeordnet. Lediglich C_0 bildet eine Ausnahme und ist fest mit Masse verbunden. Für die Größe der Kapazitäten gilt

$$C_i=C\ \text{ für } i=1 \text{ bis } 2^N\,. \tag{5.28}$$

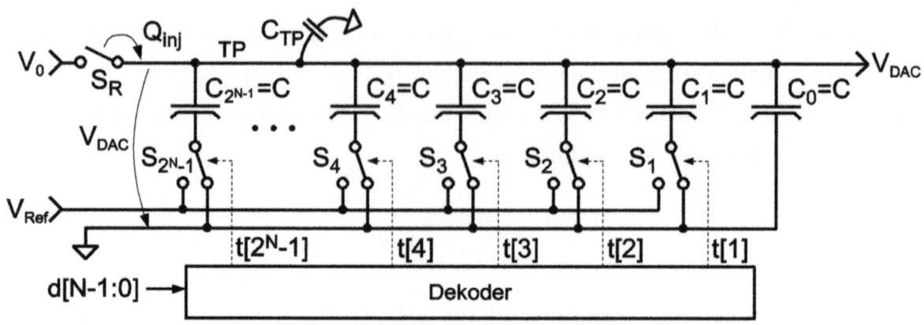

Abbildung 5.6: thermometerkodierter kapazitiver DAC

Zur Steuerung der Schalter wird das thermometerkodierte Steuerwort $t[2^N-1:0]$ mit der Vorschrift

$$\begin{aligned} t_i &= 1 \quad \text{für}\, i \leq d \\ t_i &= 0 \quad \text{für}\, i > d \end{aligned}$$

aus dem binären Datenwort $d[N-1:0]$ erzeugt. Diese Kodierung bewirkt, dass sich die mit V_{Ref} verbundene Kapazität streng monoton mit dem Steuerwort erhöht.

5.2.1 Berechnung der Kennlinie

Äquivalent zum vorherigen Abschnitt kann die Ausgangsspannung des DAC über die gespeicherte Ladung berechnet werden und man erhält die Kennlinie

$$V_{\text{DAC}} = V_0 + \frac{V_{\text{Ref}} \cdot \sum_{i=1}^{2^N-1} (C_i \cdot t_i) + Q_{\text{inj}}}{\sum_{i=0}^{2^N-1} C_i + C_{\text{TP}}} . \tag{5.29}$$

Die Wirkung der parasitären Größen ist identisch zur CBW-Architektur. Die FTC-Architektur zeichnet sich dadurch aus, dass bei steigendem Steuerwort keine Punkte der Kennlinie existieren, wo Kondensatoren wieder zurück an Masse geschaltet und durch andere Kondensatoren ersetzt werden. Die Schrittweite jeder Stufe ist unmittelbar nur einer Kapazität zugeordnet. Die Ausgangsspannung besitzt dadurch einen inhärent streng monotonen Verlauf.

5.2.2 DNL- und INL-Fehler

Den DNL-Fehler an der Stelle d erhält man mit

$$\frac{DNL(d)}{V_{\text{LSB}}} = 2^N \frac{\left(\sum_{i=0}^{d} C_i - \sum_{i=0}^{d-1} C_i\right)}{\sum_{i=0}^{2^N-1} C_i} - 1 = 2^N \frac{C_d}{\sum_{i=0}^{2^N-1} C_i} - 1 . \tag{5.30}$$

Dieser wird nur durch die Variation eines einzelnen Einheitskondensators bestimmt und nicht durch die Differenz von Summen mehrerer Kapazitäten. Dieses Verhalten ist in Abbildung 5.7 am Beispiel eines vollständig thermometerkodierten CDAC mit 5 bit Auflösung anschaulich dargestellt (siehe zum Vergleich Abbildung 5.4). Hinsichtlich systematischer Variationen ist die Bedingung $\triangle C_i < \frac{1}{2}C$ für die FTC-Architektur hinreichend, um einen DNL-Fehler kleiner $\frac{1}{2}$ LSB zu garantieren. Die Standardabweichung des DNL-Fehlers, hervorgerufen durch zufälliges Mismatch, kann ebenfalls mittels

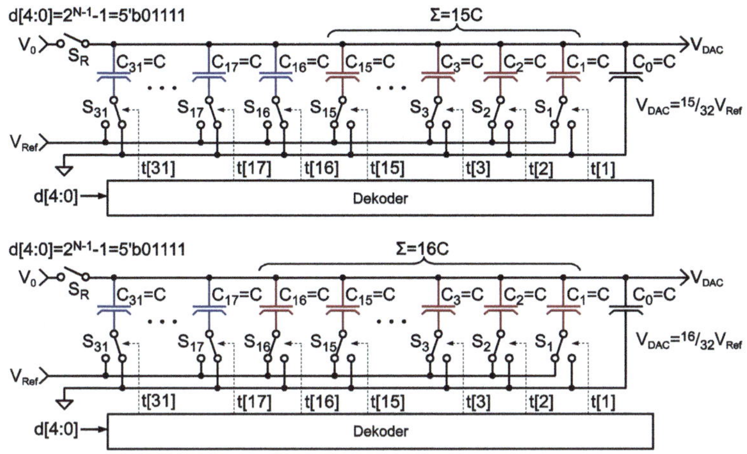

Abbildung 5.7: Erklärung des DNL Fehlers am Beispiel eines 5 bit thermometerkodierten CDACs

Reihenentwicklung berechnet werden. Man erhält den für jede Kennlinienstufe gleich großen Wert

$$\frac{\sigma(DNL)}{V_{\mathrm{LSB}}} = \frac{\sigma(C)}{C} \cdot \sqrt{1 - \frac{1}{2^N}} \approx \frac{\sigma(C)}{C}, \tag{5.31}$$

der ungefähr der Variation einer einzelnen Einheitskapazität entspricht.

Die INL eines kapazitiven DACs wird nicht von der Kodierung beeinflusst, da sich der INL-Fehler aus der Streuung einer Summe von Kapazitäten in Relation zur Gesamtkapazität ergibt. Welche Einheitskondensatoren diese Summe bilden, hat keinen Einfluss, da bei der Berechnung keine Differenz von Kapazitäten enthalten ist. Durch die Thermometer-Kodierung wird der DNL-Fehler im Vergleich zur CBW-Architektur drastisch reduziert, der INL-Fehler bleibt jedoch unverändert erhalten und wird somit zur dominierenden Größe.

Die Anzahl der getrennt zu steuernden Schalter steigt exponentiell mit der Auflösung. Dazu ist ein umfangreicher Decoder notwendig, der eine Verzögerung des Umschaltens bewirkt. Auch der Verdrahtungsaufwand des Kondensator-Arrays steigt enorm durch die Thermometer-Kodierung, da jeder Kondensator mit dem zugehörigen Schalter verbunden werden muss.

5.3 Teilweise thermometerkodierte (PTC)-Architektur

Eine Mischform aus binär gewichteter und thermometerkodierter Struktur bildet die teilweise thermometerkodierte (PTC - partially thermometer coded) Architektur. Ein Beispiel mit 3 bit Thermometer-Code ist in Abbildung 5.8 dargestellt. Die höchstwertigen m bit eines N bit DAC werden thermometerkodiert und die zugehörigen Kondensatoren in $2^m - 1$ gleichgroße Kondensatorgruppen aus jeweils $C_t = 2^{n-m} \cdot C$ Einheitskondensatoren aufgeteilt. Die niederwertigen $N - m$ Bit sind binär gewichtet mit insgesamt 2^{N-m} Einheitskondensatoren. Die gesamte Anzahl an Einheitskondensatoren ist identisch zur CBW und FTC-Architektur, es liegt nur eine andere Gruppierung und Kodierung vor. Eine detaillierte Analyse dieser Struktur und ein Anwendungsbeispiel findet man in der Veröffentlichung des Autors [Hae13].

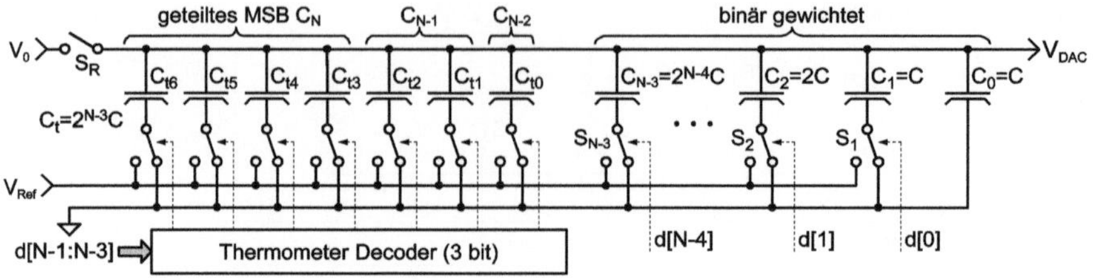

Abbildung 5.8: Schaltplan eines teilweise thermometerkodierten (PTC) DACs

Das thermometerkodierte Digitalwort $t[2^m-1:0]$ zur Steuerung der Schalter erhält man mit der Vorschrift

$$
\begin{aligned}
t_i &= 1 \qquad \text{für } i \leq d[N-1:N-m] \\
t_i &= 0 \qquad \text{für } i > d[N-1:N-m]
\end{aligned}
$$

aus dem höchstwertigen m-bit des binären Datenwortes $d[N-1:0]$. Im Gegensatz zur FTC-Struktur wird nur ein m bit Thermometer-Decoder benötigt.

5.3.1 Berechnung der Kennlinie

Die Ausgangsspannung der PTC-Architektur beträgt

$$V_{\mathrm{DAC}} = V_0 + V_{\mathrm{Ref}} \cdot \frac{\sum_{i=0}^{2^m-2}(C_{ti}\cdot t_i) + \sum_{i=0}^{N-m-1}(C_{i+1}\cdot d[i]) + Q_{\mathrm{inj}}}{\sum_{i=0}^{2^m-2} C_{ti} + \sum_{i=0}^{N-m} C_i + C_{\mathrm{TP}}} . \tag{5.32}$$

Die Auswirkung der Ladungsinjektion und parasitären Kapazität wird nicht von der Kodierung des Arrays beeinflusst und ist identisch zu den zuvor betrachteten Architekturen.

5.3.2 DNL- und INL-Fehler

Der maximale DNL-Fehler tritt bei Vielfachen von 2^{N-m} immer dann auf, wenn sich ein Bit im Thermometer-Code ändert. Die Berechnung des DNL-Fehlers soll bei Vernachlässigen von Q_{inj} und C_{TP} beispielhaft für die Mitte der Kennlinie erfolgen. Die Ausgangsspannung am Punkt $d = 2^{N-1}$ beträgt

$$V_{\mathrm{DAC}}(2^{N-1}) = V_0 + V_{\mathrm{Ref}} \cdot \frac{\sum_{i=0}^{2^{m-1}-1} C_{ti}}{\sum_{i=0}^{2^m-2} C_{ti} + \sum_{i=0}^{N-m} C_i} \tag{5.33}$$

und für den nächst kleineren Spannungswert erhält man

$$V_{\mathrm{DAC}}(2^{N-1}-1) = V_0 + V_{\mathrm{Ref}} \cdot \frac{\sum_{i=0}^{2^{m-1}-2} C_{ti} + \sum_{i=1}^{N-m} C_i}{\sum_{i=0}^{2^m-2} C_{ti} + \sum_{i=0}^{N-m} C_i} . \tag{5.34}$$

Der DNL-Fehler ergibt sich aus der Differenz beider Spannungen und eine anschließende Normierung führt zu

$$\frac{DNL_{\mathrm{MSB}}}{V_{\mathrm{LSB}}} = 2^N \frac{\sum_{i=0}^{2^{m-1}-1} C_{ti} - \left(\sum_{i=0}^{2^{m-1}-2} C_{ti} + \sum_{i=1}^{N-m} C_i\right)}{\sum_{i=0}^{2^{m-1}-2} C_{ti} + \sum_{i=1}^{N-m} C_i} - 1 . \tag{5.35}$$

Im Vergleich zu Gl. 5.12 besitzen die Summen im Zähler zwar die gleiche Größe, enthalten jedoch mehrere identische Kapazitäten. Vereinfachen der Summen ergibt

$$\frac{DNL_{\mathrm{MSB}}}{V_{\mathrm{LSB}}} = 2^N \frac{C_{t(2^{m-1}-1)} - \sum_{i=1}^{N-m} C_i}{\sum_{i=0}^{2^{m-1}-2} C_{ti} + \sum_{i=1}^{N-m} C_i} - 1\,. \tag{5.36}$$

Der DNL-Fehler der PTC-Architektur wird im Vergleich zur CBW-Architektur nur durch das Mismatch von nur 2^{N-m} anstatt von 2^{N-1} Einheitskondensatoren bestimmt. Basierend auf der Normalverteilung der Einheitskondensatoren erhält man mittels Taylor-Reihenentwicklung für die Standardabweichung des DNL-Fehlers

$$\frac{\sigma(DNL_{\mathrm{MSB}})}{V_{\mathrm{LSB}}} \approx \frac{\sigma(C)}{C} \cdot \sqrt{2^{N-m+1} - 1}\,. \tag{5.37}$$

Vergleichbar zu Gl. 5.18 kann die DNL an beliebigen Kennlinienpunkten durch

$$\frac{\sigma(DNL(d))}{V_{\mathrm{LSB}}} \approx \frac{\sigma(C)}{C} \cdot \sqrt{\sum_{i=1}^{N-m} (2^i \cdot s_i(d)) + 1} \tag{5.38}$$

angegeben werden. Dabei wird ersichtlich, dass das Umschalten der höchstwertigen Bits keinen Einfluss auf die DNL hat und diese ihr Maximum bei Vielfachen von 2^{N-m} erreicht. Äquivalent zu Gl. 5.27 erhält man mit der gleichen Genauigkeitsanforderung die maximal erzielbare Auflösung

$$N \leq \mathrm{ld}\left(\left(\frac{1}{4} \cdot \frac{C}{\sigma(C)}\right)^2 + 1\right) + m - 1 = N_{\mathrm{bin}} + m - 1 \tag{5.39}$$

in Relation zur Auflösung N_{bin} der CBW-Architektur. Der Quotient aus Gl. 5.17 und Gl. 5.37 ergibt die Verringerung der Standardabweichung des maximalen DNL Fehlers

$$\frac{\sigma(DNL_{\mathrm{MSB,bin}})}{\sigma(DNL_{\mathrm{MSB,thermo}})} = \sqrt{\frac{2^N - 1}{2^{N-m+1} - 1}} \approx \sqrt{2^{m-1}}\,. \tag{5.40}$$

Jedes zusätzliche Bit im Thermometer-Code erhöht die erzielbare Auflösung um ein Bit. Betrachtet man die für ausreichendes Matching notwendige Kondensatorfläche, so kann diese beim Einsatz eines Thermometer-Codes nach Gl. A.7 um den Faktor

$$\frac{(W \cdot L)_{\mathrm{thermo}}}{(W \cdot L)_{\mathrm{bin}}} = \frac{1}{2^{m-1}} \tag{5.41}$$

reduziert werden. Schon mit wenigen thermometerkodierten Bits ist eine enorme Flächenreduktion möglich. Allerdings muss beachtet werden, dass der INL-Fehler durch den Einsatz des Thermometer-Codes nicht verbessert wird und damit eine Verkleinerung der Fläche einen Anstieg der INL nach sich zieht.

Die analytischen Ergebnisse wurden durch eine umfangreiche numerische Simulation mit dem Systemmodell aus Kapitel 4 überprüft. Abbildung 5.9 vergleicht DNL- und INL-Fehler eines 10 bit DAC mit und ohne Thermometer-Code basierend auf einer Monte-Carlo-Simulation. DNL-Fehler bei Vielfachen von $2^7 = 128$ und die Anzahl an Missing-Codes werden stark reduziert, während die INL unverändert bleibt.

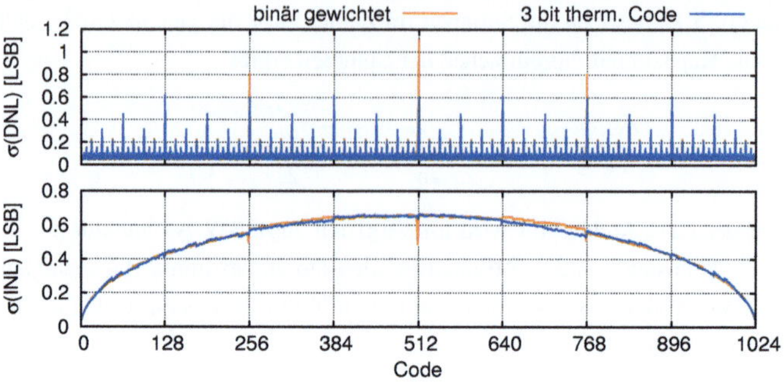

Abbildung 5.9: Vergleich von DNL und INL-Fehler der CBW- und PTC-Architektur (Monte-Carlo-Simulation mit 1000 Samples)

Die PTC-Struktur bietet einen guten Kompromiss zwischen erzielbarer Monotonie und zusätzlichem Schaltungsaufwand. Schon mit wenigen thermometerkodierten Bits ist eine erhebliche Verringerung der DNL-Fehler hervorgerufen durch Mismatch erreichbar. Ein Thermometer-Decoder mit 3 oder 4 bit Wortbreite ist mit einer geringen Anzahl an digitalen Standardzellen möglich [Hae13]. Im Gegensatz zur FTC-Struktur ist dadurch der Einsatz nicht nur auf moderne Technologien beschränkt. Mit einem 3 bit breiten Thermometer-Code wird die Standardabweichung des DNL-Fehlers um Faktor zwei reduziert. Damit sind die Standardabweichungen von INL- und DNL-Fehler gleich groß. Ein Anwendungsbeispiel findet man in Abschnitt 8.9.

5.4 Series-split binär gewichtete (SBW)-Architektur

Bei der gewöhnlichen binär gewichteten Architektur steigt die Anzahl an Einheitskondensatoren exponentiell mit der Auflösung und ist für mehr als 10 bit kaum praktisch umsetzbar. Die series-split (SBW)-Struktur erreicht eine Reduktion der Anzahl an Einheitselementen durch eine Kopplung von zwei binär gewichteten Kondensator-Arrays mit jeweils reduzierter Auflösung. Der mit dem Ausgang verbundene Main-DAC besitzt eine Auflösung von $N{-}m$ bit und der Sub-DAC von m bit. Die Anzahl der Kondensatoren in Summe reduziert sich auf

$$n = 2^m + 2^{N-m} \tag{5.42}$$

und für den Spezialfall $m{=}\frac{1}{2}N$ sinkt die Anzahl auf das Minimum $2^{\frac{N}{2}+1}$. Für diese Architektur existieren vielfältige Bezeichnungen. Dabei ist „series-split" nicht zu verwechseln mit der als „split" bezeichneten Architektur in [Gin07]. Abbildung 5.10 zeigt den Schaltplan der SBW-Architektur. Es werden wie bei der CBW-Struktur N Schalter ohne zusätzliche Decoder verwendet.

5.4.1 Berechnung der Kennlinie

Die Berechnung der Kennlinie der SBW-Architektur erfolgt ebenfalls über die gespeicherte Ladung, führt jedoch zu einem Gleichungssystem mit den zwei unbekannten Spannungen V_{DAC} und V_2. Dabei ist V_2 die Spannung der gemeinsamen oberen Kondensatorplatte des Sub-DAC. Der initiale Wert von V_2 während der Rücksetzphase hat keinen Einfluss auf die Kennlinie und entfällt bei der Lösung des

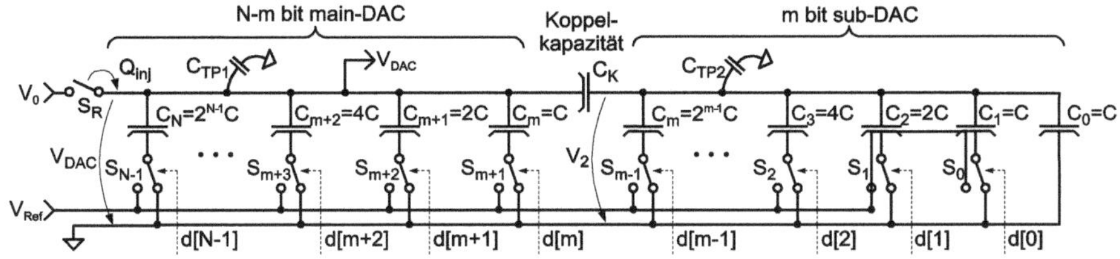

Abbildung 5.10: series-split DAC

Gleichungssystems. Dies ist dadurch zu erklären, dass der Gleichanteil von V_2 durch die rein kapazitive Kopplung eliminiert wird. Unter Berücksichtigung der Ladungsinjektion und der parasitären Kapazitäten erhält man bei idealer binärer Wichtung die Kennliniengleichung

$$V_{\mathrm{DAC}} = V_0 + \frac{V_{\mathrm{Ref}} \cdot \left[A \cdot \sum_{i=m}^{i=N-1} C_{i+1} \cdot d[i] + C_{\mathrm{K}} \cdot \sum_{i=0}^{i=m-1} C_{i+1} \cdot d[i]\right] + A \cdot Q_{\mathrm{inj}}}{C \cdot B + C_{\mathrm{K}}\left(C_{\mathrm{TP1}} + C_{\mathrm{TP2}}\right) + C_{\mathrm{TP1}} C_{\mathrm{TP2}}} \tag{5.43}$$

mit den Abkürzungen $A = 2^m C + C_{\mathrm{K}} + C_{\mathrm{TP2}}$ und $B = C \cdot \left(2^N - 2^m\right) + C_{\mathrm{K}} \cdot \left(2^m - 1 + 2^{N-m}\right) + C_{\mathrm{TP2}} \cdot \left(2^{N-m} - 1\right) + 2^m \cdot C_{\mathrm{TP1}}$. Durch Vernachlässigen von Ladungsinjektion und parasitären Kapazitäten ergibt sich die kompaktere Form

$$V_{\mathrm{DAC}} = V_0 + V_{\mathrm{Ref}} \cdot \frac{(2^m C + C_K) \cdot \sum_{i=m}^{i=N-1} C_{i+1} \cdot d[i] + C_K \cdot \sum_{i=0}^{i=m-1} C_{i+1} \cdot d[i]}{C \cdot [C \cdot (2^N - 2^m) + C_{\mathrm{K}} \cdot (2^N + 2^{N-m} - 1)]} \tag{5.44}$$

und mit $C_{\mathrm{K}} = \frac{2^m}{2^m - 1} C$ erhält man die gewünschte ideale Kennlinie

$$V_{\mathrm{DAC}} = V_0 + V_{\mathrm{Ref}} \cdot \frac{2^m \sum_{i=m}^{i=N-1} C_{i+1} \cdot d[i] + \sum_{i=0}^{i=m-1} C_{i+1} \cdot d[i]}{2^N C}. \tag{5.45}$$

Die Wirkung des Main-DAC ist um den Faktor 2^m stärker als die Wirkung des Sub-DAC. Die initiale Spannung des Sub-DAC hat keine Auswirkung auf den Verlauf der Kennlinie. Der Sub-DAC kann somit auf eine beliebige Spannung aufgeladen werden, wie dies z.B. in Kapitel 8 geschieht. Alternativ kann die Top-Plate auch dauerhaft hochohmige bleiben (siehe ADC in Kapitel 10). Dies hat den Vorteil, dass keine Schalter zum Aufladen der initialen Spannung benötigt werden und sich damit die parasitäre Kapazität reduziert.

Der Wert der Koppelkapazität C_K kann in der gewöhnlichen Konfiguration nicht aus Einheitskapazitäten aufgebaut werden. Durch das Weglassen der Kapazität C_0 wird dies theoretisch ermöglicht. Die Variante mit $C_0{=}0$ und $C_{\mathrm{K}}{=}C$ führt zu der alternativen Gleichung

$$V_{\mathrm{DAC}} = V_0 + V_{\mathrm{Ref}} \cdot \frac{2^m \cdot \sum_{i=m}^{i=N-1} C_{i+1} \cdot d[i] + \sum_{i=0}^{i=m-1} C_{i+1} \cdot d[i]}{(2^N - 1)\, C}. \tag{5.46}$$

Diese weist ebenfalls eine lineare Kennlinie auf, besitzt durch die Abweichung des Nenners jedoch einen leichten systematischen Verstärkungsfehler. Der Fehler bei Vollaussteuerung beträgt 1 LSB und ist bei hohen Auflösungen absolut tolerierbar. Diese Variante hat jedoch nur theoretischen Charakter und soll nicht genauer betrachtet werden, da in der weiteren Analyse ersichtlich wird, dass der Wert der Koppelkapazität grundsätzlich angepasst werden muss und damit praktisch nicht als Einheitskondensator aufgebaut werden kann.

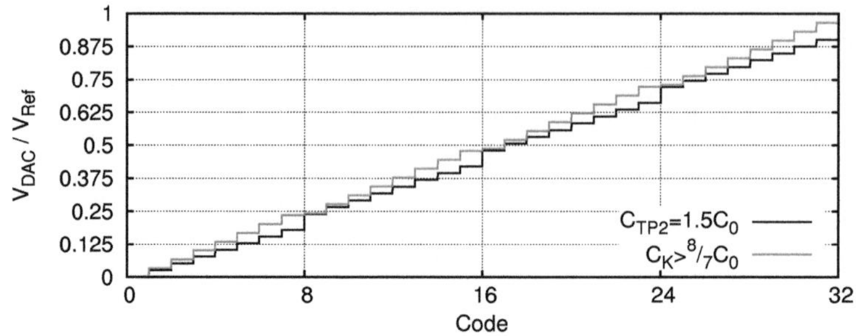

Abbildung 5.11: Kennlinie eines SBW CDAC mit N=5 und m=3 bei nicht idealer Koppelkapazität bzw. parasitärer Kapazität C_{TP2}

Die Auswirkung der parasitären Effekte wird nachfolgend separat betrachtet. Mit idealer Koppelkapazität C_{K} und Vernachlässigen von C_{TP2} ergibt sich die Kennlinie

$$V_{\text{DAC}} = V_0 + \frac{V_{Ref} \cdot \left[2^m \cdot \sum_{i=m}^{i=N-1} C_{i+1} \cdot d[i] + \sum_{i=m}^{i=N-1} C_{i+1} \cdot d[i]\right] + Q_{\text{inj}}}{2^N C + 2^m C_{\text{TP1}}}. \tag{5.47}$$

Die parasitäre Kapazität C_{TP1} der Top-Plate des Main-DAC bewirkt einen typischen Verstärkungsfehler und die Ladungsinjektion einen Offsetfehler, allerdings besitzen beide Effekte eine um den Faktor 2^m stärkere Auswirkung als bei der CBW, FTC und PTC-Architektur. Die Linearität wird allerdings nicht beeinflusst. Betrachtet man in Gl. 5.43 nur die Wirkung der parasitären Kapazität C_{TP2} des Sub-DAC, so erhält man durch Umschreiben des Nenners

$$V_{\text{DAC}} = V_0 + V_{\text{Ref}} \cdot \frac{2^m \cdot \left(1 + \frac{C_{TP2}}{2^m C_0}(1 - 2^{-m})\right) \cdot \sum_{i=m}^{i=N-1} C_{i+1} \cdot d[i] + \sum_{i=m}^{i=N-1} C_{i+1} \cdot d[i]}{2^N C_0 \cdot \left(1 + \frac{C_{TP2}}{C_0} \cdot (1 - 2^{-2m} + 2^{-m})\right)}. \tag{5.48}$$

Die Wirkung von C_{TP2} auf den Verstärkungsfehler ist gering. Gravierender ist die Dämpfung der Spannung V_2. Dadurch besitzt der Main-DAC eine stärkere Wirkung als der Sub-DAC und es entstehen Sprünge in der Kennlinie bei Vielfachen von 2^m. Die Wirkung von C_{TP2} auf die Kennlinie wird in Abbildung 5.11 am Beispiel eines 5 bit DAC gezeigt. Durch eine größere Koppelkapazität C_{K} wird die Wirkung des sub-DAC verstärkt und damit der Dämpfung von C_{TP2} entgegen gewirkt. Mit dem Wert

$$C_{\text{K}} = \frac{2^m C + C_{\text{TP2}}}{2^m - 1} \tag{5.49}$$

erfolgt eine vollständige Kompensation, die Sprünge in der Kennlinie verschwinden und nur ein kleiner Verstärkungsfehler bleibt bestehen. Da sich die parasitäre Kapazität C_{TP2} praktisch nie vollständig vermeiden lässt, ist in jedem Fall eine Anpassung der Koppelkapazität erforderlich. Damit ist unabhängig vom Idealwert immer ein Wert geringfügig größer als eine Einheitskapazität nötig, dessen Implementierung einen kritischen Punkt dieser Architektur darstellt.

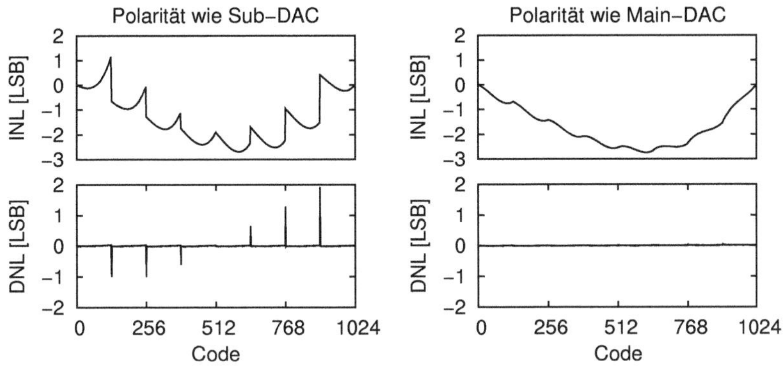

Abbildung 5.12: INL und DNL hervorgerufen durch eine Nichtlinearität der Kondensatoren (N=10, m=7, v_{cc1}=0.01, v_{cc2}=0.005 und V_{Ref}=1.0 V)

5.4.2 Spannungsabhängigkeit der Kondensatoren

Da die Auswirkung der Spannungsabhängigkeit der Kondensatoren nicht von deren Größe abhängt, bewirkt die reduzierte Anzahl an Einheitselementen kein grundlegend anderes Verhalten. Einzig die Linearität der Koppelkapazität hat eine spezifische Auswirkung. Um eine geringe parasitäre Kapazität C_{TP2} zu erzielen, wird die Koppelkapazität gewöhnlich mit ihrer Top-Plate am Sub-DAC angeschlossen. Damit ist sie jedoch mit umgekehrter Polarität wirksam als die Kondensatoren im Main-DAC. Abbildung 5.12 zeigt die Auswirkung der unterschiedlichen Polarität auf INL und DNL. An den Stellen der Kennlinie, wo der Sub-DAC zurückgesetzt wird, treten bei umgekehrter Polarität Sprünge in der Kennlinie (große DNL-Fehler) auf. Dieses Verhalten wird nur dann sichtbar, wenn die Charakteristik der Kondensatoren nicht symmetrisch zum Ursprung verläuft und eine starke Nichtlinearität vorliegt (siehe dazu die Beispiel-Kennlinien in Abbildung A.7 auf Seite 176).

5.4.3 INL- und DNL-Fehler

Die Berechnung von DNL und INL basierend auf einer Normalverteilung der Einheitskapazität erfolgt auf die gleiche Weise wie in den vorangegangenen Abschnitten. Allerdings müssen dazu die Summenterme in Gl. 5.44 in fünf unabhängige Zufallsvariablen zerlegt werden. Dies sind die Kapazitäten im Main- und Sub-DAC, die mit V_{Ref} verbunden sind, und der jeweils verbleibende Teil sowie die Koppelkapazität. Eine Taylor-Reihenentwicklung liefert die Näherung

$$\frac{\sigma(INL(d_1,d_2))}{V_{\mathrm{LSB}}} = \frac{\sigma(C)}{C} \cdot \sqrt{a \cdot d_2^2 + [b \cdot d_1 + 1] \cdot d_2 + c \cdot d_1^2 + e \cdot d_1} \tag{5.50}$$

mit den Faktoren

$$a = 1 - 2^{m-N} - 2^{2-m} \qquad b = 2^{m-N+1} \cdot (3 - 2^m) \qquad c = 2^{3m-N} \cdot \left(-3 \cdot 2^{-N} - 2\right) \qquad e = 2^{2m}$$

und den für Main- und Sub-DAC getrennten Steuerworten $d_1 = d[N-1{:}m]$ und $d_2 = d[m-1{:}0]$, wobei Potenzen von N und m mit geringem Einfluss bereits entfernt wurden. Das Maximum der Standardabweichung

$$\max\left(\frac{\sigma(INL)}{V_{\mathrm{LSB}}}\right) = \frac{\sigma(INL_{\mathrm{MSB}})}{V_{\mathrm{LSB}}} = \frac{\sigma(C)}{C}\cdot\frac{1}{2}\sqrt{2^{N+m}-3\cdot 2^m+3} \approx \frac{\sigma(C)}{C}\cdot\frac{1}{2}\sqrt{2^{N+m}} \tag{5.51}$$

tritt in der Mitte der Kennlinie bei $d{=}2^{N-1}$ auf. Abbildung 5.13 zeigt den berechneten Verlauf der Standardabweichung der INL im Vergleich zu Ergebnissen einer Monte-Carlo-Simulation am Beispiel eines 8 bit SBW-DAC. Simulation und Berechnung zeigen eine gute Übereinstimmung.

Äquivalent dazu ergibt die Berechnung des DNL Fehlers ebenfalls in der Mitte der Kennlinie die Standardabweichung

$$\frac{\sigma(DNL_{\mathrm{MSB}})}{V_{\mathrm{LSB}}} \approx \frac{\sigma(C)}{C}\cdot\sqrt{2^m\cdot(2^N-1)}\,. \tag{5.52}$$

INL- sowie DNL-Fehler sind verglichen zur CBW-Struktur bei gleicher Auflösung und gleicher Größe der Einheitskondensatoren rund $\sqrt{2^m}$ größer. Dies ist dadurch zu erklären, dass die Kapazitäten des Main-DAC aus jeweils um den Faktor 2^m weniger Einheitskondensatoren bestehen und somit bei gleicher Standardabweichung des Einheitskondensators ein deutlich größeres relatives Mismatch besitzen. Mit der SBW-Struktur wird zwar die Anzahl an Einheitselementen drastisch reduziert, allerdings zu Lasten des Matchings. Die Standardabweichung eines Einheitskondensators muss um Faktor $\sqrt{2^m}$ kleiner sein. Dafür ist nach Gl. A.7 eine 2^m-mal so große Fläche erforderlich. Der Sub-DAC ist bei gleichgroßen Einheitskondensatoren hinsichtlich des Matchings überdimensioniert und belegt unnötig viel Fläche. Besitzt der Einheitskondensator eines CBW-DAC für eine geforderte Genauigkeit die Fläche A_0, so benötigt der Einheitskondensator einer SBW-Struktur die Fläche $2^m\cdot A_0$. Damit ergibt sich mit Gl. 5.42 eine Gesamtfläche von

$$A_{\mathrm{SBW}} = \left(2^m+2^{N-m}\right)\cdot 2^m\cdot A_0 = \left(2^{2m}+2^N\right)\cdot A_0\,. \tag{5.53}$$

Im Vergleich zur Gesamtfläche eines CBW-DAC von

$$A_{\mathrm{CBW}} = 2^N\cdot A_0 \tag{5.54}$$

ergibt dies eine Vergrößerung um den Faktor

$$\frac{A_{\mathrm{SBW}}}{A_{\mathrm{CBW}}} = 2^{2m-N}+1\,. \tag{5.55}$$

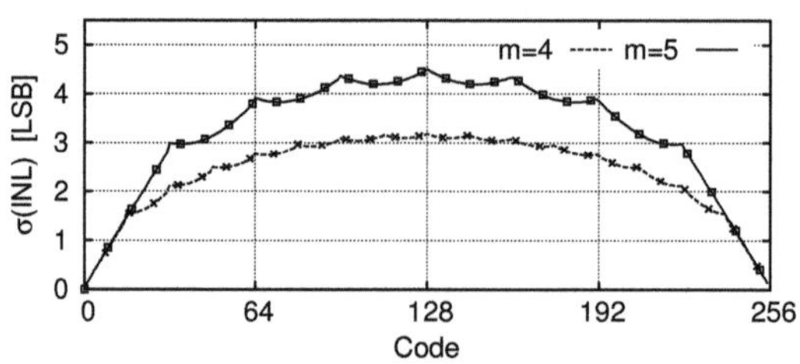

Abbildung 5.13: INL der SBW-Architektur mit 8 bit Auflösung und m=4 sowie m=5. Vergleich von Berechnung nach Gl. 5.50 (durchgezogene Linie) und Monte-Carlo-Simulation mit 1 Million Samples (markierte Punkte) für $\sigma(C) = 0.1C$.

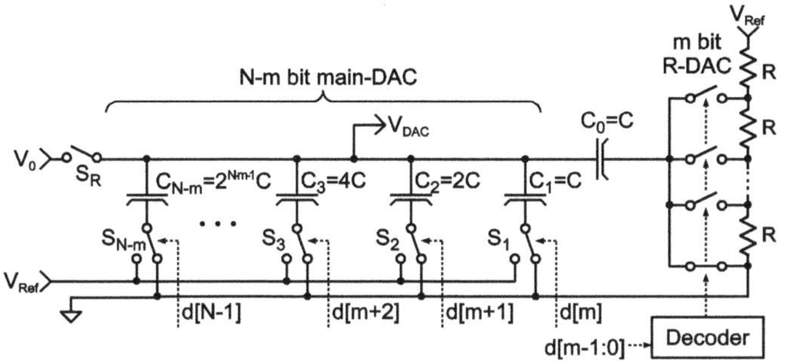

Abbildung 5.14: Kombination aus kapazitiven und resistiven DAC

Für den oft verwendeten Spezialfall $m=\frac{1}{2}N$ belegt ein SBW-DAC bei gleichem DNL- und INL-Fehler eine doppelt so große Fläche. Wenn die Größe der Kondensatoren durch das erforderliche Matching bestimmt ist, wird keine Einsparung sondern eine Vergrößerung der Fläche erreicht. Lediglich der Freiraum zwischen den Kondensatoren und die zur Verdrahtung erforderliche Fläche wird durch die geringere Anzahl an Einheitselementen reduziert. Dieser Sachverhalt wird in der Literatur oft übersehen und die SBW-Architektur fälschlicherweise für ihre reduzierte Gesamtkapazität und damit hohe Energieeffizienz hervorgehoben [Zhu08]. Zusammen mit der Herausforderung der exakten Dimensionierung der Koppelkapazität ist sorgfältig abzuwägen, ob ein SBW-DAC wirklich einen Vorteil gegenüber der CBW-Architektur besitzt.

5.5 Mischformen

Es existieren zahlreiche weitere Architekturen, die sich vor allem aus der Kombination der bereits beschriebenen Strukturen ergeben. Weitere Variationsmöglichkeiten ergeben sich aus der Kombination von resistiven und kapazitiven Schaltungen.

5.5.1 Kombination mit Widerstands-DAC

Eine in deutlich älteren Veröffentlichungen [Lee83, Mil90] bei großen Strukturweiten oft verwendete hybride Variante besteht aus der Kombination von kapazitiven und resistiven DAC, wie sie Abbildung 5.14 zeigt. Die Architektur besitzt zahlreiche Nachteile verglichen zu rein kapazitiven Varianten. Zur Steuerung der 2^m Schalter im RDAC wird ein one-hot-Decoder benötigt. In der Widerstandskette fließt ein statischer Querstrom und die Arbeitspunkte der Schalter im RDAC liegen im gesamten Spannungsbereich verteilt. Die Einschwingzeit des RDAC ist inhärent schlechter als bei kapazitiven Strukturen, da zum größeren Widerstand R_{On} der Schalttransistoren noch der Ausgangswiderstand des RDAC und die Verzögerung des Decoders hinzukommt. Durch die reduzierte Anzahl an Einheitskondensatoren besteht eventuell ein Vorteil hinsichtlich der Fläche. Dies geht allerdings vergleichbar zur SBW-Architektur mit Nachteilen beim Matching einher. Bei einem differenziellen Aufbau kann der RDAC inklusive Decoder für beide Zweige genutzt und damit Fläche gespart werden.

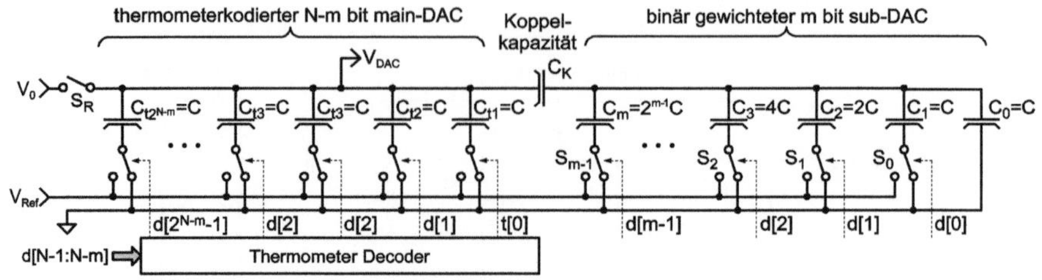

Abbildung 5.15: series-split DAC mit thermometerkodierten main-DAC

5.5.2 Series-split Architektur mit Thermometer-Code (STC)

Die in Abbildung 5.15 dargestellte Struktur stellt eine Modifikation der binär gewichteten series-split Architektur (SBW) dar. Da der Main-DAC einer serien-gekoppelten Anordnung hinsichtlich Matching prinzipbedingt benachteiligt ist, ist es sinnvoll die Linearität bzw. Monotonie des main-DAC durch den Einsatz eines Thermometer-Codes zu verbessern. Diese Struktur kombiniert die Vorteile der SBW- und FTC- Struktur:

- reduzierte Anzahl an Einheitselementen im Vergleich zur binär gewichteten Struktur
- verbesserte DNL im Vergleich zur binär gewichteten series-split Architektur
- einfacherer Aufbau als PTC-Struktur, da nur Thermometer-Codierung einzelner Einheitskondensatoren, keine Gruppen

Der Verlauf des INL-Fehlers ist identisch zur SBW-Architektur. Das Maximum der Standardabweichung in der Mitte der Kennlinie beträgt näherungsweise

$$\max\left(\frac{\sigma(INL)}{V_{\text{LSB}}}\right) = \frac{\sigma(INL_{\text{MSB}})}{V_{\text{LSB}}} \approx \frac{\sigma(C)}{C} \cdot \frac{1}{2}\sqrt{2^{N+m}} \tag{5.56}$$

Der DNL-Fehler wird bei Vielfachen von 2^m auf folgenden Wert reduziert:

$$\max\left(\frac{\sigma(DNL)}{V_{\text{LSB}}}\right) \approx \frac{\sigma(C)}{C} \cdot 2^m \cdot \sqrt{2}\,. \tag{5.57}$$

5.6 Architekturvergleich und Beurteilung

In diesem Kapitel erfolgte eine Analyse oft verwendeter kapazitiver DAC-Architekturen. Dabei wurde der Einfluss von Ladungsinjektion und parasitärer Kapazitäten auf Anstieg und Offsetfehler der Kennlinie sowie die Auswirkung von systematischen und ganz besonders zufälligen Variationen der Einheitskapazität auf DNL- und INL-Fehler untersucht. Die durchgeführte analytische Näherungsberechnung der statistischen Verteilung von DNL und INL basierend auf einer Normalverteilung der Einheitskapazitäten ermöglicht den direkten Vergleich verschiedener Architekturen. Abbildung 5.16 zeigt das für eine angestrebte Auflösung erforderliche Matching eines Einheitskondensators. Dabei wird unterschieden zwischen der Dimensionierung hinsichtlich des DNL- oder des INL-Fehlers. Die reine Kondensatorfläche der unterschiedlichen Architekturen in Relation zur Auflösung wird in Abbildung 5.17 bei festem Matching-Faktor verglichen.

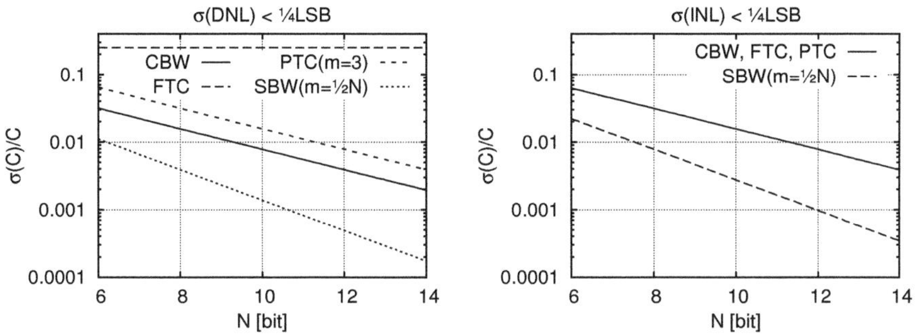

Abbildung 5.16: Vergleich des erforderlichen Matchings in Relation zur Auflösung bei der Dimensionierung hinsichtlich DNL- bzw. INL-Fehler

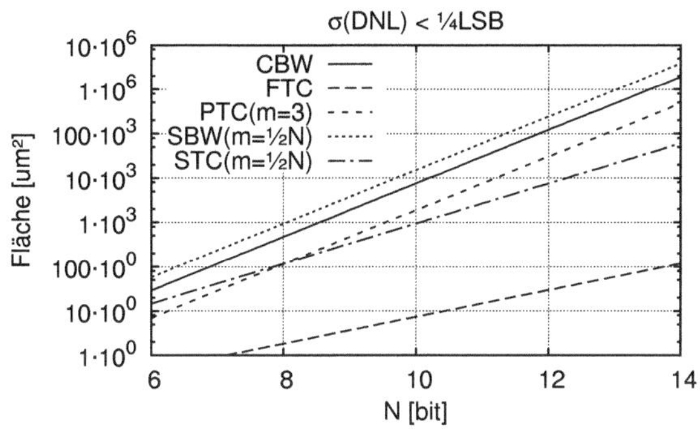

Abbildung 5.17: Vergleich der Fläche in Relation zur Auflösung bei $A_C = 3\%$

Die Spannungsabhängigkeit der Kondensatoren wirkt sich unabhängig von der Kodierung gleich aus. Allein die SBW-Architektur besitzt einen geringfügig anderen Verlauf, wie in Abbildung 5.18 ersichtlich. Aber auch hier treten bei richtiger Orientierung der Koppelkapazität keine Sprünge in der Kennlinie auf. Lediglich eine stärkere Nichtlinearität ist zu beobachten. Die Analyse zeigt, dass auch eine lineare Spannungsabhängigkeit der Kapazität zu einer Nichtlinearität höherer Ordnung führt.

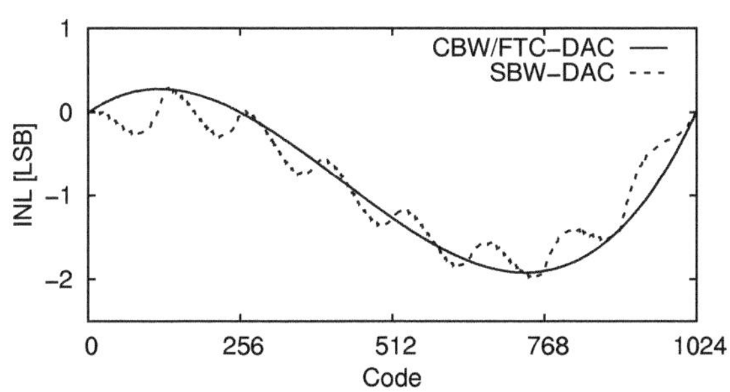

Abbildung 5.18: Auswirkung der Spannungsabhängigkeit der Kondensatoren am Beispiel eines 10 bit DAC bei v_{cc1}=0.005, v_{cc2}=0.01 und V_{Ref}=1.0 V

Die Analyseergebnisse dieses Kapitels sind in Tabelle 5.1 für die vier behandelten Architekturen gegenübergestellt. Abbildung 5.19 zeigt einen Vergleich von DNL- und INL-Fehler am Beispiel eines 8 bit-CDAC.

Die CBW-Architektur stellt die älteste und gebräuchlichste Struktur dar und ist durch einen einfachen Aufbau ohne jegliche Decoder gekennzeichnet. Sie ist sehr gut als zentralsymmetrische Layoutstruktur umsetzbar. Der maximale DNL-Fehler ist im Mittel doppelt so groß wie der maximale INL-Fehler, was für den Einsatz in Regelschleifen einen deutlichen Nachteil darstellt. Um eine Monotonie der Kennlinie zu gewährleisten, ist ein gutes Matching und damit große Fläche erforderlich.

Ein vollständig thermometerkodierter Aufbau ermöglicht ohne Matching Anforderungen eine streng monotone Kennlinie und damit sehr geringe DNL-Fehler. Die INL wird von der verwendeten Kodierung jedoch nicht beeinflusst und gleicht dem binär gewichteten Aufbau. Die Anzahl an Schaltern und der Verdrahtungsaufwand steigt exponentiell mit der Auflösung. Die umfangreichen Thermometer-Decoder verursachen zusätzliche Verzögerungszeiten und Verlustleistung. Der erzielbare Nutzen der FTC-Architektur hängt stark von der Anwendung ab. Um die vollständig einzelne Verdrahtung der Schalter und Einheitskondensatoren auch bei hohen Auflösungen zu ermöglichen, wird meist eine Cross-Bar-Struktur verwendet, wo Decoder und Schalter unter jedem Einheitselement platziert werden. Die gesamte Bitbreite des Steuerwortes teilt sich dabei vorteilhaft auf den Spalten- und Zeilendecoder auf. Eine solche Struktur wird in Kapitel 10 ausführlich beschrieben. Die Anwendung einer FTC-Architektur ist meist nur in sub-100 nm Technologien sinnvoll, wenn die digitale Schaltung der Decoder weniger Fläche belegt, als ein Einheitskondensator für ausreichendes Matching erfordert. Die Leistungsaufnahme eines thermometerkodierten CDAC beim Einsatz in einem SAR ADC ist im Mittel deutlich geringer als bei einem binär gewichteten Aufbau, da zum Beispiel bei stetig steigendem Steuerwort kein unnötiges Umladen von Kondensatoren stattfindet [Pun13].

Ein teilweise thermometerkodierter Aufbau bietet einen hervorragenden Kompromiss zwischen zusätzlichem Hardwareaufwand und erzielbarer Linearität. Schon mit wenigen thermometerkodierten Bits und damit geringem Decoder Aufwand erfolgt eine effektive Reduktion des DNL Fehlers.

Vollständig binär gewichtete sowie thermometerkodierte Strukturen besitzen eine exponentiell mit der

Architektur	Anzahl Einheits-kondensatoren	Anzahl Schalter	Decoder	$\max\left(\frac{\sigma(DNL)}{V_{\mathrm{LSB}}}\right)$	$\max\left(\frac{\sigma(INL)}{V_{\mathrm{LSB}}}\right)$
vollst. binär-gewichtet (CBW)	2^N	N	nein	$\frac{\sigma(C)}{C} \cdot \sqrt{2^N - 1}$	$\frac{\sigma(C)}{C} \cdot 2^{\frac{N}{2}-1}$
vollst. thermometer-kodiert (FTC)	2^N	$2^N - 1$	ja	$\frac{\sigma(C)}{C} \cdot \sqrt{1 - \frac{1}{2^N}}$	$\frac{\sigma(C)}{C} \cdot 2^{\frac{N}{2}-1}$
teilw. thermometer-kodiert (PTC) (mit m bit Th.-Code)	2^N	$(N-m)+$ $(2^m - 1)$	ja	$\frac{\sigma(C)}{C} \cdot \sqrt{2^{N-m+1} - 1}$	$\frac{\sigma(C)}{C} \cdot 2^{\frac{N}{2}-1}$
series-split (SBW) (mit m bit Sub-DAC)	$2^{N-m} + 2^m$	N	nein	$\frac{\sigma(C)}{C} \cdot \sqrt{2^m (2^N - 1)}$	$\frac{\sigma(C)}{C} \cdot 2^{\frac{N+m}{2}-1}$
series-split mit thermometerkodierten Main-DAC (STC) (mit m bit Sub-DAC)	$2^{N-m} + 2^m$	$2^{N-m} -$ $1 + m$	ja	$\frac{\sigma(C)}{C} \cdot 2^m \cdot \sqrt{2}$	$\frac{\sigma(C)}{C} \cdot 2^{\frac{N+m}{2}-1}$

Tabelle 5.1: Vergleich kapazitiver DAC-Architekturen

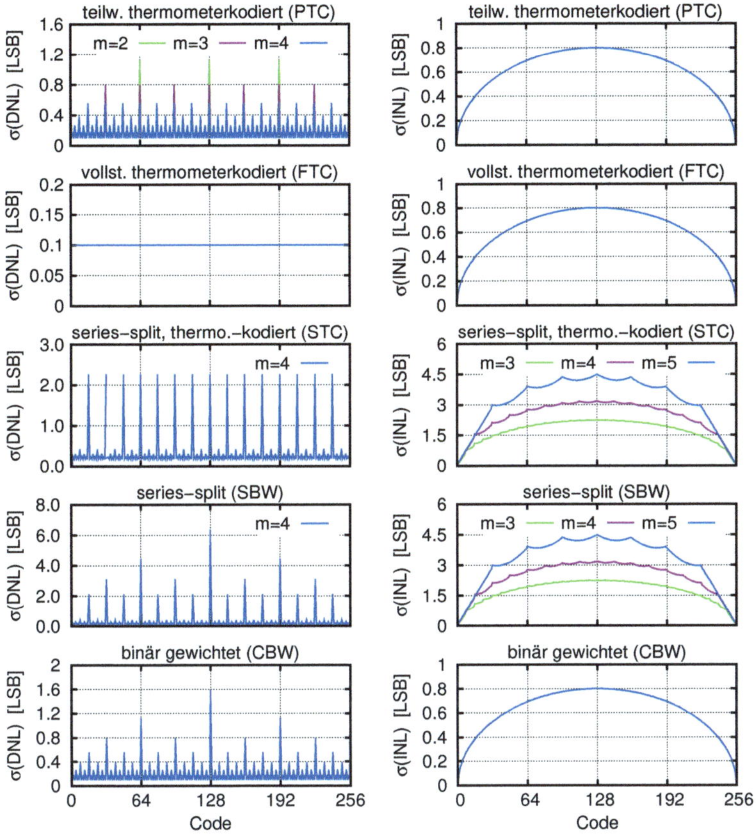

Abbildung 5.19: DNL und INL Fehler durch Mismatch bei N=8 und $\frac{\sigma(C)}{C}$=0.1

Auflösung steigende Anzahl an Einheitskondensatoren, die für Auflösungen von mehr als 10 bit einen erheblichen Aufwand bei der Layoutumsetzung erfordern. Dabei belegen der Abstand zwischen den Kondensatoren und die erforderlichen Verdrahtungskanäle eine signifikante Fläche. Die SBW-Architektur ermöglicht eine Reduktion der Anzahl an Einheitselementen um den Faktor $\frac{1}{2}\sqrt{2^N}$ und damit auch eine einfache Umsetzung von Auflösungen im Bereich von 12 bis 14 bit. Eine Verringerung der reinen Kondensatorfläche wird jedoch nur dann erreicht, wenn die Größe der Kondensatoren nicht durch das Matching bestimmt ist. In diesem jedoch meist vorliegenden Fall wird sogar ein Anstieg der Kondensatorfläche bewirkt. Trotzdem überwiegen meist die Vorteile durch die reduzierte Anzahl an Einheitskondensatoren. Problematisch ist die Auswirkung der parasitären Kapazität der oberen Kondensatorplatte des Sub-DAC, da diese Sprünge in der Kennlinie verursacht. Eine Kompensation durch Anpassung der Koppelkapazität ist möglich, erfordert aber eine genaue Vorhersage der Kapazitätswerte.

Die series-split Architektur mit thermometerkodierten Main-DAC (STC) vereint die Vorteile der geringen Anzahl an Einheitselementen mit einer akzeptablen Genauigkeit und hat sich im Rahmen dieser Analyse als optimale Lösung für moderne Technologien erwiesen. Im praktischen Teil dieser Arbeit befinden sich drei Designs mit unterschiedlicher Auflösung, basierend auf dieser Struktur.

Die Auswahl der geeigneten Architektur hängt stark von Auflösung, Anwendung und Technologie ab. Wird für Regelungsaufgaben eine gute Monotonie verlangt oder ist das Matching der Kondensatoren nicht ausreichend charakterisiert, sollte eine thermometerkodierte Architektur in Betracht gezogen werden. Stehen nur wenige Metallebenen zur Verdrahtung zur Verfügung, ist es wahrscheinlich von Vorteil die Anzahl der Einheitselemente durch eine SBW-Architektur zu minimieren.

Die in diesem Kapitel durchgeführten Analysen und Vergleichsergebnisse lassen sich nicht nur auf kapazitive DACs anwenden, sondern können größtenteils auch auf andere binär gewichtete oder thermometerkodierte Strukturen, wie Strom- bzw. Widerstands-DACs übertragen werden.

6 Analyse von SAR ADC-Architekturen

Basierend auf den Ergebnissen des vorherigen Kapitels werden nun die verschiedenen SAR ADC-Architekturen analysiert, die sich aus der Zusammenschaltung von DAC, Komparator und Abtastschalter ergeben. Dabei erfolgt eine Einteilung in single-ended (unsymmetrische) Strukturen mit einem Eingang bezogen auf Masse und in differenzielle (symmetrische) Architekturen mit zwei Signaleingängen. Die Berechnung erfolgt am Beispiel eines gewöhnlichen binär gewichteten DAC. Die Ergebnisse können aber zumindest qualitativ auf andere kapazitive DAC-Architekturen übertragen werden. Ziel der hier durchgeführten Analyse ist der Vergleich und die Beurteilung der verschiedenen Architekturen hinsichtlich ihrer DC-Kenngrößen und der Auswirkung von parasitären Effekten. Dazu werden jeweils Offset- und Verstärkungsfehler, Eingangsspannungsbereich sowie Arbeitspunkt des Komparators und Abtastschalters berechnet.

6.1 Single-Ended SAR ADC-Architekturen

6.1.1 Kapazitiver DAC mit separatem Abtast-Halte-Glied

Die klassische Bauform eines SAR ADCs mit klar getrennten Funktionsblöcken besteht aus einem Abtast-Halte-Glied, einem Komparator und einem DAC mit zugehöriger Steuerlogik. Abbildung 6.1 zeigt diese SE-SSH (single-ended separate sampling) Architektur bei Verwendung eines kapazitiven DAC.

Vor oder während des Abtastvorganges wird die Top-Plate des DAC durch den Schalter S_R auf Massepotential zurückgesetzt, wobei durch die Schalterstellung $d = 0$ alle Bottom-Plates ebenfalls mit Masse verbunden sind. Beim Öffnen von S_R wird die signalunabhängige und deshalb konstante Ladung Q_{inj} injiziert. Damit ergibt sich folgende im DAC gespeicherte Ladung

$$Q = Q_{inj}(0) = Q_{inj}\,. \tag{6.1}$$

Während der Wandlung erhält man abhängig von V_{DAC} und der Schalterstellung die Ladung

$$Q = (V_{DAC} - V_{Ref}) \sum_{i=0}^{N-1} C_{i+1} \cdot d[i] + V_{DAC} \left(\sum_{i=0}^{N-1} C_{i+1} \cdot (1 - d[i]) + C_0 + C_{TP}(V_{DAC}) \right)\,. \tag{6.2}$$

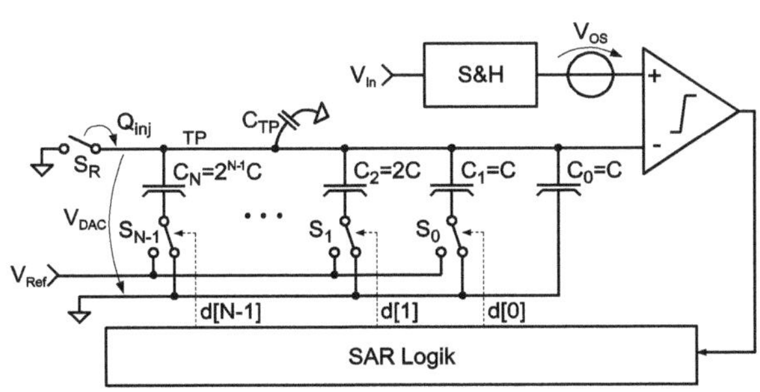

Abbildung 6.1: Single-ended Architektur mit separatem Abtast-Halte-Glied (SE-SSH)

Dabei ist $C_{\mathrm{TP}}(V)$ die spannungsabhängige parasitäre Kapazität der Top-Plate, die z.B. durch die Eingangskapazität des Komparators gebildet wird. Zusammenfassen der Summen ermöglicht das Umformen zu

$$Q = V_{\mathrm{DAC}} \left(\sum_{i=0}^{N} C_i + C_{\mathrm{TP}}(V_{\mathrm{DAC}}) \right) - V_{\mathrm{Ref}} \sum_{i=0}^{N-1} C_{i+1} \cdot d[i] \,. \tag{6.3}$$

Unter der Annahme identischer Einheitskapazitäten und damit idealer binärer Wichtung können die Summen berechnet werden. Die gesamte Kapazität des DAC beträgt

$$\sum_{i=0}^{N} C_i + C_0 = 2^N C_0 \tag{6.4}$$

und die mit V_{Ref} verbundene Kapazität kann durch

$$\sum_{i=0}^{N-1} C_{i+1} \cdot d[i] = d \cdot C_0 \tag{6.5}$$

ausgedrückt werden. Durch Ersetzen der Summenterme in Gl. 6.3 erhält man

$$Q = V_{\mathrm{DAC}} \left(2^N C_0 + C_{\mathrm{TP}}(V_{\mathrm{DAC}}) \right) + V_{\mathrm{Ref}} \cdot d \cdot C_0 \,. \tag{6.6}$$

Gleichsetzen von Gl. 6.1 und Gl. 6.6 ermöglicht das Berechnen der Ausgangsspannung des DAC

$$V_{\mathrm{DAC}} = \frac{V_{\mathrm{Ref}} \cdot d \cdot C_0 + Q_{\mathrm{inj}}}{2^N C_0 + C_{\mathrm{TP}}(V_{\mathrm{DAC}})} \,. \tag{6.7}$$

Die Ladungsinjektion des Rücksetzschalters bewirkt einen konstanten Offset und die parasitäre Kapazität C_{TP} eine Anstiegsänderung der Kennlinie des DAC. Das Maximum von V_{DAC} tritt bei $d{=}2^N-1$ und das Minimum bei $d{=}0$ auf. Dabei ergeben sich folgende Spannungen

$$\begin{aligned} \max\left(V_{\mathrm{DAC}}\right) &= \frac{Q_{\mathrm{inj}} + V_{\mathrm{Ref}} \cdot \left(2^N - 1\right) \cdot C_0}{2^N C_0 + C_{\mathrm{TP}}(V_{\mathrm{DAC}})} \approx V_{\mathrm{Ref}} \,, \\ \min\left(V_{\mathrm{DAC}}\right) &= \frac{Q_{\mathrm{inj}}}{2^N C_0 + C_{\mathrm{TP}}(V_{\mathrm{DAC}})} \approx 0 \,. \end{aligned} \tag{6.8}$$

Mit der arbeitspunktabhängigen Offsetspannung $V_{\mathrm{OS}}(V)$ des Komparators ergibt sich folgender Endpunkt für die sukzessive Approximation

$$V_{\mathrm{DAC}} = V_{\mathrm{In}} - V_{\mathrm{OS}}(V_{\mathrm{In}}) \,.$$

Einsetzen von Gl. 6.7 und Umstellen ergibt die zu jedem Code d zugehörige Eingangsspannung

$$V_{\mathrm{In}} = \frac{V_{\mathrm{Ref}} \cdot d \cdot C_0}{2^N C_0 + C_{\mathrm{TP}}(V_{\mathrm{In}} - V_{\mathrm{OS}})} + \frac{Q_{\mathrm{inj}}}{2^N C_0 + C_{\mathrm{TP}}(V_{\mathrm{In}} - V_{\mathrm{OS}})} + V_{\mathrm{OS}}(V_{\mathrm{In}}) \,. \tag{6.9}$$

Der erste Summand stellt den beabsichtigten Teil der Kennlinie dar, während der zweite und dritte Summand durch parasitäre Größen hervorgerufen wird. Die resultierende Kennlinie des ADCs ist in Abbildung 6.2 dargestellt. Der Komparatoroffset geht linear ohne Skalierung ein und bewirkt einen Offset der Kennlinie. Da der Arbeitspunkt des Komparators direkt mit der Eingangsspannung variiert, sind ein signalabhängiger Offset und damit eine Verzerrung der Kennlinie sehr wahrscheinlich. Die

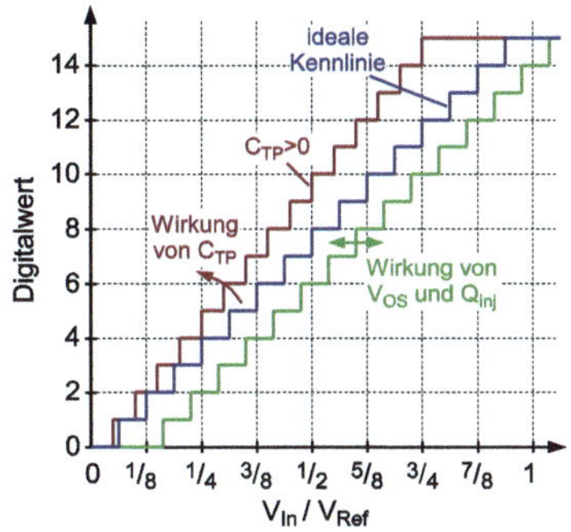

Abbildung 6.2: Kennlinie der SE-SSH Architektur

Ladungsinjektion bewirkt einen signalunabhängigen konstanten Offset. Die parasitäre Kapazität C_{TP} führt zu einem steileren Anstieg der Kennlinie und eine Spannungsabhängigkeit der Kondensatoren verursacht eine zusätzliche Krümmung. Durch Umstellen von Gl. 6.9 erhält man die Kennlinie des ADCs in expliziter Darstellung

$$d = \frac{(V_{\mathrm{In}} - V_{\mathrm{OS}}(V_{\mathrm{In}}))\left(2^N C_0 + C_{\mathrm{TP}}(V_{\mathrm{In}} - V_{\mathrm{OS}})\right) - Q_{\mathrm{inj}}}{V_{\mathrm{Ref}} \cdot C_0} . \tag{6.10}$$

Da sich die inverse Darstellung in Gl. 6.9 zum direkten Ablesen von Offset und Verstärkungsfehler sowie des Eingangsspannungsbereichs besser eignet, wird in den folgenden Abschnitten auf die weniger gut lesbare explizite Darstellung weitestgehend verzichtet.

Wird während des Rücksetzens eine von $d{=}0$ abweichende Schalterstellung verwendet, erfolgt die Initialisierung mit einer definierten Ladungsmenge. Diese bewirkt einen Offset von V_{DAC} und damit auch der gesamten Kennlinie des ADCs im Bereich von $-V_{\mathrm{Ref}}$ bis 0 V. Durch Setzen des MSB $d[N-1]{=}1$ entsteht ein Offset von $-\frac{1}{2}V_{\mathrm{Ref}}$ und damit eine bipolare Kennlinie.

Den Offsetfehler erhält man nach Gl. A.11 für $d = 0$ und näherungsweise $V_{\mathrm{In}} = 0$ mit

$$E_{\mathrm{OS}} = \frac{Q_{\mathrm{inj}}}{2^N C_0 + C_{\mathrm{TP}}(0)} + V_{\mathrm{OS}}(0) \approx \frac{Q_{\mathrm{inj}}}{2^N C_0} + V_{\mathrm{OS}}(0) . \tag{6.11}$$

Der Verstärkungsfehler kann mit Gl. A.13 bei Vernachlässigen der Spannungsabhängigkeit von V_{OS} und C_{TP} näherungsweise durch

$$E_{\mathrm{G}} = -\frac{V_{\mathrm{Ref}} \cdot C_{\mathrm{TP}}}{2^N C_0 + C_{\mathrm{TP}}} \approx -V_{\mathrm{Ref}}\frac{C_{\mathrm{TP}}}{2^N C_0} = -\frac{C_{\mathrm{TP}}}{C_0} \cdot V_{\mathrm{LSB}} \tag{6.12}$$

bestimmt werden.

Betrachtet man die Spannungsabhängigkeit der Kondensatoren entsprechend Abschnitt A.1 ergibt sich folgende Kennlinie

$$d = \frac{2^N}{V_{\mathrm{Ref}}} \cdot \frac{V_{\mathrm{In}}\left(v_{\mathrm{cc2}}V_{\mathrm{In}}^2 + v_{\mathrm{cc1}}V_{\mathrm{In}} + 1\right)}{3v_{\mathrm{cc2}}V_{\mathrm{In}}^2 - 3v_{\mathrm{cc2}}V_{\mathrm{In}}V_{\mathrm{Ref}} + 2v_{\mathrm{cc1}}V_{\mathrm{In}} + v_{\mathrm{cc2}}V_{\mathrm{Ref}}^2 - v_{\mathrm{cc1}}V_{\mathrm{Ref}} + 1} . \tag{6.13}$$

Die SAR ADC-Architektur mit separatem Abtast-Halte-Glied besitzt gravierende Schwachstellen

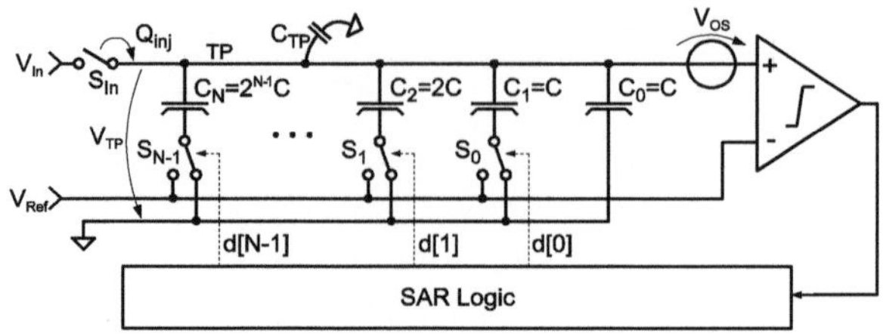

Abbildung 6.3: Single-ended Architektur mit Top-Plate-Sampling (SE-TPS)

hinsichtlich des stark variierenden Arbeitspunktes des Komparators und der Auswirkung der parasitären Kapazität auf Verstärkungsfehler und Linearität. Vorteile entstehen lediglich durch die vollständige Trennung des DAC vom Eingangssignal. Im Gegensatz zu allen anderen Architekturen wird die Eingangskapazität nicht durch den DAC bestimmt und kann unabhängig gewählt werden. Außerdem ist es möglich mehrere Abtast-Halte-Glieder zeitlich versetzt zu nutzen (Time-Interleave) und damit die nächste Eingangsspannung schon während der Wandlung oder mehrere Eingangskanäle gleichzeitig abzutasten [Dor11, Jan13].

6.1.2 Top-Plate-Sampling

Wird das Abtast-Halte-Glied mit dem kapazitiven DAC kombiniert und die Eingangsspannung mit der Top-Plate verbunden, entsteht die oft verwendete SAR ADC-Architektur mit Top-Plate-Sampling (SE-TPS). Der Komparator vergleicht dabei die Summe aus Eingangsspannung und DAC-Spannung mit der Referenzspannung. Die Fläche des Abtast-Halte-Gliedes wird eingespart, lediglich der Abtast-Schalter $\mathrm{S_{In}}$ bleibt erhalten. Ansonsten gleicht der Aufbau des DAC vollständig der SE-SSH-Architektur, wie in Abbildung 6.3 dargestellt.

Während des Abtastvorganges sind alle Schalter $\mathrm{S_0}$ bis $\mathrm{S_{N\text{-}1}}$ an Masse angeschlossen indem $d[N-1{:}\,0]=0$ gesetzt wird. Durch Schließen des Schalters $\mathrm{S_{In}}$ wird der obere Anschluss des Kondensator-Arrays mit der Eingangsspannung verbunden. Am Ende des Umladevorgangs gilt $V_{\mathrm{TP}}=V_{\mathrm{In}}$ und nach dem Öffnen von $\mathrm{S_{In}}$ befindet sich die Ladung

$$Q = V_{\mathrm{In}} \left(\sum_{i=0}^{N} C_i + C_{\mathrm{TP}}(V_{\mathrm{In}}) \right) + Q_{\mathrm{inj}} \tag{6.14}$$

auf dem Kondensator-Array. Die Top-Plate wird anschließend isoliert, so dass sich die Ladung während der Wandlung nicht ändert. Es gilt

$$Q = (V_{\mathrm{TP}} - V_{\mathrm{Ref}}) \sum_{i=0}^{N-1} C_{i+1} \cdot d[i] + V_{\mathrm{TP}} \left(\sum_{i=0}^{N-1} C_{i+1} \cdot (1 - d[i]) + C_0 + C_{\mathrm{TP}}(V_{\mathrm{TP}}) \right) . \tag{6.15}$$

Das Umschreiben der Summen führt zu

$$Q = -V_{\mathrm{Ref}} \sum_{i=0}^{N-1} C_{i+1} \cdot d[i] + V_{\mathrm{TP}} \left(\sum_{i=0}^{N-1} C_i + C_0 + C_{\mathrm{TP}}(V_{\mathrm{TP}}) \right) . \tag{6.16}$$

Gleichsetzen von Gl. 6.14 und Gl. 6.15 ermöglicht es, die Eingangsspannung des Komparators zu

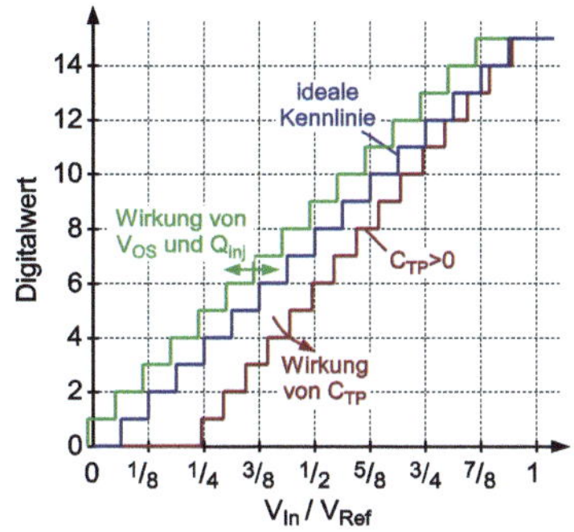

Abbildung 6.4: Kennlinie der SE-TPS-Architektur

berechnen. Man erhält

$$V_{TP} = V_{In}\frac{2^N C_0 + C_{TP}(V_{In})}{2^N C_0 + C_{TP}(V_{TP})} + \frac{Q_{inj} + V_{Ref}\cdot d\cdot C_0}{2^N C_0 + C_{TP}(V_{TP})}. \tag{6.17}$$

Die Extremwerte von V_{DAC} sind abhängig von der Eingangsspannung. Im ersten Wandlungstakt wird unabhängig von V_{In} immer das MSB im Steuerwort gesetzt, also $d{=}2^{N-1}$ gewählt. Damit ergeben sich je nach Eingangsspannung die Extremwerte

$$\begin{aligned} \max(V_{DAC}) &= V_{Ref}\frac{2^N C_0 + C_{TP}(V_{In})}{2^N C_0 + C_{TP}(V_{TP})} + \frac{Q_{inj} + V_{Ref}\cdot 2^{N-1}\cdot C_0}{2^N C_0 + C_{TP}(V_{TP})} \approx \frac{3}{2}V_{Ref}, \\ \min(V_{DAC}) &= \frac{Q_{inj} + V_{Ref}\cdot 2^{N-1}\cdot C_0}{2^N C_0 + C_{TP}(V_{TP})} \approx \frac{1}{2}V_{Ref}. \end{aligned} \tag{6.18}$$

Mit dem Endpunkt der Iteration $V_{TP}{=}V_{Ref}{+}V_{OS}$ kann die zu jedem Code zugehörige Eingangsspannung berechnet werden

$$V_{In} = \frac{2^N C_0 + C_{TP}(V_{Ref})}{2^N C_0 + C_{TP}(V_{In})}\cdot\left[V_{OS} + V_{Ref}\left(1 - \frac{d\cdot C_0}{2^N C_0 + C_{TP}(V_{Ref})}\right) - \frac{Q_{inj}}{2^N C_0 + C_{TP}(V_{Ref})}\right]. \tag{6.19}$$

Die resultierende Kennlinie ist in Abbildung 6.4 für $N{=}4$ dargestellt. Vernachlässigen aller parasitären Effekte ($V_{OS}{=}0$, $C_{TP}{=}0$ und $Q_{inj}{=}0$) ergibt die ideale Kennlinie

$$V_{In} = V_{Ref}\left(1 - \frac{d}{2^N}\right). \tag{6.20}$$

Das Steuerwort des DAC ist invertiert wirksam, d.h. zu $d{=}0$ gehört die größte Eingangsspannung $V_{In}{\approx}V_{Ref}$. Die binäre Suche kann jedoch ganz normal durchgeführt werden. Wenn $V_{TP}{<}V_{Ref}$ ist, wird das zuvor gesetzte Bit zurückgesetzt und umgekehrt. Das Wandlungsergebnis ergibt sich aus dem bitweise invertierten Steuerwort.

Für $d{=}2^N{-}1$ und $V_{In}{\approx}0$ kann der Offsetfehler aus der Abweichung von der idealen Kennlinie am Ursprung wie folgt berechnet werden

$$E_{OS} = \frac{2^N C_0 + C_{TP}(V_{Ref})}{2^N C_0 + C_{TP}(0)}V_{OS} + \frac{C_{TP}(V_{Ref})}{2^N C_0 + C_{TP}(0)}V_{Ref} - \frac{Q_{inj}}{2^N C_0 + C_{TP}(0)}. \tag{6.21}$$

Für eine konstante Kapazität C_{TP} gilt die Vereinfachung

$$E_{\mathrm{OS}} \approx V_{\mathrm{OS}} + V_{\mathrm{Ref}} \cdot \left(\frac{C_{\mathrm{TP}}}{2^N C_0 + C_{\mathrm{TP}}}\right) - \frac{Q_{\mathrm{inj}}(0)}{2^N C_0}. \tag{6.22}$$

Der Verstärkungsfehler ergibt sich äquivalent zur SSH-Architektur

$$E_{\mathrm{G}} = -\frac{V_{\mathrm{Ref}} \cdot C_{\mathrm{TP}}}{2^N C_0 + C_{\mathrm{TP}}} \approx -V_{\mathrm{Ref}} \frac{C_{\mathrm{TP}}}{2^N C_0} = -\frac{C_{\mathrm{TP}}}{C_0} \cdot V_{\mathrm{LSB}}. \tag{6.23}$$

Der Offset setzt sich aus drei Komponenten zusammen: der konstanten Offsetspannung des Komparators, der signalabhängigen Ladungsinjektion normiert auf die Gesamtkapazität des Arrays und der drastischen Auswirkung der parasitären Kapazität. Im Gegensatz zur SE-SSH-Architektur finden kritische Komparatorentscheidungen im festen Arbeitspunkt bei $V_{\mathrm{TP}} = V_{\mathrm{Ref}}$ statt. Damit hat der Komparatoroffset keinen Einfluss auf die Linearität der Kennlinie. Ladungsinjektion und Wirkung der parasitären Kapazität sind jedoch wie zuvor signalabhängig und bewirken am Ursprung der Kennlinie den größten Fehler, während der Einfluss von C_{TP} im oberen Bereich der Kennlinie stetig abnimmt.

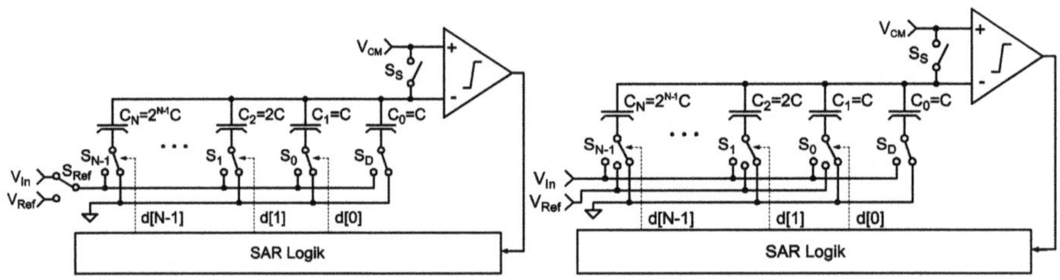

(a) globale Umschaltung **(b)** lokale Umschaltung

Abbildung 6.5: Single-ended-Architektur mit Bottom-Plate-Sampling (SE-BPS) globaler oder lokaler Umschaltung von V_{In} und V_{Ref}

6.1.3 Bottom-Plate-Sampling

Eine andere Möglichkeit die Eingangsspannung abzutasten besteht darin, diese mit den unteren Platten (Bottom-Plates) des kapazitiven DAC zu verbinden, während die obere Platte (Top-Plate) auf die Gleichtaktspannung V_{CM} aufgeladen wird. Diese Architektur wird als Bottom-Plate-Sampling (BPS) bezeichnet. Wie in Abbildung 6.5 gegenübergestellt, existieren zwei Varianten die Eingangsspannung an den unteren Anschluss der Kondensatoren zu führen. Durch einen globalen Umschalter kann der ansonsten für V_{Ref} vorgesehene Pfad genutzt werden, wofür allerdings alle beteiligten Schalter für den kompletten Signalbereich ausgelegt werden müssen (Transfer-Gates anstatt PMOS-Transistoren) und der globale Umschalter stets einen zusätzlichen Serienwiderstand einfügt. Alternativ kann die Eingangsspannung mit einem unabhängigen Signalpfad an alle Kondensatoren geführt werden. Dies verursacht besonders für thermometerkodierte Strukturen einen erheblichen Mehraufwand an Steuerlogik und Schaltern, ermöglicht jedoch einen geringeren Serienwiderstand. Am Ende des Abtastvorganges wird zuerst der Schalter S_{S} geöffnet und danach zwischen Eingangspannung und Referenzspannung umgeschaltet. Die wirksame Ladungsinjektion ist signalunabhängig, da S_{S} immer bei gleicher Spannung arbeitet.

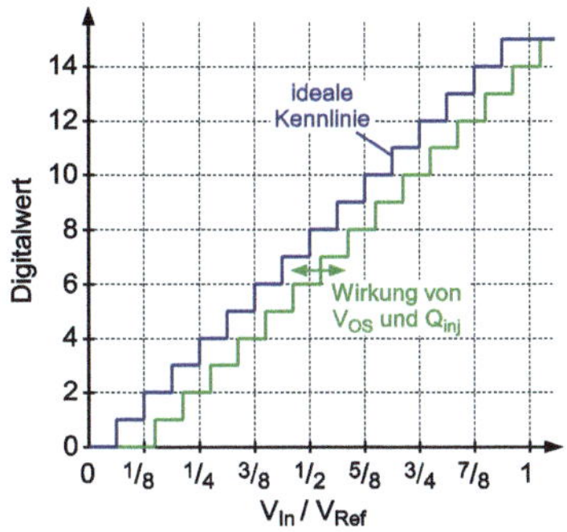

Abbildung 6.6: Kennlinie der SE-BPS-Architektur

Die Berechnung der Kennlinie erfolgt nach dem bisherigen Vorgehen und führt zu der Gleichung

$$V_{\mathrm{In}}=\frac{V_{\mathrm{Ref}}\cdot d\cdot C_0+V_{\mathrm{CM}}\left(C_{\mathrm{TP}}(V_{\mathrm{CM}})-C_{\mathrm{TP}}(V_{\mathrm{CM}}-V_{\mathrm{OS}})\right)+V_{\mathrm{OS}}\left(2^N C_0+C_{\mathrm{TP}}(V_{\mathrm{CM}}-V_{\mathrm{OS}})\right)+Q_{\mathrm{inj}}}{2^N C_0}\,. \tag{6.24}$$

Wird die Spannungsabhängigkeit von C_{TP} im Endpunkt der Wandlung bei einer Änderung um lediglich V_{OS} vernachlässigt, erhält man

$$V_{\mathrm{In}}=\frac{V_{\mathrm{Ref}}\cdot d\cdot C_0+V_{\mathrm{OS}}\cdot\left(2^N C_0+C_{\mathrm{TP}}\right)+Q_{\mathrm{inj}}}{2^N C_0}\approx V_{\mathrm{Ref}}\frac{d}{2^N}+\frac{Q_{\mathrm{inj}}}{2^N C_0}+V_{\mathrm{OS}}\,. \tag{6.25}$$

Die resultierende Kennlinie ist in Abbildung 6.6 dargestellt. Die Gleichtaktspannung V_{CM} hat keinen Einfluss auf das Wandlungsergebnis oder den Eingangsspannungsbereich und kann theoretisch frei gewählt werden. Da V_{CM} das Bezugspotential des Abtastvorganges darstellt, muss sie ausreichend niederohmig bereitgestellt werden. Aus der maximalen und minimalen Spannung am Komparatoreingang mit der Größe

$$\max\left(V_{\mathrm{TP}}\right)=V_{\mathrm{CM}}+\frac{1}{2}V_{\mathrm{Ref}} \tag{6.26}$$

$$\min\left(V_{\mathrm{TP}}\right)=V_{\mathrm{CM}}-\frac{1}{2}V_{\mathrm{Ref}}$$

ergibt sich eine weitere Einschränkung. Um V_{TP} auf den unkritischen Bereich von 0 V bis V_{Ref} zu beschränken, muss $V_{\mathrm{CM}}=\frac{1}{2}V_{\mathrm{Ref}}$ gewählt werden, wofür neben Masse und Referenzspannung eine dritte niederohmige Spannung benötigt wird.

Der Offsetfehler beträgt

$$E_{\mathrm{OS}}=\frac{Q_{\mathrm{inj}}}{2^N C_0}+V_{\mathrm{OS}}\,. \tag{6.27}$$

Da die Top-Plate während des Abtastvorganges und am Ende der Wandlung annähernd die gleiche Spannung aufweist, hat C_{TP} keine Auswirkung auf die Kennlinie und der Verstärkungsfehler ist

$$E_G=0\,. \tag{6.28}$$

Komparator und Abtastschalter arbeiten im festen Arbeitspunkt, wodurch Ladungsinjektion und Offsetspannung signalunabhängig sind und keine Nichtlinearität der Kennlinie bewirken. Die BPS-Architektur zeichnet sich durch eine hohe DC-Genauigkeit aus und feste Arbeitspunkte ermöglichen

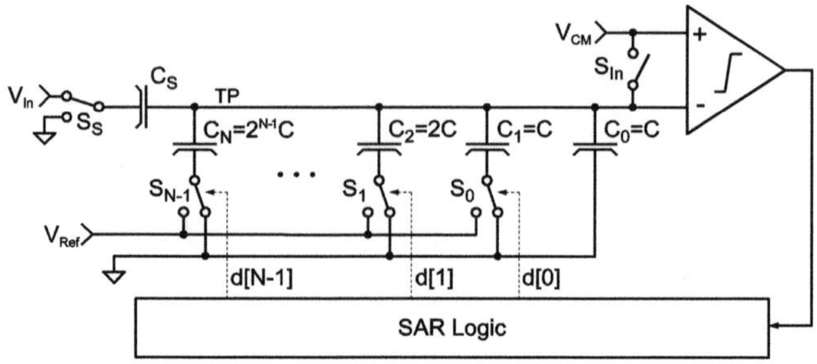

Abbildung 6.7: Single-ended Architektur mit serien-Sampling (SE-SS)

eine gute Implementierbarkeit von Komparator und Abtastschalter. Einzig die zusätzlich erforderliche niederohmige Gleichtaktspannung stellt einen praktisch sehr nachteiligen Mehraufwand dar.

6.1.4 Serien-Sampling

Die dritte Möglichkeit zum Abtasten der Eingangsspannung besteht in der Serien-Sampling (SS) Architektur in Abbildung 6.7. Die untere Platte des zusätzlichen Serien-Kondensators C_{S} wird mit der Eingangsspannung verbunden, während die mit dem DAC gemeinsame Top-Plate, vergleichbar zur BPS-Architektur, auf V_{CM} aufgeladen wird. Am Ende des Abtastvorganges wird zuerst $\mathrm{S_{In}}$ geöffnet und danach C_{S} an Masse geschaltet. Lediglich der Umschalter $\mathrm{S_S}$ muss für den gesamten Eingangsspannungsbereich ausgelegt werden.

Nach zu den vorherigen Abschnitten äquivalenter Berechnung erhält man

$$V_{\mathrm{TP}} = \frac{V_{\mathrm{CM}} \cdot \left(2^N C_0 + C_{\mathrm{S}} + C_{\mathrm{TP}}(V_{\mathrm{CM}})\right) - V_{\mathrm{In}} C_{\mathrm{S}} + V_{\mathrm{Ref}} \cdot d \cdot C_0 + Q_{\mathrm{inj}}}{C_{\mathrm{S}} + 2^N C_0 + C_{\mathrm{TP}}(V_{\mathrm{TP}})} \tag{6.29}$$

und Vernachlässigen von C_{TP} führt zu der Gleichung

$$V_{\mathrm{TP}} \approx V_{\mathrm{CM}} - V_{\mathrm{In}} \frac{C_{\mathrm{S}}}{C_{\mathrm{S}} + 2^N C_0} + V_{\mathrm{Ref}} \frac{d \cdot C_0}{C_{\mathrm{S}} + 2^N C_0} \,. \tag{6.30}$$

Ignoriert man die Wechselwirkung von C_{TP} mit der Offsetspannung des Komparators ergibt sich die vereinfachte inverse Kennlinie

$$V_{\mathrm{In}} = \frac{V_{\mathrm{Ref}} \cdot d \cdot C_0 + V_{\mathrm{CM}} \cdot \left(C_{\mathrm{TP}}(V_{\mathrm{CM}}) - C_{\mathrm{TP}}(V_{\mathrm{CM}} - V_{\mathrm{OS}})\right) + Q_{\mathrm{inj}} + V_{\mathrm{OS}} \left(2^N C_0 + C_{\mathrm{S}}\right)}{C_{\mathrm{S}}} \,. \tag{6.31}$$

Die parasitäre Kapazität C_{TP} hat keine unmittelbare Wirkung auf die Kennlinie. Durch Vernachlässigen von C_{TP} lässt sich weiter vereinfachen zu

$$V_{\mathrm{In}} \approx \frac{Q_{\mathrm{inj}} + V_{\mathrm{Ref}} \cdot d \cdot C_0 + V_{\mathrm{OS}} \cdot \left(2^N C_0 + C_{\mathrm{S}}\right)}{C_{\mathrm{S}}} \,. \tag{6.32}$$

Durch die Kapazität C_{S} kann der Eingangsspannungsbereich skaliert werden. Für $C_{\mathrm{S}} = 2^N C_0$ ergibt sich der gewöhnliche Bereich von 0 V bis V_{Ref} mit der zur BPS-Architektur vergleichbaren Kennlinie. Für $C_{\mathrm{S}} < 2^N C_0$ erhält man einen größeren Eingangsspannungsbereich von 0 V bis $V_{\mathrm{Ref}} \frac{2^N C_0}{C_{\mathrm{S}}}$.

Für das Maximum und Minimum der Komparatorspannung ergeben sich folgende Werte

$$\max(V_{\mathrm{TP}}) = V_{\mathrm{CM}} + V_{\mathrm{Ref}} \cdot \frac{1}{\frac{C_{\mathrm{S}}}{2^{N-1}C_0} + 2} \tag{6.33}$$

$$\min(V_{\mathrm{TP}}) = V_{\mathrm{CM}} - V_{\mathrm{Ref}} \cdot \frac{1}{\frac{C_{\mathrm{S}}}{2^{N-1}C_0} + 2}. \tag{6.34}$$

Im Spezialfall $C_{\mathrm{S}}=2^N C_0$ liegt V_{TP} zwischen $V_{\mathrm{CM}}-\frac{1}{4}V_{\mathrm{Ref}}$ und $V_{\mathrm{CM}}+\frac{1}{4}V_{\mathrm{Ref}}$. Durch C_{S} wird die Wirkung des DAC gedämpft und die Aussteuerung der Komparatorspannung ist kleiner als bei der BPS-Architektur. Dadurch bietet sich mehr Freiraum bei der Wahl der Gleichtaktspannung.

Der Offsetfehler beträgt

$$E_{\mathrm{OS}} = \frac{Q_{\mathrm{inj}}}{C_{\mathrm{S}}} + V_{\mathrm{OS}}\left(1 + \frac{2^N C_0}{C_{\mathrm{S}}}\right) \tag{6.35}$$

und der Verstärkungsfehler ist theoretisch

$$E_{\mathrm{G}} = 0\,. \tag{6.36}$$

Die Wirkung von V_{OS} ist selbst relativ zum Eingangsspannungsbereich verstärkt. Damit ist auch die Wirkung des Komparatorrauschens kritischer als bei allen bisher betrachteten Architekturen. Durch die zusätzliche Kapazität C_{S} wird die Fläche erheblich vergrößert. Die Wirkung von C_{TP} wird vergleichbar zur BPS-Architektur gut unterdrückt. Hinsichtlich der erforderlichen Schalter ist der Aufbau deutlich einfacher, da nur C_{S} mit der Eingangsspannung verbunden wird und der Leckstrom des dafür nötigen Schalters $\mathrm{S_S}$ keine Auswirkung hat. Ein Verschieben der Kennlinie für einen bipolaren Eingangsspannungsbereich ist möglich, indem während des Abtastvorganges das MSB des Steuerwortes $d[N-1]=1$ gesetzt wird. Durch Wahl der Größe von C_{S} besteht ein Freiheitsgrad mehr als bei allen bisher vorgestellten Architekturen. Dies ist jedoch verbunden mit Nachteilen hinsichtlich der Fläche und mit erhöhten Genauigkeitsanforderungen an den Komparator.

6.2 Volldifferenzielle SAR ADC-Architekturen

Alle bisher analysierten Architekturen besitzen eine einzelne Eingangsspannung die entweder im Bezug auf Masse oder einer internen Gleichtaktspannung abgetastet wird. Die TPS- und die SSH-Architektur kann zwar dahingehend erweitert werden, dass während des Abtastvorganges anstatt des Masseknotens ein externes Bezugspotential genutzt wird, allerdings bleibt die interne Struktur auf die Wandlung unsymmetrischer Signale ausgerichtet und besitzt eine unzureichende Gleichtaktunterdrückung. Volldifferenzielle Architekturen besitzen eine symmetrische Struktur mit zwei Eingangsknoten und verarbeiten die Spannungsdifferenz beider Eingänge. Im folgenden werden drei volldifferenzielle Architekturen analysiert, die durch die symmetrische Anordnung der bisher vorgestellten single-ended Architekturen entstehen.

Die Berechnung der volldifferenziellen Architekturen erfolgt äquivalent zu den single-ended Architekturen, wobei die Spannung der Top-Plate im positiven Zweig als V_{P} und im negativen als V_{N} bezeichnet wird. Die Größe der Einheitskondensatoren und der parasitären Kapazitäten wird zur Vereinfachung in beiden Zweigen als identisch vorausgesetzt.

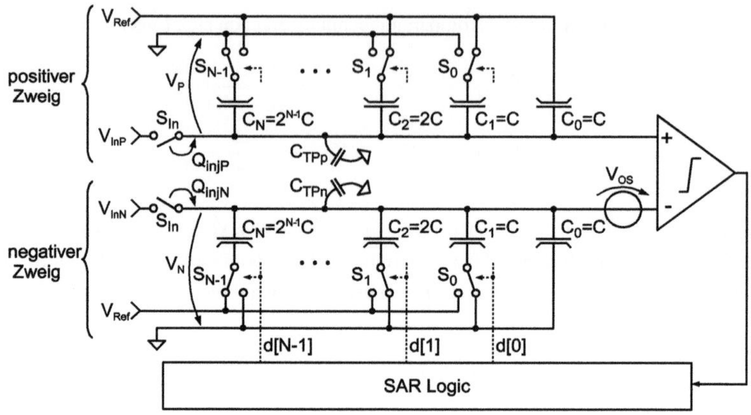

Abbildung 6.8: Volldifferenzielle Architektur mit Top-Plate-Sampling (FD-TPS)

6.2.1 Top-Plate-Sampling

Eine differenzielle Anordnung der Architektur mit getrenntem Abtast-Halt-Glied (SSH) erfordert einen Komparator mit zwei differenziellen Eingängen, da die Differenz der beiden Eingangsspannungen mit der differenziellen Spannung des DAC verglichen werden muss. Aufgrund des komplizierten Aufbaus eines solchen Komparators wird diese Variante selten verwendet und nur für geringe Auflösungen [Tab14].

Eine differenzielle Anordnung der TPS-Architektur ist in Abbildung 6.8 dargestellt. Es existieren mehrere Möglichkeiten für die Stellung der Schalter während des Abtastvorganges. Bei der nachfolgend beschriebenen Variante ist die Stellung der Bottom-Plate-Schalter in beiden Zweigen durchgängig zueinander negiert. Während des Abtastvorganges wird das MSB des Steuerwortes gesetzt und damit die Hälfte des Kondensator-Arrays mit V_{Ref} verbunden. Beim Übergang zum ersten Wandlungstakt ändert sich die Stellung der Bottom-Plate-Schalter nicht, lediglich die beiden Abtastschalter $\mathrm{S_{In}}$ werden geöffnet.

Die Top-Plate-Spannung während der Wandlung berechnet sich im positiven Zweig mit

$$V_{\mathrm{P}} = \frac{\left(V_{\mathrm{InP}} - \frac{1}{2}V_{\mathrm{Ref}}\right) \cdot \left(2^N C_0 + C_{\mathrm{TP}}(V_{\mathrm{InP}})\right) + V_{\mathrm{Ref}} \cdot \left(2^N - d\right) \cdot C_0 + Q_{\mathrm{injP}}}{2^N C_0 + C_{\mathrm{TP}}(V_{\mathrm{P}})} \tag{6.37}$$

und im negativen Zweig mit

$$V_{\mathrm{N}} = \frac{\left(V_{\mathrm{InN}} - \frac{1}{2}V_{\mathrm{Ref}}\right) \cdot \left(2^N C_0 + C_{\mathrm{TP}}(V_{\mathrm{InN}})\right) + V_{\mathrm{Ref}} \cdot d \cdot C_0 + Q_{\mathrm{injN}}}{2^N C_0 + C_{\mathrm{TP}}(V_{\mathrm{N}})}. \tag{6.38}$$

Weil die Abtastschalter $\mathrm{S_{In}}$ sich in beiden Zweigen in unterschiedlichen Arbeitspunkten befinden, wird zwischen der injizierten Ladung Q_{injP} und Q_{injN} unterschieden. Da die MSB-Entscheidung mit der Schalterstellung des Abtastvorganges erfolgt, findet nahezu keine Spannungsänderung statt und kein Einschwingvorgang muss abgewartet werden. Die Top-Plate-Spannungen werden im nächsten Takt um $\frac{1}{4}V_{\mathrm{Ref}}$ in Richtung des gemeinsamen Endpunktes ausgesteuert, so dass die Extremwerte den

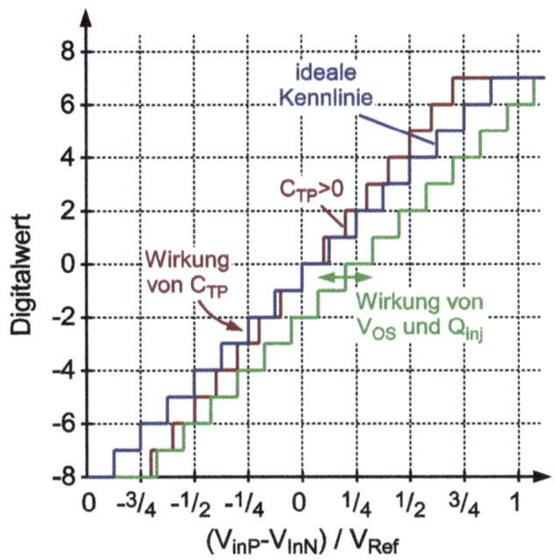

Abbildung 6.9: Kennlinie der volldifferenziellen Architektur mit Top-Plate-Sampling (FD-TPS)

Spannungen im Abtastvorgang bzw. MSB-Detektion entsprechen

$$\begin{aligned}\max(V_{P/N}) &= \frac{V_{InP}+V_{InN}}{2}+\frac{1}{2}V_{Ref} \\ \min(V_{P/N}) &= \frac{V_{InP}+V_{InN}}{2}-\frac{1}{2}V_{Ref}\end{aligned} \tag{6.39}$$

und vorteilhafterweise nicht über den Eingangsspannungsbereich hinausreichen. Mit der Bedingung $V_N = V_P + V_{OS}$ ergibt sich eine implizite Darstellung der exakten Kennlinie

$$\left(V_{InP}-\frac{1}{2}V_{Ref}\right)\frac{2^N C_0 + C_{TP}(V_{InP})}{2^N C_0 + C_{TP}(V_P)} - \left(V_{InN}-\frac{1}{2}V_{Ref}\right)\frac{2^N C_0 + C_{TP}(V_{InN})}{2^N C_0 + C_{TP}(V_N)} = \frac{V_{Ref}\cdot d\cdot C_0 + Q_{injN}}{2^N C_0 + C_{TP}(V_N)} + \frac{V_{Ref}\cdot\left(d-2^N\right)\cdot C_0 + Q_{injP}}{2^N C_0 + C_{TP}(V_P)} - V_{OS}\,.$$

Nur für die Vereinfachung $C_{TP} = \text{konst}$ ist die Gleichung auflösbar und liefert

$$V_{InP} - V_{InN} = \frac{V_{Ref}\cdot\left(2d-2^N\right)\cdot C_0}{2^N C_0 + C_{TP}} + \frac{Q_{injN}-Q_{injP}}{2^N C_0 + C_{TP}} - V_{OS} \approx V_{Ref}\left(\frac{d}{2^{N-1}}-1\right). \tag{6.40}$$

Die differenzielle TPS-Architektur besitzt eine bipolare Kennlinie mit dem Eingangsspannungsbereich von $-V_{Ref}$ bis V_{Ref}. Wird das MSB von $d[N{-}1:0]$ invertiert, ergibt sich eine 2er-Komplement-Darstellung des Wandlungsergebnisses mit dem Wertebereich von -2^{N-1} bis $2^{N-1}-1$. Abbildung 6.9 zeigt deren Verlauf und den Einfluss der parasitären Größen. Arbeitspunktabhängige Ladungsinjektion und der Komparatoroffset verursachen einen Offsetfehler von

$$E_{OS} = \frac{Q_{injN}-Q_{injP}}{2^N C_0 + C_{TP}} - V_{OS}\,. \tag{6.41}$$

Die Ladungsinjektion beider Zweige kompensiert sich durch deren Abhängigkeit von der Eingangsspannung nicht vollständig. Die Wirkung des Komparatoroffsets ist verglichen zur SE-TPS-Architektur, relativ zum Eingangsspannungsbereich, nur halb so groß. Die parasitäre Kapazität der Top-Plates

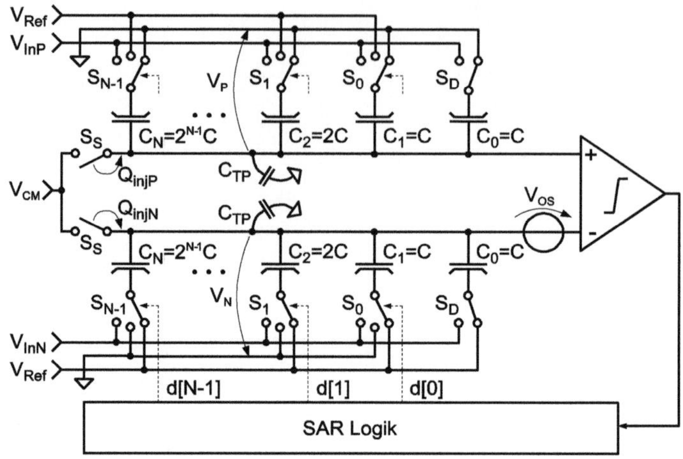

Abbildung 6.10: Volldifferenzielle Architektur mit Bottom-Plate-Sampling (FD-BPS)

bewirkt einen Verstärkungsfehler der Größe

$$E_{\mathrm{G}} = -2V_{\mathrm{Ref}}\frac{C_{\mathrm{TP}}}{2^N C_0 + C_{\mathrm{TP}}} \approx -2V_{\mathrm{Ref}}\frac{C_{\mathrm{TP}}}{2^N C_0} = -\frac{C_{\mathrm{TP}}}{C_0}\cdot V_{\mathrm{LSB}}\,, \tag{6.42}$$

vergleichbar zur single-ended Variante. Eine Spannungsabhängigkeit von C_{TP} und V_{OS} verursachen eine Nichtlinearität der Kennlinie.

Die Komparatorspannung am Ende der Wandlung erhält man durch Umstellen von Gl. 6.40 und anschließendes Einsetzen in Gl. 6.37 liefert

$$V_{\mathrm{Comp}} = \frac{V_{\mathrm{InP}} + V_{\mathrm{InN}}}{2} = V_{\mathrm{CM\,Sig}}\,. \tag{6.43}$$

Der Aussteuerbereich und der Arbeitspunkt des Komparators wird vom Gleichanteil des Eingangssignals bestimmt. Um einen konstanten Arbeitspunkt während kritischer Entscheidungen zu garantieren, muss das Eingangssignal absolut symmetrisch bereitgestellt werden.

6.2.2 Bottom-Plate-Sampling

Die volldifferenzielle Architektur in Abbildung 6.10 erhält man durch gespiegelte Anordnung der SE-BPS-Architektur. Die Schalterstellungen beider Zweige sind während der Wandlung ebenfalls invertiert zueinander. Die Top-Plates werden während des Abtastvorganges auf die gemeinsame Gleichtaktspannung V_{CM} aufgeladen.

Die Spannung der Top-Plate beträgt im positiven Zweig

$$\begin{aligned} V_{\mathrm{P}} &= \frac{V_{\mathrm{CM}}\cdot\left(2^N C_0 + C_{\mathrm{TP}}(V_{\mathrm{CM}})\right) - V_{\mathrm{InP}}\cdot 2^N\cdot C_0 + V_{\mathrm{Ref}}\cdot C_0\cdot d + Q_{\mathrm{injP}}}{2^N C_0 + C_{\mathrm{TP}}(V_{\mathrm{P}})} \\ &\approx V_{\mathrm{CM}} - V_{\mathrm{InP}} + \frac{Q_{\mathrm{injP}}}{2^N C_0} + \frac{V_{\mathrm{Ref}}\cdot d}{2^N} \end{aligned} \tag{6.44}$$

und im negativen Zweig

$$
\begin{aligned}
V_{\mathrm{N}} &= \frac{V_{\mathrm{CM}} \cdot \left(2^N C_0 + C_{\mathrm{TP}}(V_{\mathrm{CM}})\right) - V_{\mathrm{InN}} \cdot 2^N \cdot C_0 + V_{\mathrm{Ref}} \cdot C_0 \cdot \left(2^N - d\right) + Q_{\mathrm{injN}}}{2^N C_0 + C_{\mathrm{TP}}(V_{\mathrm{N}})} \\
&\approx V_{\mathrm{CM}} - V_{\mathrm{InN}} + \frac{Q_{\mathrm{injN}}}{2^N C_0} + \frac{V_{\mathrm{Ref}} \cdot \left(2^N - d\right)}{2^N} .
\end{aligned}
\tag{6.45}
$$

Die Extremwerte liegen bei

$$
\begin{aligned}
\max(V_{\mathrm{P/N}}) &= V_{\mathrm{CM}} + V_{\mathrm{Ref}} - \frac{V_{\mathrm{InP}} + V_{\mathrm{InN}}}{2} \\
\min(V_{\mathrm{P/N}}) &= V_{\mathrm{CM}} - \frac{V_{\mathrm{InP}} + V_{\mathrm{InN}}}{2} .
\end{aligned}
\tag{6.46}
$$

Wenn der Gleichtakt des Eingangssignals von der internen Gleichtaktspannung V_{CM} abweicht, treten während der Wandlung auch negative und deutlich über V_{Ref} liegende Spannungen auf. Mit der Bedingung $V_{\mathrm{N}}{=}V_{\mathrm{P}}{+}V_{\mathrm{OS}}$ und der Näherung $C_{\mathrm{TP}}{=}\mathrm{konst}$ erhält man die inverse Kennlinie

$$
V_{\mathrm{InP}} - V_{\mathrm{InN}} = V_{\mathrm{Ref}} \left(\frac{d}{2^{N-1}} - 1\right) + \frac{Q_{\mathrm{injP}} - Q_{\mathrm{injN}}}{2^N C_0} + V_{\mathrm{OS}} \frac{2^N C_0 + C_{\mathrm{TP}}}{2^N C_0} \approx V_{\mathrm{Ref}} \left(\frac{d}{2^{N-1}} - 1\right) + V_{\mathrm{OS}} .
\tag{6.47}
$$

Verlauf der bipolaren Kennlinie und der Wertebereich entspricht der FD-TPS-Architektur. Der Offsetfehler beträgt

$$
E_{\mathrm{OS}} = \frac{Q_{\mathrm{injP}} - Q_{\mathrm{injN}}}{2^N C_0} + V_{\mathrm{OS}} \frac{2^N C_0 + C_{\mathrm{TP}}}{2^N C_0} \approx \frac{Q_{\mathrm{injP}} - Q_{\mathrm{injN}}}{2^N C_0} + V_{\mathrm{OS}}
\tag{6.48}
$$

und der Verstärkungsfehler ist $E_{\mathrm{G}} = 0$.

Die Ladungsinjektion ist in beiden Zweigen theoretisch gleich groß, da beide Abtastschalter im gleichen festen Arbeitspunkt geöffnet werden. Dadurch ist eine vollständige Kompensation zu erwarten. Es liegt kein unmittelbarer Einfluss von C_{TP} vor und für den Spezialfall $V_{\mathrm{CM}}{=}V_{\mathrm{CM\,Sig}}$ verschwindet auch jegliche Wirkung in Verkettung mit V_{OS}. Die Komparatorspannung am Ende der Wandlung beträgt

$$
V_{\mathrm{Comp}} = \frac{1}{2} V_{\mathrm{Ref}} + V_{\mathrm{CM}} - \frac{V_{\mathrm{InP}} + V_{\mathrm{InN}}}{2} .
\tag{6.49}
$$

Ist der Gleichanteil des Eingangssignals identisch zur internen V_{CM} arbeitet der Komparator bei einem Arbeitspunkt von $\frac{1}{2} V_{\mathrm{Ref}}$. Die volldifferenzielle Architektur mit Bottom-Plate-Sampling zeichnet sich durch eine hervorragende DC-Genauigkeit aus, da lediglich der signalunabhängige Offset des Komparators einen direkten Einfluss auf die Kennlinie hat.

6.2.3 Bottom-Plate-Sampling mit Gleichtaktunterdrückung (FD-BPS-CM)

Um die Gleichtaktunterdrückung der im vorherigen Abschnitt analysierten differenziellen Architektur mit Bottom-Plate-Sampling zu verbessern, soll die Modifikation in Abbildung 6.12 betrachtet werden. Die Schalter S_{R} dienen zum Entladen/Rücksetzen beider Kondensator-Arrays vor dem Abtasten der Eingangsspannung. Die Top-Plates werden danach nicht mit V_{CM} sondern miteinander verbunden. Durch vorheriges Entladen stellt sich während des Abtastvorganges eine interne Gleichtaktspannung identisch zum Signalgleichanteil ein, da beide Zweige die gleiche Ladungsmenge aufnehmen. Nach

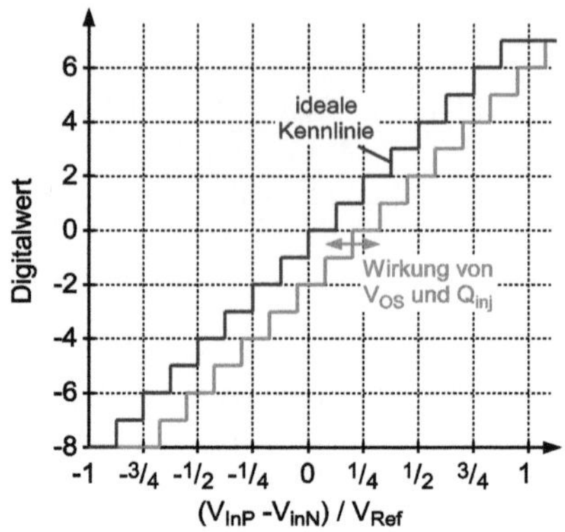

Abbildung 6.11: Kennlinie der volldifferenziellen Architektur mit Bottom-Plate-Sampling (FD-BPS)

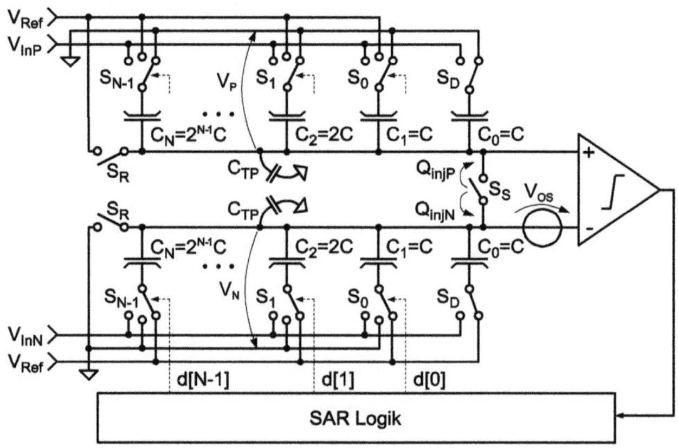

Abbildung 6.12: Volldifferenzielle Architektur mit Bottom-Plate-Sampling und Reset (FD-BPS-CM)

Gl. 6.49 liegt damit die Komparatorspannung unabhängig von den Signalspannungen immer bei

$$V_{\text{Comp}} = \frac{1}{2} V_{\text{Ref}} \,. \tag{6.50}$$

Durch diese Modifikation besitzt der Komparator einen festen Arbeitspunkt, was Aufbau und Dimensionierung erheblich erleichtert. Der Offset der Kennlinie ist vollständig unabhängig vom Signalgleichanteil, wodurch die erzielbare Gleichtaktunterdrückung deutlich verbessert wird. Der grundsätzliche Verlauf der Kennlinie wird von diesen Maßnahmen nicht beeinflusst und entspricht dem in Abbildung 6.11 dargestellten.

Die Genauigkeit des Rücksetzvorganges hat lediglich Einfluss auf V_{Comp} und nicht auf das Wandlungsergebnis, so dass einige V_{LSB} an Restfehler beim Rücksetzen der Kapazitäten vollkommen unkritisch sind. Durch den Rücksetzvorgang müssen die Kondensatoren in jedem Abtastvorgang auch bei gleichbleibenden Eingangsspannungen vollständig umgeladen werden. Dies erhöht die Anforderungen an die Signalquelle, falls diese deutlich überabgetastet wird, verhindert jedoch eine Interferenz zwischen aufeinanderfolgenden Wandlungen.

Die Extremwerte der Top-Plate-Spannungen liegen fest bei

$$\begin{aligned} \max(V_{P/N}) &= V_{Ref} \\ \min(V_{P/N}) &= 0 \end{aligned} \tag{6.51}$$

und stellen keine Einschränkung für die praktische Implementierung dar. Im Gegensatz zu den beiden vorherigen Architekturen sind positiver und negativer Teil während des Abtastvorganges in Reihe geschaltet und bilden keinen unabhängigen sondern einen tatsächlich differenziellen Abtastpfad mit besserer dynamischer Gleichtaktunterdrückung. Es existiert nur ein kritischer Abtastschalter S_S, dessen Arbeitspunkt allerdings mit dem Signalgleichanteil variiert. Setzt man eine gleiche Aufteilung der injizierten Ladung voraus, bleibt der veränderliche Arbeitspunkt ohne Auswirkung.

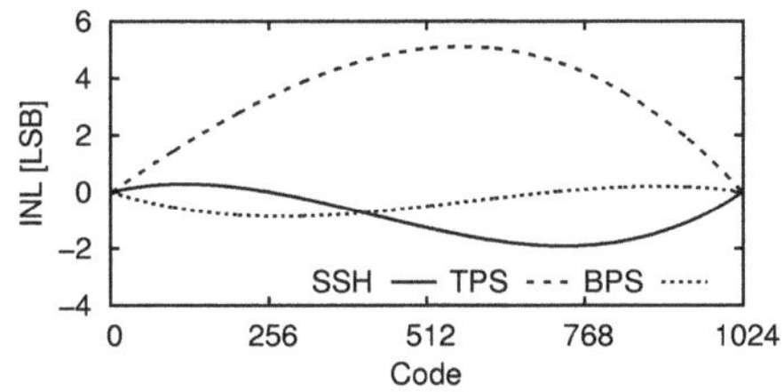

Abbildung 6.13: Architekturabhängige Auswirkung der Spannungsabhängigkeit der Kondensatoren am Beispiel eines single-eded 10 bit ADC bei v_{cc1}=0.005, v_{cc2}=0.01, V_{CM}=0.4 V und V_{Ref}=1.0 V

6.3 Architekturvergleich und Beurteilung

Abbildung 6.13 vergleicht die Auswirkung der Spannungsabhängigkeit der Kondensatoren auf die Kennlinie des ADC. Die stark voneinander abweichenden Verläufe sind mit den je nach Architektur unterschiedlichen Spannungen über den Kondensator zu erklären. Bei der single-ended TPS-Architektur sind zum Beispiel alle Kondensatorspannungen während des Abtastvorganges und am Ende der Wandlung immer positiv, da $V_{TP} = V_{Ref}$ gilt und alle unteren Terminals der Kondensatoren mit Masse oder V_{Ref} verbunden sind. Die Gegenüberstellung von single-ended und differenziellem Aufbau erfolgt in Abbildung 6.14 für eine lineare, rein-quadratische und quadratische Kennlinie der Kondensatoren. Die lineare Komponente wird bei der untersuchten differenziellen Schaltung unterdrückt.

Die erzielbare Genauigkeit in Relation zur Fläche wird bei einem differenziellem Aufbau bei gleicher Größe der Einheitskondensatoren um den Faktor $\sqrt{2}$ gesteigert, wie in Abbildung 6.15 ersichtlich. Eine differenzielle Architektur stellt hinsichtlich der Fläche keinen Nachteil im Vergleich zu einem single-ended Aufbau dar. Das Mismatch der Kondensatoren einer differenziellen Struktur wirkt sich bei halbierter Größe der Einheitselemente und damit gleicher Gesamtfläche identisch aus. Zufällige Fehler von beiden Zweigen überlagern sich zwar, führen durch den doppelt so großen Eingangsspannungsbereich trotzdem zu keinem größeren Fehler.

Die Ergebnisse der Architekturanalyse sind in Tabelle 6.1 für single-ended und differenzielle Architekturen zusammengefasst. Gemeinsam ist allen Architekturen, dass sich die Offsetspannung des Komparators immer unmittelbar als Offsetfehler des gesamten ADCs auswirkt. Lediglich bei der Series-Sampling-Architektur erfolgt eine Skalierung der Offsetspannung, allerdings zu Ungunsten

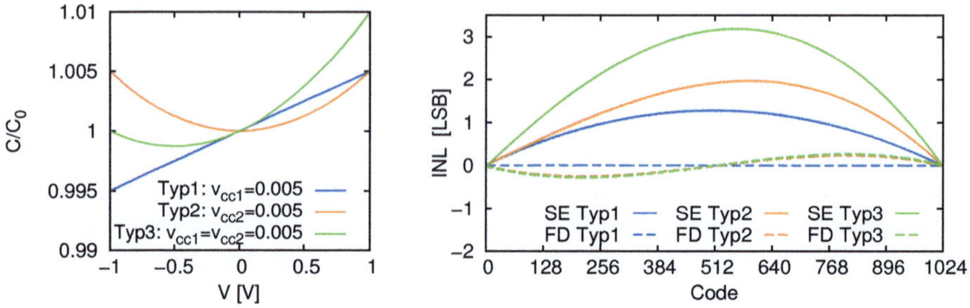

(a) verwendete Beispielkennlinien der Kondensatoren

(b) INL-Fehler von single-ended (SE) und vollständig differenzieller (FD)-Architektur

Abbildung 6.14: Auswirkung verschiedener Kondensatorkennlinien am Beispiel einer CBW-TPS ADC-Architektur mit N=10 bit und V_{Ref}=1.0 V

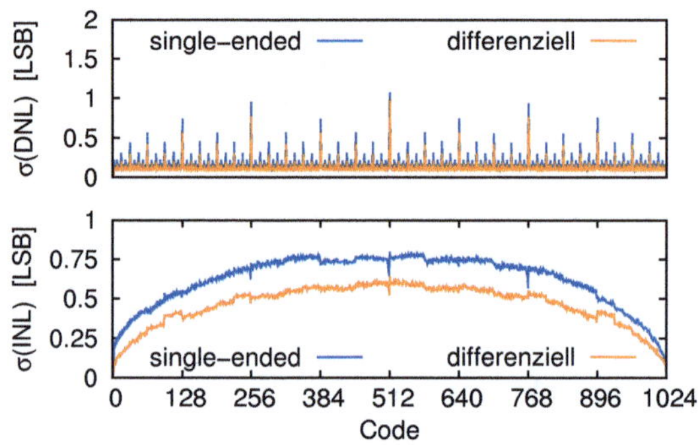

Abbildung 6.15: Vergleich des DNL- und INL-Fehlers von single-ended und differenzieller Architektur hervorgerufen durch Mismatch bei gleicher Größe der Einheitskondensatoren (TPS-Architektur, N=10, $\frac{\sigma(C)}{C}$=0.05)

der Genauigkeit. Wesentliche Unterschiede bestehen im Arbeitspunkt des Komparators und in den Extremwerten der Top-Plate-Spannung. Daraus resultieren unterschiedliche Anforderungen an die verwendeten Schalter und den notwendigen Eingangsspannungsbereich des Komparators. Architekturen mit Top-Plate-Sampling besitzen zwar hinsichtlich der Schalter und des Signalpfades den deutlich einfacheren Aufbau, dafür bewirkt die parasitäre Top-Plate-Kapazität jedoch einen Verstärkungsfehler. Die Verwendung von Bottom-Plate-Sampling eliminiert diesen Einfluss und ermöglicht unabhängig von der Eingangskapazität des Komparators eine hohe DC-Genauigkeit und Linearität. Auch die kritische Ladungsinjektion des Abtastschalters ist bei dieser Anordnung signalunabhängig und verursacht lediglich einen Offsetfehler. Ein Teil der Architekturen benötigt eine zusätzliche niederohmige Gleichtaktspannung, was für eine praktische Anwendung einen deutlichen Nachteil darstellt. Die differenziellen Architekturen unterscheiden sich stark hinsichtlich der Gleichtaktspannung, die am Eingang toleriert wird, und deren Auswirkung auf die Gleichtaktspannung am Komparator. Ausschließlich die differenzielle BPS-CM-Architektur mit Rücksetzen der Kondensatoren bietet einen konstanten Arbeitspunkt des Komparators vollständig unabhängig vom Gleichanteil des Eingangssignals.

In diesem Kapitel erfolgte eine einheitliche Analyse von kapazitiven SAR ADC-Architekturen. Die Berechnungen wurden am Beispiel eines binär gewichteten (CBW)-DACs durchgeführt, können jedoch auf alle betrachteten kapazitiven Topologien übertragen werden. Die Analyseergebnisse bieten eine Hilfe bei der Auswahl einer geeigneten SAR ADC-Architektur. Da je nach Anwendung des ADCs unterschiedliche Anforderungen an die DC-Genauigkeit und den Signalpfad bestehen, ist keine allgemeine Bewertung möglich. Differenzielle Architekturen bieten eine geringere Auswirkung von Ladungsinjektion und parasitären Kapazitäten, besitzen damit einen niedrigeren Verstärkungs- und Offsetfehler als single-ended Architekturen und unterdrücken die lineare Komponente der Spannungsabhängigkeit der Kondensatoren. Diese Vorteile sind allerdings mit einem Mehraufwand an Schaltern und einer höheren Anzahl an Einheitselementen verbunden.

Im Rahmen dieser Arbeit durchgeführte ADC-Implementierungen werden im zweiten Teil vorgestellt. Im Kapitel 8 wird die BPS-CM-Architektur aufgrund ihrer überragenden DC-Genauigkeit verwendet. Eine Erweiterung dieser Architektur um einen Betriebsmodus mit unipolarer Kennlinie findet man im Anschnitt 9. In den Kapiteln 10, 11 und 12 wird eine single-ended TPS-Architektur bei verschiedener Auflösung genutzt. Dabei spiegeln sich die hier ermittelten typischen Eigenschaften deutlich an den Messergebnissen wieder.

Kenngröße	single-ended Architekturen				differenzielle Architekturen		
	SAH	TPS	BPS	SS	TPS	BPS	BPS-CM
Kennlinie	unipolar	unipolar	unipolar	unipolar	bipolar	bipolar	bipolar
Eingangsspannungs-bereich	0 bis V_{Ref}	0 bis V_{Ref}	0 bis V_{Ref}	0 bis $V_{\mathrm{Ref}}\frac{2^N C_0}{C_S}$	$-V_{\mathrm{Ref}}$ bis V_{Ref}	$-V_{\mathrm{Ref}}$ bis V_{Ref}	$-V_{\mathrm{Ref}}$ bis V_{Ref}
$\max(V_{\mathrm{TP}})$	V_{Ref}	$\frac{3}{2}V_{\mathrm{Ref}}$	$V_{\mathrm{CM}}+\frac{1}{2}V_{\mathrm{Ref}}$	$V_{\mathrm{CM}}+\frac{V_{\mathrm{Ref}}}{\frac{C_S}{2^{N-1}C_0}+2}$	$\frac{V_{\mathrm{InP}}+V_{\mathrm{InN}}}{2}+\frac{1}{2}V_{\mathrm{Ref}}$	$V_{\mathrm{CM}}+V_{\mathrm{Ref}}-\frac{V_{\mathrm{InP}}+V_{\mathrm{InN}}}{2}$	V_{Ref}
$\min(V_{\mathrm{TP}})$	0	$\frac{1}{2}V_{\mathrm{Ref}}$	$V_{\mathrm{CM}}-\frac{1}{2}V_{\mathrm{Ref}}$	$V_{\mathrm{CM}}-\frac{V_{\mathrm{Ref}}}{\frac{C_S}{2^{N-1}C_0}+2}$	$\frac{V_{\mathrm{InP}}+V_{\mathrm{InN}}}{2}-\frac{1}{2}V_{\mathrm{Ref}}$	$V_{\mathrm{CM}}-\frac{V_{\mathrm{InP}}+V_{\mathrm{InN}}}{2}$	0
Offsetfehler E_{OS}	$\frac{Q_{\mathrm{inj}}}{2^N C_0}+V_{\mathrm{OS}}$	$V_{\mathrm{OS}}+\frac{V_{\mathrm{Ref}}\cdot C_{\mathrm{TP}}}{2^N C_0+C_{\mathrm{TP}}}-\frac{Q_{\mathrm{inj}}}{2^N C_0}$	$\frac{Q_{\mathrm{inj}}}{2^N C_0}+V_{\mathrm{OS}}$	$\frac{Q_{\mathrm{inj}}}{C_S}+V_{\mathrm{OS}}\left(1+\frac{2^N C_0}{C_S}\right)$	$\frac{Q_{\mathrm{injN}}-Q_{\mathrm{injP}}}{2^N C_0+C_{\mathrm{TP}}}-V_{\mathrm{OS}}$	$\frac{Q_{\mathrm{injP}}-Q_{\mathrm{injN}}}{2^N C_0}+V_{\mathrm{OS}}$	$\frac{Q_{\mathrm{injP}}-Q_{\mathrm{injN}}}{2^N C_0}+V_{\mathrm{OS}}$
Verstärkungsfehler E_{G}	$-V_{\mathrm{Ref}}\frac{C_{\mathrm{TP}}}{2^N C_0}$	$-V_{\mathrm{Ref}}\frac{C_{\mathrm{TP}}}{2^N C_0}$	0	0	$-2V_{\mathrm{Ref}}\frac{C_{\mathrm{TP}}}{2^N C_0}$	0	0
Auswirkung C_{TP}	E_{G}	E_{G} und E_{OS}	keine	keine	E_{G}	keine	keine
Arbeitspunkt Abtastschalter	-	V_{In}	V_{CM}	V_{CM}	$V_{\mathrm{InN/P}}$	V_{CM}	$V_{\mathrm{CM\,Sig}}$
Komparatorspannung V_{Comp}	V_{In}	V_{Ref}	V_{CM}	V_{CM}	$\frac{V_{\mathrm{InP}}+V_{\mathrm{InN}}}{2}$	$V_{\mathrm{CM}}+\frac{1}{2}V_{\mathrm{Ref}}-V_{\mathrm{CM\,Sig}}$	$\frac{1}{2}V_{\mathrm{Ref}}$
Eingangskapazität C_{In}	$2^N C_0$	$2^N C_0$	$2^N C_0$	$\frac{2^N C_0 C_S}{2^N C_0+C_S}$	$2^N C_0$	$2^N C_0$	diff. $2^{N-1}C_0$
niederohmige V_{CM} erforderlich	nein	nein	ja	ja	nein	ja	nein
Modifikation für bipolare Kennlinie	möglich	möglich	nein	möglich	-	-	-

Tabelle 6.1: Vergleich kapazitiver SAR ADC-Architekturen

7 SAR ADC mit redundantem Suchbaum

In diesem Kapitel werden Methoden zur Steigerung der Wandlungsgeschwindigkeit von SAR ADCs vorgestellt und analysiert. Der Schwerpunkt liegt dabei auf der sukzessiven Approximation mit redundanter Suche. Zuerst erfolgt eine allgemeine Analyse der Wandlungsdauer am Beispiel der herkömmlichen binären Suche. Danach werden in Abschnitt 7.2 anhand einer Literaturstudie verschiedene Verfahren zur Steigerung der Abtastrate zusammengetragen und bewertet. In Abschnitt 7.3 erfolgt eine allgemeine mathematische Beschreibung des redundanten Suchbaumes und eine Analyse der erforderlichen Einschwingzeit sowie des Zusammenhangs von Redundanz und erreichbarer Geschwindigkeitssteigerung. Dabei dienen Simulationsergebnisse zur Verifikation der analytischen Berechnung. Nachfolgend werden zwei grundsätzliche Implementierungsansätze eines SAR ADCs mit redundanter Suche untersucht. Abschließend erfolgt ein Vergleich der vorgestellten Methoden zur Steigerung der Wandlungsrate.

7.1 Wandlungsdauer der herkömmlichen binären Suche

Die Abtastrate eines SAR ADCs wird durch die Abtastzeit und die Wandlungsdauer bestimmt. Da Abtasthalteglied und kapazitiver DAC meist kombiniert werden, ist ein Pipelining dieser beiden Phasen nicht möglich. Die Wandlungsdauer ist gegenüber der Abtastzeit allgemein die dominierende Größe und wird durch die erforderliche Einschwingzeit von DAC und Komparator sowie der Verzögerungszeit der Steuerlogik bestimmt. Bei hoher Auflösung ist die Laufzeit der Logik im Vergleich zur Einschwingzeit der analogen Komponenten meist gering und soll vorerst vernachlässigt werden.

Für das Einschwingverhalten von DAC und Komparator ist die Änderung der Spannung von einem Wandlungstakt zum nächsten ausschlaggebend. Die Ausgangsspannung des DAC V_{DAC} vollzieht am Anfang eines jeden Wandlungstaktes einen Spannungsschritt der Größe V_{step}. Die Wandlung beginnt typischerweise mit einem Schritt um $\frac{1}{2}V_{\mathrm{Ref}}$ in die Mitte des Eingangsspannungsbereichs. Die Schrittweite der herkömmlichen binären Suche halbiert sich danach jeden Wandlungstakt und beträgt allgemein

$$V_{\mathrm{step}}(i) = \frac{1}{2^{i+1}} V_{\mathrm{Ref}}\,, \tag{7.1}$$

wobei der Index i dem Wandlungstakt von 0 bis $N-1$ angibt. Unter der Annahme, dass DAC und Komparator näherungsweise einen Tiefpass 1. Ordnung mit der Zeitkonstante τ bilden, ergibt sich innerhalb eines Taktes ein exponentieller Spannungsverlauf der Form

$$V(t) = V_{\mathrm{step}}(i) \cdot \left(1 - e^{-\frac{t}{\tau}}\right)\,. \tag{7.2}$$

Ein exaktes Einschwingen ist erforderlich, wenn sich die Polarität der Komparatoreingangsspannung und damit auch die Ausgabe des Komparators ändert und dabei die Komparatoreingangsspannung im eingeschwungenem Zustand sehr kleine Werte annimmt. Bei der herkömmlichen binären Suche tritt maximal bei zwei aus N Wandlungstakten eine Komparatoreingangsspannung kleiner $1\,V_{\mathrm{LSB}}$ auf. Dies ist immer im letztem Takt der sukzessiven Approximation und abhängig von der Eingangsspannung in einem beliebigen vorherigen Takt der Fall. Eine Ausnahme bilden Eingangsspannungen, die zum kleinsten oder größten Wandlungsergebnis führen, da dort eine kleine Komparatoreingangsspannung ausschließlich am Ende der Wandlung erreicht wird. Hinsichtlich der Einschwingzeit ist nur das

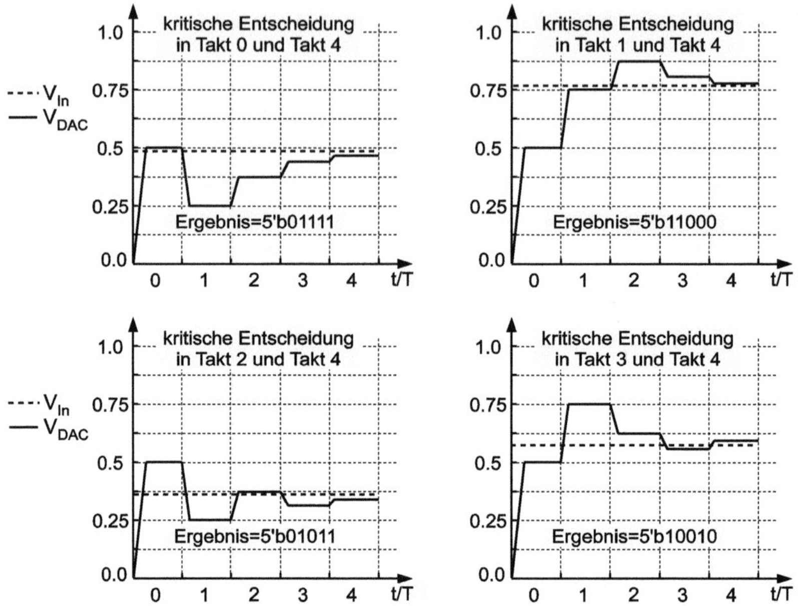

Abbildung 7.1: Beispielspannungsverlauf bei unterschiedlicher Position der kritischen Entscheidungen

erste Unterschreiten von 1 V_{LSB} kritisch, da am Ende der Wandlung der Spannungsschritt in Relation zum tolerierbaren Restfehler ebenfalls sehr klein ist. In Abbildung 7.1 sind verschiedene Fälle am Beispiel einer 5 bit-Wandlung dargestellt. In welchen Takt kritisches Einschwingen vorliegt, ist zwar am Wandlungsergebnis ablesbar aber nicht vorhersagbar. Der letzte Wechsel der Komparatorausgabe von 0 nach 1 oder umgekehrt stellt die erste kritische Entscheidung dar.

Ein ideales Wandlungsergebnis erfordert eine fehlerfreie Komparatorentscheidung in allen Wandlungstakten und dazu ein vollständiges Einschwingen zumindest in den beiden kritischen Takten. Wird zusätzlich zum Quantisierungsfehler beim Einschwingen ein Restfehler von $\frac{1}{2}\,V_{\mathrm{LSB}}$ toleriert, beträgt die maximale Einschwingzeit im Takt i

$$t_{\mathrm{set}}(i) = \tau \cdot \ln\left(\frac{2V_{\mathrm{step}}(i)}{V_{\mathrm{LSB}}}\right) = \tau \cdot \ln\left(2^{N-i}\right) = \tau \cdot (N-i) \cdot \ln 2\,. \tag{7.3}$$

Die größte Einschwingzeit

$$\max(t_{\mathrm{set}}(i)) = \tau \cdot N \cdot \ln 2 \tag{7.4}$$

tritt im ersten Wandlungstakt auf, wenn die Eingangsspannung dicht unter halber Referenzspannung liegt, wie in Abbildung 7.1 am oberen linken Beispiel dargestellt. In den weiteren Takten nimmt die maximal auftretende Einschwingzeit durch die kleinere Schrittweite linear ab.

Bei der herkömmlichen synchronen Steuerung der Wandlung ist jeder Takt gleich lang und die Periodendauer richtet sich nach der längsten auftretenden Einschwingzeit. Unter der Annahme einer in allen Wandlungstakten einheitlichen Zeitkonstante ergibt sich nach Gl. 7.3 eine Wandlungszeit von

$$t_{\mathrm{conv}} = N \cdot \max\left(t_{\mathrm{set}}(i)\right) = N^2 \cdot \tau \cdot \ln 2 = N \cdot t_0\,. \tag{7.5}$$

7.2 Methoden zur Steigerung der Abtastrate

Es existieren in der Literatur verschiedene Ansätze zur Steigerung der Wandlungsrate durch ein Verkürzen der Wandlungsdauer. Die wichtigsten Methoden werden nachfolgend vorgestellt und beurteilt.

7.2.1 Verhindern von Fehlentscheidungen des Komparators

Die erste Gruppe an Maßnahmen zielt darauf, Fehlentscheidungen des Komparators durch Anpassen der verfügbaren Einschwingzeit bzw. der Zeitkonstante von DAC und Komparator grundsätzlich zu verhindern.

Asynchrone Steuerung Eine asynchrone Steuerung ermöglicht es, dass sich die Dauer eines jeden Wandlungstaktes direkt nach der erforderlichen maximalen oder sogar tatsächlichen Einschwingzeit richtet. Wird die Taktdauer individuell an die maximale Einschwingzeit angepasst, ergibt dies

$$t_{\mathrm{conv}} = \sum_{i=0}^{N-1} t_{\mathrm{set}}(i) = \frac{N\,(N+1)}{2} \cdot \tau \cdot \ln 2 = \frac{N+1}{2} \cdot t_0, \tag{7.6}$$

und damit fast eine Halbierung der Wandlungszeit. Da bei jeder Eingangsspannung immer nur zwei Takte der Wandlung zeitkritisch sind, kann theoretisch die Mehrzahl der Takte noch weiter verkürzt und damit eine zusätzliche signifikante Erhöhung der Wandlungsrate erreicht werden. Die Herausforderung beim Entwurf der asynchronen Steuerung besteht im Detektieren der erforderlichen Einschwingzeit und im Bereitstellen der passenden adaptiven Periodendauer.

In [Sek11] werden digital einstellbare Verzögerungselemente verwendet, um die Dauer eines jeden Wandlungstaktes individuell einzustellen. Die maximale Einschwingzeit wird für jeden Wandlungstakt mit einem Kalibrieralgorithmus individuell bestimmt und digital gespeichert.

In [Yua13] werden die Flanken am Ausgang eines getakteten Komparators als Trigger für den nächsten Wandlungstakt verwendet. Damit wird zwar inhärent ausreichend Einschwingzeit für den Komparator gewährleistet, allerdings wird nicht berücksichtigt, ob dessen Eingangsspannung schon eingeschwungen ist da für den DAC nur eine unzureichende feste Verzögerung bereitgestellt wird. Ein vergleichbarer SAR ADC mit asynchroner Steuerung wird in [Jia12] und [Tsa11] beschrieben. Diese Technik ist nur dann praktikabel, wenn die erforderliche Periodendauer von der Einschwingzeit des Komparators und nicht vom DAC dominiert wird.

Die optimale Taktlänge einer asynchronen Steuerung und damit erreichbare Steigerung der Abtastrate werden in [Che06] analytisch ermittelt. Im Gegensatz zur synchronen Ablaufsteuerung ist die resultierende Wandlungsdauer bei diesen Implementierungen nicht fest vorgegeben, sondern hängt von den gerade vorliegenden Betriebsbedingungen ab und erschwert damit die Systemintegration des ADCs erheblich. Bei kleinen Eingangsspannungen kann der Komparator einen metastabilen Zustand erreichen, in dem kein gültiger digitaler Signalpegel am Ausgang vorliegt. Dieser Zustand verzögert eine asynchrone Ablaufsteuerung enorm oder stoppt diese vollständig. In [Cho12] wird die Wandlung bei Auftreten der Metastabilität gezielt abgebrochen und damit verhindert, dass die Wandlung in diesen wenigen Fällen sehr lange dauert. Unter der Annahme, dass eine langsame Komparatorentscheidung nur dann auftritt wenn V_{DAC} und V_{In} dicht bei einander liegen, wird der gerade vorliegende DAC-Steuerwert in diesem Fall als korrektes Ergebnis ausgegeben.

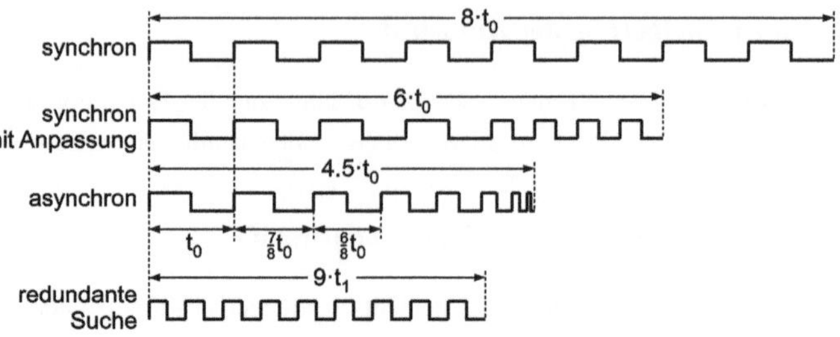

Abbildung 7.2: Taktdiagramm der synchronen und asynchronen Steuerung

Nicht alle asynchronen SAR ADCs nutzen eine Anpassung der Taktdauer zur Geschwindigkeitssteigerung, sondern lediglich den Vorteil der geringeren Leistungsaufnahme [Har10, Tan13]. Ein wesentlicher Vorteil der asynchronen Steuerung ist, dass kein hochfrequenter Takt benötigt wird, sondern lediglich ein niederfrequentes Taktsignal zur Steuerung des Abtastvorganges.

Synchrone Steuerung mit angepasster Periodendauer Auch mit einer synchronen Steuerung kann die Dauer der Wandlungszyklen angepasst werden, allerdings nur in Vielfachen der verfügbaren Taktfrequenz. Werden für die erste Hälfte der Wandlungszyklen jeweils zwei Systemtakte und danach nur noch ein Systemtakt verwendet, kann die Wandlungszeit auf

$$t_{\text{conv}} = \frac{3}{4}N \cdot t_0 \tag{7.7}$$

verkürzt werden. Mit einer feineren Unterteilung ist eine weitere Beschleunigung, vergleichbar zur asynchronen Steuerung, möglich. Allerdings ist dazu eine immer höhere Taktfrequenz, verbunden mit einer Steigerung der dynamischen Verlustleistung, nötig. Abbildung 7.2 zeigt die Taktdiagramme einer synchronen und asynchronen Ablaufsteuerung einer 8 bit-Wandlung im maßstabsgetreuen Vergleich.

Einsatz mehrerer Komparatoren Die Einschwingzeit von DAC und Komparator ist direkt mit deren Verlustleistung verknüpft. Ein guter Kompromiss zwischen Leistungsaufnahme und Geschwindigkeit kann durch den Einsatz von zwei unterschiedlichen Komparatoren erzielt werden. Lediglich für die ersten Takte der Wandlung ist ein Komparator mit hoher Bandbreite und damit hoher Leistungsaufnahme erforderlich. Für die nachfolgenden Takte kann ein deutlich leistungsärmerer Komparator verwendet werden. Der jeweils nicht genutzte Komparator wird abgeschaltet und damit die mittlere Leistungsaufnahme reduziert. Eine Anwendung dieses Verfahrens findet man in [Pan09], wo ein getaktetes Latch für grobe aber schnelle Entscheidungen und ein mehrstufiger Komparator mit Offset-Cancellation für genaue Entscheidungen genutzt wird. Die herkömmliche binäre Suche stellt in allen Wandlungstakten die gleiche Genauigkeitsanforderung an den Komparator. Unterschiedliche Offsetspannungen der beiden Komparatoren haben eine deutliche Auswirkung auf die DNL. Deshalb wird in [Pan09] zusätzlich ein redundanter Suchbaum verwendet, um Abweichungen zwischen den Komparatoren zu korrigieren. Ohne diese zusätzliche Maßnahme ist der Einsatz von mehreren Komparatoren auf sehr niedrige oder zumindest identische Offsetspannungen angewiesen.

7.2.2 Tolerieren von Fehlentscheidungen des Komparators

Die zweite Gruppe an Designmaßnahmen zielt auf eine gegenüber Komparatorfehlentscheidungen robuste Architektur, indem Fehlentscheidungen in den ersten Wandlungstakten toleriert und später korrigiert werden. Es existieren zahlreiche Varianten die erforderliche Redundanz hinzuzufügen.

Redundanz durch mehrere Schaltschwellen Wird die Eingangsspannung in jedem Wandlungstakt mit zwei oder mehr Schwellwerten verglichen, erhält man mehr als 1 Bit Information pro Wandlungsschritt. Erfolgt die Wandlung trotzdem in N Takten, liegt mehr Information vor als zum Unterscheiden von 2^N Eingangsspannungen nötig ist. Dadurch lassen sich einzelne Fehlentscheidungen erkennen und korrigieren.

Vergleichbar zu Pipeline- oder zyklischen-ADCs mit RSD-Codierung (Redundant Signed Digit) können zwei Komparatoren mit geringfügig unterschiedlicher Referenz- oder Offsetspannung (3-Level-Komparator) genutzt werden um zusätzliche Informationen zu erhalten. Dabei ist die effektive Eingangsspannung mindestens eines Komparators mehrere V_{LSB} von dessen Schaltschwelle entfernt und ein schnelles Einschwingen und damit eine korrekte Entscheidung gewährleistet. Dieser Ansatz wird in [Kan09] durch zwei Komparatoren mit digital einstellbarem Offset umgesetzt. Während der ersten fünf von 13 Wandlungstakten werden beide Komparatoren mit acht LSB Offset genutzt und die Entscheidung des schnelleren Komparators verwendet. Für die restliche Wandlung wird nur noch ein Komparator ohne beabsichtigtem Offset verwendet. In [Shi12] wird der metastabile Zustand des Komparators genutzt, um dessen Eingangsspannung in drei Bereiche (3-Level) einzuteilen. Es wird detektiert, ob die Eingangsspannung größer als $\frac{1}{4}V_{\mathrm{LSB}}$ oder kleiner als $-\frac{1}{4}V_{\mathrm{LSB}}$ ist. Liegt sie zwischen diesen beiden Schwellen wird die Wandlung mit dem aktuellen Wert als Ergebnis abgebrochen. Im Gegensatz zu anderen Implementierungen wird dazu nur ein Komparator benötigt. Der Bereich der Metastabilität wird mittels eines stochastischen Ansatzes kalibriert.

Auch in [Gue12] wird nur ein Komparator, aber mit zusätzlicher zeitbasierter Einteilung der Eingangsspannung in drei mögliche Bereiche, genutzt um 1.5 bit Information pro Takt zu erhalten (ternary search). Mit drei Komparatoren werden in [Yos12] sogar 2 bit Information pro Wandlungstakt bestimmt und damit eine Erhöhung der Geschwindigkeit um 70% erreicht. Zu unterscheiden ist der hier beschriebene Ansatz mit zwei oder mehr Komparatorschwellen von dem 3-Level Schaltschema z.B. in [Yua13], wo drei Referenzspannungen verwendet werden, um eine hohe Energieeffizienz des DAC zu erreichen.

Redundanz durch größere Schrittweite Bei der herkömmlichen binären Suche existiert zu jedem Endwert genau ein Weg durch den Suchbaum. Jede Entscheidung halbiert die Anzahl an verbleibenden möglichen Ergebnissen, ohne das eine Überlappung existiert. Die populärste Variante zur Steigerung der Geschwindigkeit ist die sukzessiven Approximation mit redundantem Suchbaum. Durch einer Schrittweite geringfügig größer als bei der binären Suche existieren zu jedem Endergebnis mehrere Wege durch den Suchbaum. Somit wird die gleiche Komparatorschwelle während der Wandlung mehrfach erreicht und eine akkurate Entscheidung ist nur in den letzten Wandlungstakten nötig. Die damit verbundene Fehlerkorrektur und Beschleunigung der Wandlungsrate wird im folgendem Abschnitt ausführlich analysiert. Abbildung 7.3 vergleicht den Spannungsverlauf einer herkömmlichen binären Suche und einer Approximation mit redundantem Suchbaum.

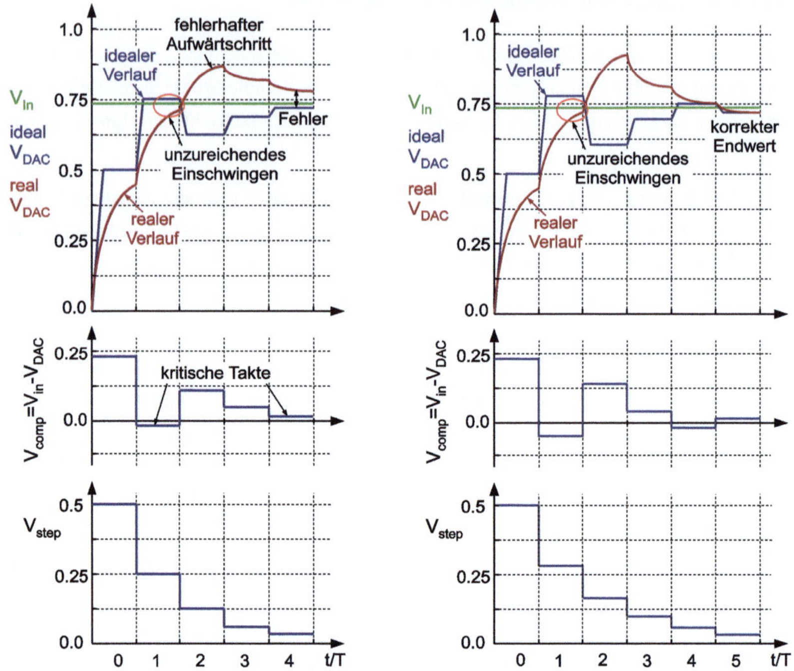

(a) herkömmliche binäre Suche

(b) redundante Suche

Abbildung 7.3: Spannungsverlauf einer Wandlung

7.3 Analyse der sukzessiven Approximation mit redundantem Suchbaum

Die erzielbare Geschwindigkeitssteigerung der redundanten Suche wird analytisch in drei Schritten bestimmt. Zuerst wird der Suchbaum mathematisch beschrieben. Danach erfolgt eine Berechnung der Überlappung einzelner Pfade und die Definition eines Korrekturbereichs. Daraus werden Anforderungen hinsichtlich des Einschwingverhaltens in den einzelnen Wandlungstakten abgeleitet und letztlich die Einschwingzeit und damit Wandlungsdauer bestimmt.

7.3.1 Berechnung von Schrittweite und Suchbaum

Bei der herkömmlichen sukzessiven Approximation (binäre Suche) ist der zu V_{step} gehörende Schritt von einem Steuerwort des DAC zum nächsten immer halb so groß wie der vorherige. Allgemeiner kann die Schrittweite s_i im Takt i angegeben werden durch

$$s_i = \frac{V_{\text{step}}(i)}{V_{\text{LSB}}} = q \cdot s_{i-1} \tag{7.8}$$

mit dem Skalierungsfaktor q. Für den ersten Schritt wird sinnvollerweise $s_0 = 2^{N-1}$ gewählt um die Suche in der Mitte des Wertebereichs zu beginnen. Damit kann man die Schrittweite im Wandlungstakt i explizit mittels

$$s_i = s_0 \cdot q^i \tag{7.9}$$

ermitteln. Mit der Komparatorentscheidung $c(i)$ berechnet sich das Steuerwort des DAC $d(i)$ durch die Vorschrift

$$d(i) = s_0 + \sum_{j=1}^{i} c(j-1) \cdot s(j)\,,$$

wobei die Bedingung

$$c = \begin{cases} 1 & V_{\mathrm{DAC}} < V_{\mathrm{In}} \\ -1 & V_{\mathrm{DAC}} \geq V_{\mathrm{In}} \end{cases}$$

gilt. Im Gegensatz zur herkömmlichen binären Suche mit $q{=}0.5$ verwendet der redundante Suchalgorithmus einen Skalierungsfaktor $0.5{<}q{<}1$. Zur Vereinfachung der Rechnung wird vorerst $q{=}\mathrm{konst}$ angenommen.

Durch den kleineren Informationsgehalt pro Wandlungstakt benötigt die redundante Suche $m{>}N$ Takte um N Bit Information zu erhalten. Nach m Takten existieren 2^m mögliche Muster von Komparatorentscheidungen, aber nur 2^N Ausgabewerte. Die vorliegende Redundanz ermöglicht eine Fehlerkorrektur. Damit für die Schrittweite im letzten Takt $s_{m-1}{=}1$ gilt, ergibt sich folgende Bedingung

$$1 = s_0 \cdot q^{m-1} = 2^{N-1} \cdot q^{m-1}\,.$$

Durch Umstellen kann die erforderliche Anzahl an Schritten mit

$$m = 1 - (N-1) \cdot \log_q 2 = 1 - \frac{N-1}{\log_2 q} \approx -\frac{N}{\log_2 q} \tag{7.10}$$

berechnet werden.

Bei einer praktischen Implementierung treten meist zwei Einschränkungen auf: der DAC kann nur mit ganzzahlige Werten gesteuert werden und der Wertebereich ist auf 0 bis $2^N - 1$ begrenzt. Deshalb muss bei der Berechnung der Schrittweite entweder eine Rundung und Begrenzung vorgenommen oder der darstellbare Wertebereich erweitert werden. Den Suchbaum einer 5 bit-Wandlung mit 6 Schritten und den Schrittweiten s=[16, 9, 5, 3, 2, 1] im Vergleich zum Suchbaum einer herkömmlichen binären Suche findet man in Abbildung 7.4. Dabei ist der resultierende Verlauf ohne Begrenzung des Wertebereiches in grau dargestellt. Viele Endpunkte des Suchbaumes sind über mehrere Pfade erreichbar. Für eine 10 bit Wandlung mit redundanter Suche ist die Pfadanzahl für jeden Endwert als Häufigkeitsdiagramm in Abbildung 7.5 dargestellt. Für die beispielhaft basierend auf q=0.535 gewählten Schrittweiten variiert die Pfadanzahl zwischen 1 und 4. Es weisen somit nicht alle Endwerte das gleiche Maß an Redundanz auf.

7.3.2 Berechnung des Korrekturbereiches

Der redundante Suchbaum ist durch eine Überlappung einzelner Pfade gekennzeichnet. So können in dem in Abbildung 7.4 dargestelltem Beispiel, unabhängig von der Entscheidung an der ersten Verzweigung, Endwerte von 13 bis 18 erreicht werden. Dies bedeutet, dass bei einer Eingangsspannung innerhalb dieses Bereiches, auch bei einer fehlerhaften Komparatorentscheidung im ersten Takt, ein korrektes Ergebnis erzielt wird. Der Korrekturbereich im Takt i ergibt sich aus der Überlappung des nächsten Schrittes s_{i+1} und der Summe aller darauffolgenden Schrittweiten und ist allgemein wie

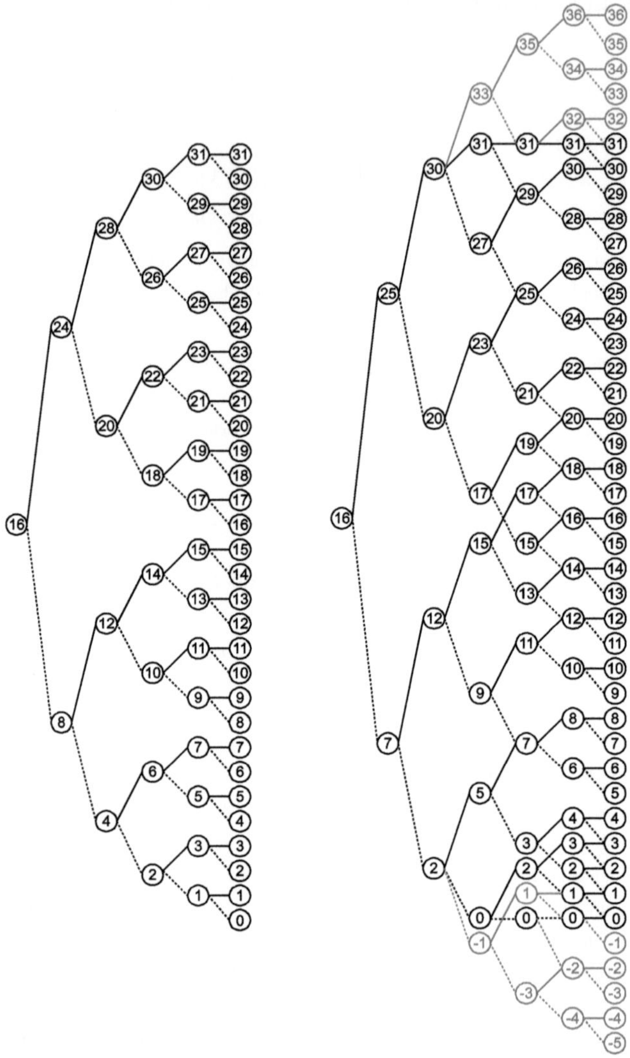

(a) binäre Suche mit 5 Schritten **(b)** redundante Suche mit 6 Schritten

Abbildung 7.4: Suchbaum einer 5 bit Wandlung bei unterschiedlichen Algorithmen

folgt definiert

$$k_i = \sum_{j=i+2}^{m-1} s_j - s_{i+1} + 1\,. \tag{7.11}$$

Bei einem konstanten Faktor q kann die Summe mithilfe der Formel

$$\sum_{i=0}^{n} q^i = \frac{1-q^{n+1}}{1-q}$$

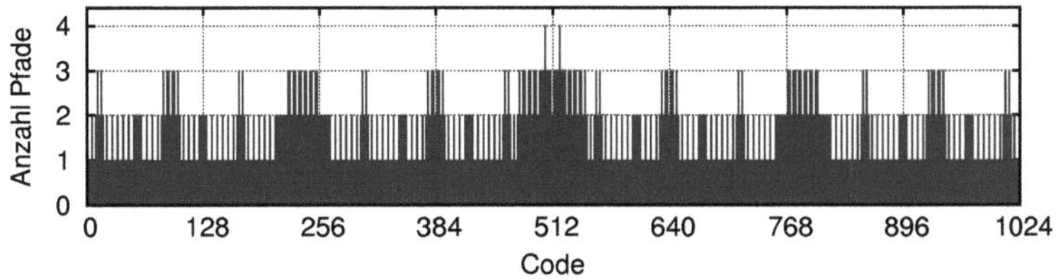

Abbildung 7.5: Anzahl an möglichen Pfaden zu jedem Wandlungsergebnis einer redundanten Suche mit 10 bit Auflösung und q=0.535

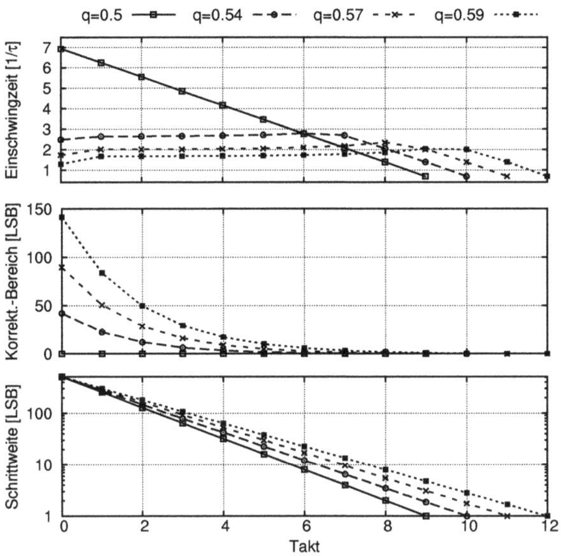

Abbildung 7.6: Schrittweite, Korrekturbereich und Einschwingzeit einer 10 bit-Wandlung für verschiedene Redundanzlevel (ohne Rundung der Schrittweite)

berechnet werden und man erhält

$$k_i = s_0 \left[\sum_{j=i+2}^{m-1} q^j - q^{i+1} \right] + 1 = s_0 \cdot \frac{2q^{i+2} - q^{i+1} - q^m}{1-q} + 1\,. \tag{7.12}$$

Der Fall der binären Suche mit $q{=}0.5$ ergibt $k_i{=}0$. Für $q{>}0.5$ steigt der Korrekturbereich stetig an. Die Größe des Korrekturbereiches kann als Maß für die Redundanz angesehen werden. In Abbildung 7.6 sind die Schrittweite und der Korrekturbereich für verschiedene Faktoren q am Beispiel einer 10 bit Wandlung dargestellt.

7.3.3 Erforderliche Einschwingzeit und Wandlungsdauer

In den letzten Jahren wurde von zahlreichen SAR ADCs mit redundanter Suche berichtet, trotzdem findet man in der Literatur bisher keine analytische Berechnung der erforderlichen Einschwingzeit

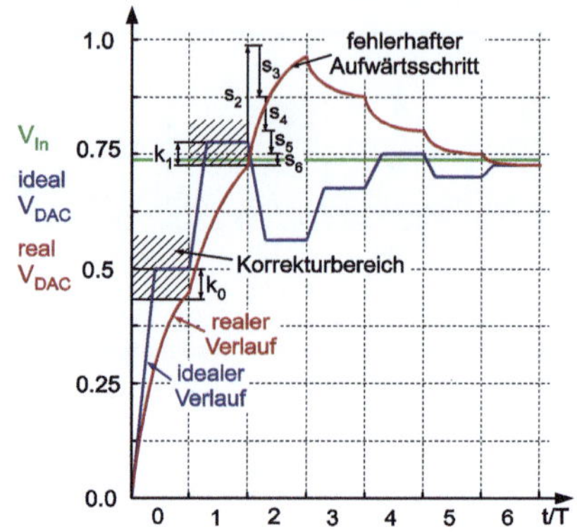

Abbildung 7.7: Darstellung des Korrekturbereichs einer Wandlung mit redundantem Suchbaum

einer redundanten Suche. Von S.-H. Cho werden in [Cho10] verschiedene Architekturen verglichen, allerdings basieren die Ergebnisse ausschließlich auf Verhaltenssimulationen. In [Oga08] und [Cha13b] wird zwar ebenfalls ein Korrektur- bzw. Toleranzbereich definiert, für die Einschwingzeit findet man jedoch nur Simulationsergebnisse für eine konkrete Auflösung und feste Schrittweiten.

Für eine Eingangsspannung innerhalb des Korrekturbereiches um die ideale V_{DAC} kann das richtige Endergebnis unabhängig von der aktuellen Komparatorentscheidung erreicht werden. Liegt die Spannung außerhalb, ist jedoch eine korrekte Entscheidung erforderlich, da die Überlappung der nachfolgenden Schritte nicht groß genug wäre um einen Schritt in die falsche Richtung zu korrigieren. Damit ist beim Einschwingen ein Restfehler in der Größe des Korrekturbereiches zulässig. Die mit Gl. 7.2 und 7.3 durchgeführte Berechnung der Einschwingzeit setzt voraus, dass der Einschwingvorgang aus einem statischen Arbeitspunkt beginnt, also die Spannung am Ende des vorherigen Taktes ihren eingeschwungenen Zustand erreicht hat. Diese Annahme ist für die binäre Suche zulässig bzw. für eine fehlerfreie Wandlung sogar notwendig. Während der redundanten Suche tritt jedoch unvollständiges Einschwingen auch in aufeinanderfolgenden Takten prinzipbedingt auf. Zusätzlich zum aktuellen Schritt s_i muss im schlimmsten Fall noch der vorherige Restfehler mit der maximalen Größe des Korrekturbereiches k_{i-1} überwunden werden, wie am Spannungsverlauf in Abbildung 7.7 illustriert. Zur exakten Berechnung müssen die Einschwingvorgänge zwei aufeinanderfolgender Takte überlagert werden. Äquivalent zu Gl. 7.3 ergibt dies im ersten Wandlungstakt ohne vorherigem Restfehler eine Einschwingzeit

$$t_{\mathrm{set}}(i=0) = \tau \cdot \ln\left(\frac{s_0}{k_1}\right) = \tau \cdot \ln\left(\frac{s_0}{s_0 \cdot \frac{2q^2-q-q^m}{1-q} + 1}\right) \tag{7.13}$$

und in den darauf folgenden Takten mit Berücksichtigung des vorherigen Restfehlers:

$$\begin{aligned} t_{\mathrm{set}}(i>0) &= \tau \cdot \ln\left(\frac{s_i + k_{i-1}}{k_i}\right) = \tau \cdot \ln\left(\frac{s_0 \cdot \left(q^i + \frac{2q^{i+1}-q^i-q^m}{1-q}\right) + 1}{s_0 \cdot \frac{2q^{i+2}-q^{i+1}-q^m}{1-q} + 1}\right) \\ &= \tau \cdot \ln\left(\frac{q^{i+1} - q^m - q + 1}{2q^{i+2} - q^{i+1} - q^m - q + \frac{1}{s_0}}\right). \end{aligned} \tag{7.14}$$

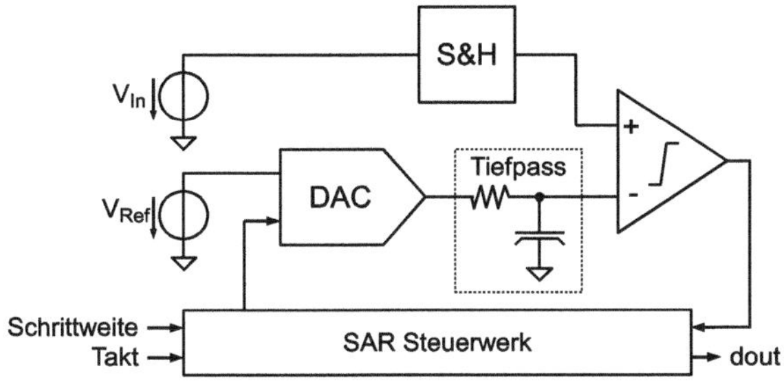

Abbildung 7.8: SAR ADC-Modell zur Untersuchung des dynamischen Verhaltens

Mit den Bedingungen $m \gg 1$ und $s(0) \gg 1$, gilt folgende Näherung für den ersten Wandlungstakt

$$t_{\text{set0}} \approx \tau \cdot \ln\left(\frac{1-q}{2q^2-q}\right) \tag{7.15}$$

und mit $i < m$ gilt für die darauf folgenden Takte näherungsweise:

$$t_{\text{set}} \approx \tau \cdot \ln\left(\frac{1}{2q-1}\right) . \tag{7.16}$$

Im Gegensatz zur binären Suche ist die Einschwingzeit unabhängig von der Auflösung und in jedem Wandlungstakt näherungsweise gleich groß, da Schrittweite und Korrekturbereich im festen Verhältnis zueinander stehen. Damit kann die Auflösung eines SAR ADCs mit redundanter Suche ohne Anpassung der Taktfrequenz allein durch Ändern der Taktanzahl skaliert werden.

In Abbildung 7.6 sind die aus den dargestellten Schrittweiten resultierenden Einschwingzeiten für jeden Takt einer 10 bit-Wandlung aufgezeigt. Für die letzten Wandlungstakte mit einem Korrekturbereich $k_i < 0.5$ wurde äquivalent zur binären Suche ein Restfehler von 0.5 LSB angesetzt.

Mit einem einfachen Verhaltensmodell aus idealem Komparator und DAC mit kontinuierlichem Tiefpassverhalten 1. Ordnung wurde das dynamische Verhalten unter verschiedenen Bedingungen simuliert (siehe Abbildung 7.8). Der maximale INL Fehler in Abhängigkeit von der Periodendauer wurde für Auflösungen von 8 bis 12 bit ermittelt. Eine Gegenüberstellung der Simulationsergebnisse der herkömmlichen binären Suche und einer redundanten Suche mit q=0.535 befindet sich in Abbildung 7.9. Der Vergleich der erforderlichen Einschwingzeit zeigt das enorme Steigerungspotential der redundanten Suche. Dabei ist zu beachten, dass der maximale Fehler der redundanten Suche bei Unterschreiten der erforderlichen Einschwingzeit sehr schnell ansteigt. Nach Gl. 7.16 erhält man für eine redundante Suche mit q=0.535, in guter Übereinstimmung zu den Simulationsergebnissen, eine Einschwingzeit von 2.7τ. Abweichungen zur Rechnung kommen hauptsächlich durch die erforderliche Rundung der Schrittweite auf ganzzahlige Werte zustande, welche sich besonders in den letzten Wandlungstakten auswirkt.

Die Wandlungszeit bei konstanter Periodendauer (synchrone Steuerung) ergibt sich nach Gl. 7.5 aus der Anzahl an Wandlungstakten m, der maximalen Einschwingzeit und der für die digitale Logik in jedem Takt erforderlichen konstanten Verzögerungszeit t_{L}

$$t_{\text{conv}} = m \cdot (t_{\text{set}} + t_{\text{L}}) \approx -\frac{N}{\log_2 q} \cdot \left[t_{\text{L}} + \tau \cdot \ln\left(\frac{1}{2q-1}\right)\right] . \tag{7.17}$$

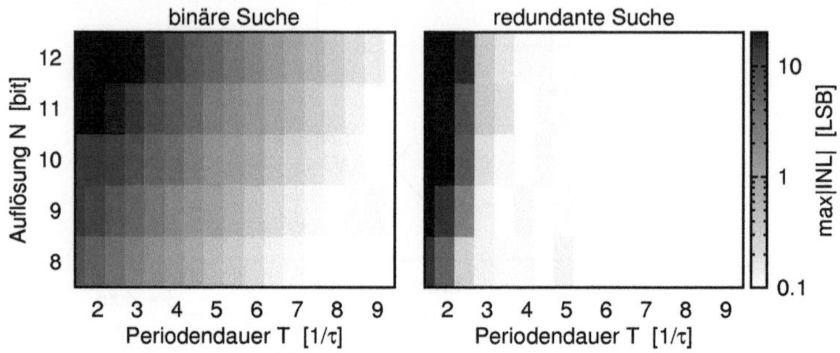

Abbildung 7.9: Maximaler INL Fehler in Abhängigkeit von der Auflösung und Periodendauer einer binären und einer redundanten Suche.

Im Gegensatz zur binären Suche steigt die Wandlungszeit nur linear mit der Auflösung an, da die Einschwingzeit pro Takt konstant ist. Mit kleinerem Skalierungsfaktor q sinkt die Einschwingzeit pro Takt, gleichzeitig steigt jedoch die Anzahl an Takten und damit der Anteil von t_L stetig an. Deshalb wird im Folgenden untersucht, für welchen Faktor q eine minimale Einschwingzeit erreicht wird, falls ein Optimum existiert. Mittels Ketten- und Produktregel erhält man die Ableitung von Gl. 7.17

$$\frac{\partial t_\mathrm{conv}}{\partial q} = \frac{N}{(\ln q)^2 \cdot \ln 2 \cdot q} \cdot \left[t_\mathrm{L} + \tau \cdot \ln\left(\frac{1}{2q-1}\right)\right] + \frac{2N\tau}{\ln q \cdot \ln 2 \cdot (2q-1)}. \tag{7.18}$$

Anschließendes Nullsetzen und Lösen von

$$0 = \frac{\frac{t_L}{\tau} + \ln\left(\frac{1}{2q-1}\right)}{\ln q \cdot q} + \frac{2}{2q-1} \tag{7.19}$$

führt zum gesuchtem Minimum oder Maximum. Durch die Kombination von Logarithmen und linearen Anteilen kann keine symbolische Lösung angegeben werden. Erkennbar ist jedoch, dass das Optimum unabhängig von der Auflösung N ist. Abbildung 7.10 zeigt die Anzahl an Wandlungstakten in Abhängigkeit von q und die Wandlungszeit für verschiedene Verhältnisse zwischen Zeitkonstante τ und Verzögerungszeit der Steuerlogik t_L am Beispiel einer Wandlung mit 8 bit und 12 bit Auflösung. Wie erwartet zeigen beide Diagramme qualitativ identische Verläufe. Nur für Verzögerungszeiten in der Größenordnung der Zeitkonstante existiert ein Optimum hinsichtlich der Wandlungszeit. Wird die Periodendauer durch die Einschwingzeit dominiert, lässt sich theoretisch die Wandlungszeit mittels Wahl von q beliebig optimieren. Die dabei stetig ansteigende Anzahl an Wandlungstakten bringt jedoch erhebliche Nachteile mit sich. Bei höherer Taktanzahl muss schon für die gleiche Wandlungsrate eine höhere Taktfrequenz bereitgestellt werden, wodurch gleichzeitig die dynamische Verlustleistung und die Sensitivität für Periodenjitter und Störungen durch die Versorgungsspannung erheblich ansteigen. Auch die erforderliche Rundung der Schrittweiten auf ganzzahlige Werte führt zu einer weiteren Einschränkung. Der größte praktische Nutzen liegt im Bereich von $q{=}0.53$ bis 0.55 bei lediglich ein oder zwei zusätzlichen Takten.

Die Wahl der Schrittweite muss nicht grundsätzlich anhand eines festen Faktors q geschehen. Es sind verschiedene Modifikationen des Suchbaumes denkbar. Da nach Gl. 7.15 die Einschwingzeit t_0 im ersten Wandlungstakt kleiner als in den nachfolgenden Takte ist, kann die Schrittweite s_1 und damit k_0

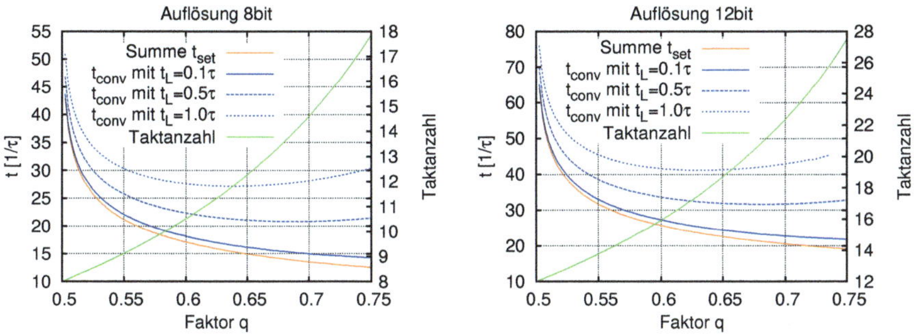

Abbildung 7.10: Wandlungszeit und Taktanzahl einer Wandlung mit redundantem Suchalgorithmus

verkleinert werden. Zusätzlich zur Optimierung der Einschwingzeit ist es möglich, die Schrittweiten so anzupassen, dass

$$\sum_{i=0}^{m-1} s_i = 2^N - 1$$

gilt und damit eine Bereichsüberschreitung vermieden wird. Dies bietet deutliche Vorteile bei der praktischen Implementierung, da keine Begrenzung der digitalen Berechnung vorgenommen werden muss bzw. der Wertebereich durch ein herkömmliches Kondensator-Array abgedeckt wird. Mit den Schrittweiten s=[512, 237, 128, 68, 36, 20, 11, 6, 3, 2, 1] ist dies zum Beispiel gegeben. Die erreichbare Wandlungszeit ist dabei vergleichbar zu den Schrittweiten s=[512, 274, 147, 78, 42, 22, 12, 6, 3, 2, 1] basierend auf q=0.535. Ein Suchbaum mit konstantem Korrekturbereich wird in [Oga08] vorgestellt und als verallgemeinerte redundante Suche bezeichnet. Ein Vorteil dieser Variante ist bei der hier durchgeführten Analyse nicht zu erkennen.

7.3.4 Auswirkung auf das Komparatorrauschen

Im folgenden Abschnitt wird untersucht, wie sich eine redundante Suche auf das Rauschen des Komparators während der Wandlung auswirkt. Dazu wird angenommen, dass die effektive Rauschspannung des Komparators in der Größe von V_{LSB} liegt. Bei der binären Suche existieren pro Wandlung nur zwei kritische Takte mit sehr kleiner Komparatoreingangsspannung. Dies ist immer im letzten Takt und einem beliebigen vorherigen der Fall. Nur in diesen beiden Takten hat das zufällige Rauschen einen Einfluss auf die Komparatorentscheidung und damit auch auf das Wandlungsergebnis. Bei einer redundanter Suche tritt, je nach Eingangsspannung, in mehreren Takten die Möglichkeit auf, die Komparatorentscheidung durch Rauschen zufällig zu verändern. Jedoch können diese Fehlentscheidungen zum Teil später korrigiert werden. Deshalb kann man vermuten, dass die Auswirkung des Rauschens bei einer redundanten Suche geringer ausfällt.

Um dies zu überprüfen, wurde mit einem Verhaltensmodell eines 10 bit-Wandlers eine einfache statistische Analyse durchgeführt. Dazu durchlief die Eingangsspannung eine Rampe mit 4k Werten und jeweils 1k Wiederholungen. Die Offsetspannung des Komparators wurde jeden Takt entsprechend einer Normalverteilung mit der Standardabweichung $\sigma(V_{\mathrm{Noise}})$ variiert, bei ansonsten fehlerfreiem Verhalten. Erfasst wurde die Häufigkeitsverteilung der Ausgabewerte sowie Mittelwert und Standardabweichung bei gleicher Eingangsspannung.

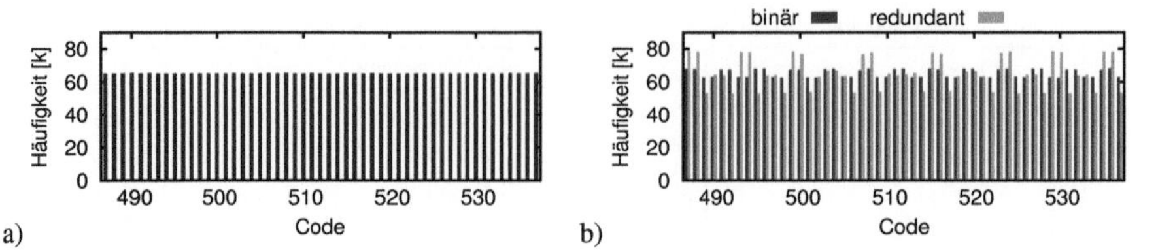

Abbildung 7.11: Häufigkeitsverteilung der Codes bei Wandlung mit a) niedrigem Rauschen $\sigma(V_{\mathrm{Noise}})$=0.1 LSB und b) starken Rauschen $\sigma(V_{\mathrm{Noise}})$=1.2 LSB

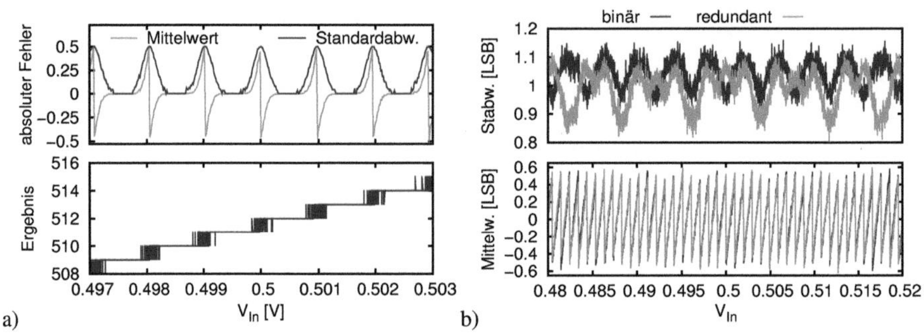

Abbildung 7.12: a) Ausschnitt der Kennlinie und absoluter Fehler bei geringem Rauschen und b) Mittelwert und Standardabweichung des absoluten Fehlers bei starkem Rauschen

Bei geringem Rauschen mit $\sigma(V_{\mathrm{Noise}})<1\,\mathrm{LSB}$ liegt bei beiden Verfahren über die gesamte Kennlinie eine Gleichverteilung der Wandlungsergebnisse vor, wie in Abbildung 7.11a ausschnittsweise dargestellt. Einen Ausschnitt der Kennlinie mit zugehörigem Verlauf von Mittelwert und Standardabweichung zeigt Abbildung 7.12a. Nur für Eingangsspannungen dicht an einer Diskretisierungsschwelle bewirkt das Rauschen eine Variation des Ergebnisses. Bei Eingangsspannungen knapp unterhalb eines Übergangspunktes wird irrtümlich ein zu hohes Ergebnis erzielt und für Spannungen oberhalb eines Übergangspunktes umgekehrt. Das sich dabei ergebende Muster wiederholt sich über die gesamte Kennlinie und ist für beide Verfahren identisch. Es existieren keine Punkte die eine stärkere Empfindlichkeit oder einen systematischen Fehler zeigen.

Bei starkem Rauschen mit $\sigma(V_{\mathrm{Noise}})>1\,\mathrm{LSB}$ liegt keine Gleichverteilung der Wandlungsergebnisse mehr vor. Abbildungen 7.11b und 7.12b zeigen die Simulationsergebnisse für $\sigma(V_{\mathrm{Noise}})>1.2\,\mathrm{LSB}$. Die redundante Suche bewirkt in diesem Fall eine Häufigkeitsverteilung mit Unterschieden von rund ±20% und einem variierenden Muster. Die binäre Suche zeigt ein festes Muster und verhält sich mit einer Variation von ±5% erheblich gleichförmiger. Die Unterschiede in der Häufigkeitsverteilung hängen von den verwendeten Schrittweiten ab und nehmen mit der Intensität des Rauschens zu. Ursache für dieses Verhalten ist in der unterschiedlichen Anzahl an Pfaden durch den Suchbaum begründet. Diese ungleiche Verteilung des Ausgangscodes hat eine direkte Auswirkung auf die Messung der Kennlinie beim Sinus- oder Rampenhistogrammtest. Eine redundante Suche mit starkem Rauschen äußert sich bei diesem Messverfahren in Form von DNL-Fehlern.

Betrachtet man die Standardabweichung aller Ausgangscodes der Kennlinie $\sigma(\mathrm{result})$ in Abhängigkeit der Rauschintensität, entsteht der in Abbildung 7.13 dargestellte Verlauf. Für die binäre Suche ergibt sich ein nahezu linearer Zusammenhang wobei $\sigma(\mathrm{result})$ geringfügig kleiner als $\sigma(V_{\mathrm{Noise}})$ aus-

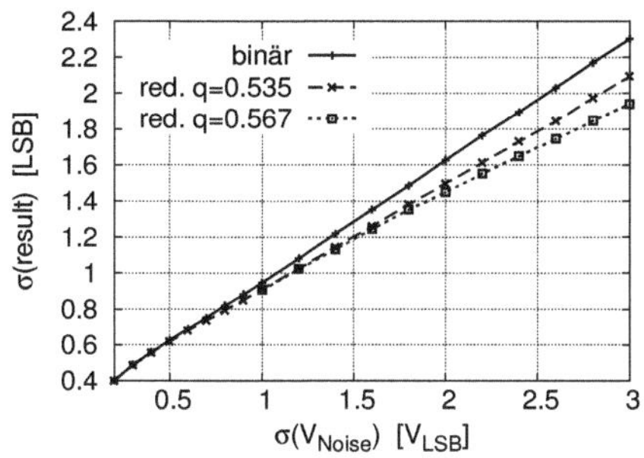

Abbildung 7.13: Variation des Wandlungsergebnisses durch Rauschen der Komparatorschwelle

fällt, da für viele Eingangsspannungen das Rauschen unterhalb des Quantisierungsfehlers liegt und damit keine Auswirkung hat. Erst für $\sigma(V_{\text{Noise}})$>1 LSB ist durch eine redundante Suche eine geringe Abnahme erkennbar. Eine Reduktion des Rauschens um wenigstens 15% wird erst bei $\sigma(V_{\text{Noise}})=$ 3 LSB erreicht, und damit in einem Bereich, wo das Rauschen das Wandlungsergebnis vollkommen dominiert und eine derartig geringe Verbesserung nutzlos ist.

Bei der Untersuchung des Rauschverhaltens bleiben zwei offene Fragen:

- Warum hat die redundante Suche bei niedrigem Rauschen kaum eine Wirkung? Durch die Korrektur von frühzeitigen Fehlentscheidungen ist eine gewisse Reduktion der Wahrscheinlichkeit von großen Fehlern zu erwarten, kann jedoch nicht beobachtet werden.
- Bisher wurde die Rauschspannung einzelner Takte als stochastisch unabhängig modelliert. Wie verändert sich das Verhalten, wenn das Rauschen Frequenzanteile besitzt, die dafür sorgen, dass die Rauschspannung aufeinander folgender Takte korreliert ist?

Ohne weitere Designmaßnahmen bewirkt eine redundante Suche keine praktisch relevante Reduktion des thermischen Rauschens, sondern kann sogar zu einer Verschlechterung der Ergebnisse bei Histogrammtests führen. Da sich die Empfindlichkeit für das Komparatorrauschen auf die letzten Wandlungstakte konzentriert, ist es jedoch möglich das Design auf diesen Aspekt zu optimieren. In [Kan09] wurden zwei unterschiedliche Komparatoren für die ersten und die letzten Wandlungstakte genutzt um die erforderliche Einschwingzeit und das Rauschverhalten zu minimieren. Auf diese Weise kann das Rauschen im Verhältnis zur Stromaufnahme optimiert werden, indem nur für die kritischen letzten Takte ein rauscharmer aber stromintensiver Komparator verwendet wird. Unterschiedliche Offsetspannungen der beiden Komparatoren können durch die redundante Suche ausgeglichen werden. Ein Verfahren zur Unterdrückung des Rauschens durch Mittelwertbildung wird im Kapitel 12 vorgestellt.

7.4 Implementierung eines redundanten Suchbaumes

Es existieren zwei grundsätzlich verschiedene Ansätze eine redundante Suche zu implementieren. Der erste Ansatz baut die nicht binäre Skalierung der Schrittweite direkt in die Wichtung des kapazitiven DAC ein [Liu11, Che11, Cha10]. Abbildung 7.14a zeigt den Suchbaum einer 5 bit-Wandlung in sechs Schritten eines single-ended CDAC mit einer Wichtung der Kondensatoren C_i=$[12, 8, 5, 3, 2, 1]$. Diese wurde so gewählt, dass die Summe der Anzahl an Einheitskapazitäten 31 ergibt und der DAC damit den gewöhnlichen Wertebereich von 0 bis $2^N - 1$ abdeckt. Der resultierende Suchbaum ist durch die unterschiedliche Schrittweite für Auf- und Abwärtsschritt deutlich unsymmetrisch. Irrtümliche Aufwärtsschritte können unabhängig von der konkreten Wahl der Kapazitätsgrößen nicht korrigiert werden, da die Summe der nachfolgenden Schritte nie negativ werden kann. Durch unvollständiges Einschwingen können jedoch beide Fehlertypen auftreten. Die beschriebene single-ended Architektur mit nicht binärer Wichtung bietet somit keine wirkungsvolle Redundanz.

In einer differenziellen Architektur kann erreicht werden, dass die effektive Größe von Auf- und Abwärtsschritt gleich groß sind, indem die Spannungen in beiden Schaltungszweigen genau den entgegengesetzten Weg durch den Suchbaum wählen. Der resultierende Suchbaum bei gleichen Kapazitätswerten wie im vorherigen Beispiel ist in Abbildung 7.14b dargestellt. Dieser besitzt eine vollständige Symmetrie und Fehlentscheidungen sowohl für Aufwärts- als auch Abwärtsschritte werden im gleichen Umfang korrigiert. Die Endpunkte des Baumes haben einen Abstand von 2, da der erweiterte bipolare Wertebereich von -32 bis 30 mit 32 Stufen abgedeckt wird. Weil die Spannungen beider Zweige nicht exakt invers verlaufen, ändert sich die Gleichtaktspannung am Komparator mit jedem Wandlungstakt um wenige LSB. Sie erreicht jedoch in allen Endpunkten den gleichen Wert. Bei hoher Auflösung ist eine störende Wirkung auf die Offsetspannung des Komparators jedoch nicht ausgeschlossen.

Am Ende der Wandlung ist eine Umrechnung des Ergebnisses in eine binäre Darstellung nötig. Dazu muss die Wichtung der Kondensatoren verknüpft mit dem Steuerwort des DAC summiert werden. Diese umfangreiche Addition ist im Gegensatz zur vollständig digitalen Berechnung des Suchbaumes nur einmal pro Wandlung notwendig und hat keinen Einfluss auf die erreichbare Wandlungsrate. Wesentlicher Vorteil dieser Implementierungsvariante ist die Möglichkeit, die herkömmliche energieeffiziente digitale Steuerung verwenden zu können. Damit ist eine leistungs- und flächensparende Umsetzung nicht auf sub-100nm Technologien beschränkt [Kan09, Liu11].

In [Bae13] wird ein SAR ADC mit 12 bit Auflösung und 88 dB SNR in 0.35 µm CMOS-Technologie mit Dual-Register-Struktur zur Minimierung der Steuerlogik präsentiert. Die redundante Suche wird durch Aufteilung der binär gewichteten Kapazitäten eines herkömmlichen Kondensator-Arrays erreicht, indem abhängig von der Komparatorentscheidung unterschiedlich viele Kapazitäten im nächsten Takt umgeschaltet werden. Die Umrechnung des DAC-Steuerwertes in eine binäre Darstellung geschieht ausschließlich durch eine Addition. Eine ähnliche Architektur wird auch von S.-H. Cho entwickelt [Cho10], dabei werden einzelne Wandlungsschritte genutzt um Fehlentscheidungen zu korrigieren. Am Ende der Wandlung ist lediglich eine Addition zur Fehlerkorrektur nötig (engl. addition only digital error correction, ADEC). Mit 12 Wandlungsschritten wird bei einer Auflösung von 10 bit die Wandlungszeit im Vergleich zur binären Suche um 37% verkürzt. Mit der hier vorgestellten Variante, basierend auf einem festen Skalierungsfaktor, wird bei gleicher Taktanzahl eine Verkürzung der Wandlungsdauer um 70% erreicht.

In [Cha10] wird eine single-ended Kondensatoranordnung mit redundantem Suchbaum vorgestellt. Zwei identische nicht binär gewichtete Kondensator-Arrays werden dazu miteinander verbunden. Das eine wird ausschließlich für Aufwärtsschritte und das andere für Abwärtsschritte verwendet. Damit sind beide Schritte gleich groß und ein symmetrischer Korrekturbereich wird erzielt. Der Flächenaufwand ist jedoch mit einer volldifferenziellen Implementierung vergleichbar. Von A. Arian et. al. wird eine vergleichbare single-ended Variante mit symmetrischem Korrekturbereich vorgestellt [Ari12].

Eine nicht binäre oder sogar nicht ganzzahlige Wichtung der Kondensatoren erhöht die Layoutkomplexität und erschwert den Einsatz einer zentralsymmetrischen (common-centroide) Layoutanordnung [Bae13]. Auch die Anwendung einer teilweise thermometerkodierten Architektur ist nicht möglich. Die damit einhergehende Verschlechterung des Matchings muss durch zusätzliche Kalibrieralgorithmen kompensiert werden [Liu11]. Das in Kapitel 9 vorgestellte Kalibrierverfahren basiert auf einer binären Wichtung und kann hier nicht angewandt werden.

Die andere Variante für die Umsetzung einer redundanten Suche berechnet den Suchbaum in der digitalen Steuerung. Dies führt zu einer größeren Flexibilität, aber auf Kosten einer höheren Komplexität und Leistungsaufnahme. In [Kut02, Hes07] ist die Schrittweite in einer LUT kodiert und ein Addierer und ein Subtrahierer, angeordnet in mehreren Pipe-Line-Stufen, berechnen den Steuerwert des DAC. Dieses Verfahren ist vollkommen unabhängig von der konkreten Realisierung des DAC und sowohl mit einem herkömmlichen binär gewichteten als auch mit einem thermometerkodierten DAC kombinierbar. Damit kann auf bewährte Layoutstrukturen und Kalibrierverfahren zurückgegriffen werden. Der digitale Ansatz ermöglicht es weiterhin, den Skalierungsfaktor abhängig von der geforderten Wandlungsrate zu konfigurieren. Als wesentlicher Nachteil wird oft eine Reduzierung der Wandlungsrate durch Verzögerungszeiten bei der Berechnung des Steuerwortes angeführt [Cha10]. Wie im Abschnitt 10.1.1 dargelegt, kann die digitale Steuerung jedoch so aufgebaut werden, dass keine zu-

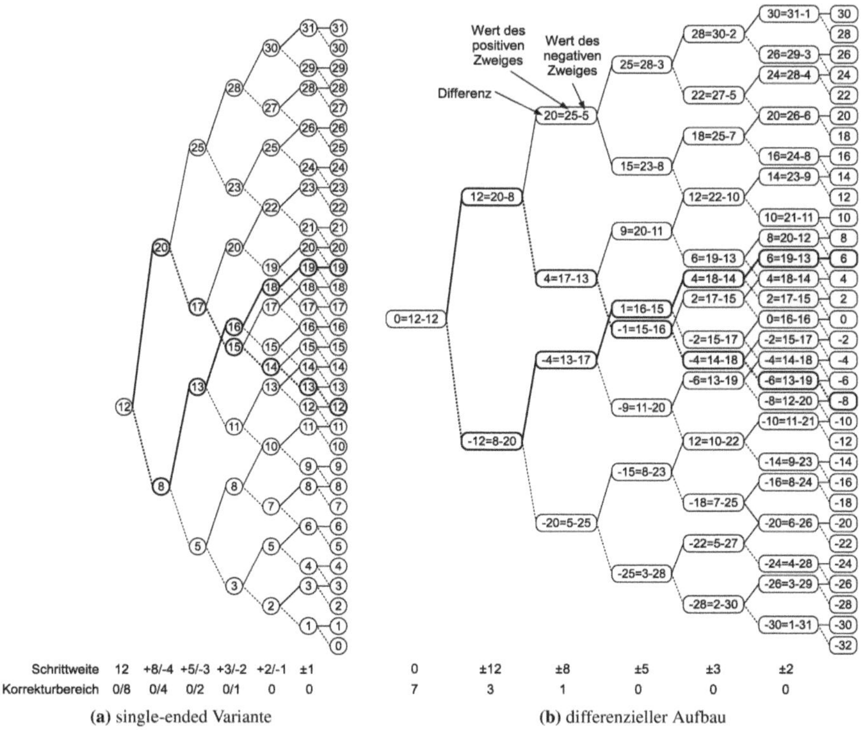

(**a**) single-ended Variante (**b**) differenzieller Aufbau

Abbildung 7.14: Redundanter Suchbaum eines SAR-ADCs mit kapazitiven DAC bei nicht-binärer Wichtung C_i=[12, 8, 5, 3, 2, 1] der Kondensatoren

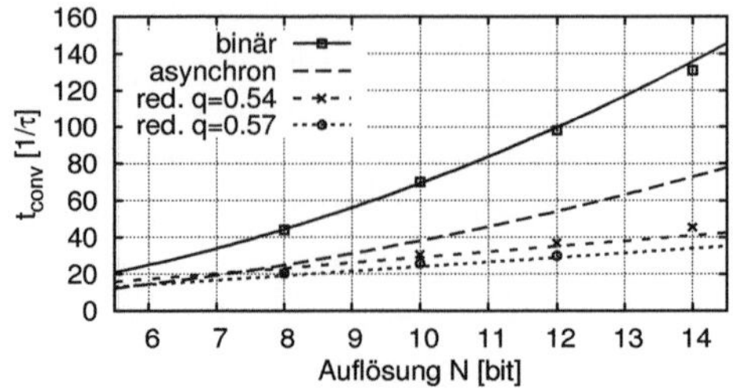

Abbildung 7.15: Darstellung der Wandlungszeit in Abhängigkeit von der Auflösung. Durchgezogene Linien zeigen die berechneten und Kästchen markieren die simulierten Werte.

sätzlichen Verzögerungszeiten in die kritische Schleife eingefügt werden, solange die Laufzeit eines N-bit-Addierers unterhalb der analogen Einschwingzeit liegt. Dieser Ansatz profitiert maßgeblich von der Technologieskalierung und ist hervorragend für sub-100nm Technologien geeignet. In Kapitel 10 und 11 werden zwei praktische Implementierungen basierend auf der digitalen Berechnung des redundanten Suchbaumes detailliert vorgestellt.

7.5 Vergleich der vorgestellten Methoden zur Steigerung der Wandlungsrate

In diesem Kapitel erfolgte eine Analyse von verschiedenen Methoden zur Steigerung der Wandlungsrate. Schwerpunkt der Analyse war dabei die mathematische Beschreibung der redundanten Suche. Es wurde ein Korrekturbereich definiert, dessen Größe als Maß für die vorliegende Redundanz dient und die erforderliche Einschwingzeit für jeden Wandlungstakt analytisch bestimmt. Die Betrachtung erfolgte unter der Annahme, dass die Periodendauer durch die Einschwingzeit von DAC und Komparator dominiert werden und die Verzögerungszeiten der Steuerlogik vernachlässigt werden können. Dies kann zumindest für Auflösungen von mehr als 8 bit vorausgesetzt werden. Es wurde gezeigt, dass die redundante Suche mit konstantem Skalierungsfaktor q eine große Geschwindigkeitssteigerung ermöglicht. Anhand von Simulationsergebnissen wurde die Gültigkeit der mathematischen Modellierung überprüft und zusätzlich die Auswirkung des Suchalgorithmus auf das Rauschverhalten untersucht.

Abbildung 7.15 zeigt die Wandlungszeit in Abhängigkeit von der Auflösung zum Vergleich der vorgestellten Methoden zur Geschwindigkeitssteigerung. Im Gegensatz zu allen anderen betrachteten Methoden besitzt die redundante Suche keinen quadratischen sondern nur einen linearen Zusammenhang zwischen Wandlungszeit und Auflösung. Dadurch wird, besonders bei hohen Auflösungen, die stärkste Verkürzung der Wandlungszeit erzielt. Die erreichbare Geschwindigkeitssteigerung durch eine asynchrone Steuerung fällt dagegen deutlich geringer aus. Die redundante Suche erhöht die Wandlungsrate, indem Einschwingfehler korrigiert werden, verringert jedoch keine statischen Genauigkeitsanforderungen wie Matching und Offsetspannung. Die Anforderung an das thermische Rauschen des Komparators wird in praktisch nicht nutzbarem Maße reduziert.

Teil II

Schaltungsimplementierung

Im zweitem Teil dieser Arbeit werden fünf entwickelte und gefertigte SAR ADCs in einem jeweils separaten Kapitel vorgestellt. Bei jedem ADC steht ein anderer Aspekt bzw. eine besondere Eigenschaft oder Neuheit im Vordergrund. Diese reichen vom Vorgehen der praktischen Dimensionierung, der Anwendung eines Selbstkalibrierverfahrens über dem Einsatz eines redundanten Suchbaumes bis zur Rauschunterdrückung und Fensterfunktion. Es wurden drei verschiedene CMOS-Technologien mit Strukturweiten von 0.35 µm, 0.18 µm und 28 nm verwendet. Allein dadurch ergeben sich vollkommen unterschiedliche Problemstellungen, die jeweils andere Schaltungstechniken erfordern, um die technologiespezifischen Möglichen bestmöglich zu nutzen.

Die ersten beiden ADCs sind als Auftragsarbeit in Kooperationsprojekten mit ZMDI entstanden. Da sie für den Einsatz in kommerziellen Produkten vorgesehen sind, zeichnen sie sich durch eine hohe Robustheit aus. Durch Messungen im Produktionstest sind Ergebnisse einer großen Anzahl an Bauelementen verfügbar. Bei den Arbeiten in 28 nm CMOS steht der innovative Charakter stärker im Vordergrund, da diese ADCs zum Teil als reine Prototypen im Rahmen von Testchips des Lehrstuhls hergestellt wurden. Die Anzahl an verfügbaren Bauelementen ist dabei jedoch begrenzt. Trotz des Prototypcharakters sind diese ADCs in SoCs mit vielfältigem Inhalt, zumindest physisch, eingebettet und müssen sich Beschränkungen hinsichtlich Pinanzahl, ESD-Schutz, Taktgenerierung und digitaler Schnittstelle unterwerfen. Dadurch geben die gewonnen Messwerte das Verhalten einer praxistauglichen Implementierung in einer realistischen Umgebung wieder. Bei der praktischen Implementierung wurden die vorgestellten Modellierungsverfahren und Dimensionierungsvorschriften angewandt und die Ergebnisse der Architekturanalyse einbezogen. Messergebnisse ermöglichen die Beurteilung der theoretischen Ergebnisse und den Vergleich mit anderen Arbeiten.

Design-Flow

Die in dieser Arbeit entwickelten ADCs stellen komplexe Mixed-Signal-Schaltungen dar, deren Entwurf die Nutzung vielfältiger Werkzeuge zur Entwurfsautomatisierung elektronischer Systeme (EDA) erfordert. Alle hier vorgestellten Designs lassen sich grundsätzlich in einen Digital- und einen Analogteil trennen. Dabei enthält der Analogteil oft umfangreiche digitale Schaltungskomponenten, die jedoch auf Transistorlevel entworfen, optimiert und mit Hilfe von analoger Schaltungssimulation verifiziert werden. Damit erfahren diese digitalen Schaltungen die gleiche Behandlung, wie es der Entwurf von Verstärkern oder Komparatoren erfordert.

Ausgehend von der Auswahl der Architektur werden die Schaltpläne der analogen Komponenten und nachfolgend das Layout erstellt. Eine aussagekräftige Simulation, besonders des kapazitiven DACs und Komparators, ist nur anhand des extrahierten Layouts möglich und zieht oft eine mehrmalige Anpassung des Layouts nach sich. Ein hierarchischer Aufbau der Schaltungen ermöglicht es, eine Kombination von Modell, Transistorlevel-Schaltung oder Layoutnetzliste einzelner Komponenten zu simulieren und erleichtert die Wiederverwendung. Auch die Layoutumsetzung erfolgt hierarchisch, wobei die optimale Gliederung oft vom Schaltplan abweicht. Symmetrische Strukturen werden im Layout durch die gespiegelte Platzierung einer Zelle erzeugt, die in dieser Form im Schaltplan keine

Entsprechung hat. Zum Beispiel existiert für die Verstärkerstufen im Komparator eine Layoutzelle, die eine Hälfte der Differenzstufe und Widerstandslast enthält. Auf diese Weise sind kleine Anpassungen mit minimalem Aufwand möglich und eine vollkommene Symmetrie ist auch nach Änderungen automatisch sichergestellt.

Zur Implementierung des Digitalteils eines ADCs wird der Standard Designflow von der RTL-Beschreibung mittels Verilog, Synthese, automatisierter Layouterstellung und Timinganalyse bis zur Netzlistensimulation durchlaufen. Für die Systemsimulation werden VerilogAMS Modelle von DAC und Komparator verwendet. Für den Digitalteil wird kein Modell erstellt, sondern durchgängig die RTL Beschreibung verwendet. Besondere Beachtung erfordern die zeitkritischen Signalübergänge zwischen digitalem Steuerwerk und Analogteil.

Die Simulation des gesamten Wandlers ist nur für einzelne Kennlinienpunkte mit vertretbarer Rechenzeit möglich. Diese Arbeit entwickelt und stellt eine Verifikationsstrategie vor, die mit minimalem Aufwand die Grundfunktion des ADCs sicherzustellen und wesentliche Kenngrößen ermittelt. Trotzdem erfordert die Verifikation einer so komplexen Mixed-Signal-Schaltung typischerweise einen Arbeitsaufwand von mehreren Monaten. Der erfolgreiche Entwurf eines hochauflösenden ADCs endet jedoch nicht beim Layout des Wandlers, sondern reicht bis zur Einbettung in den IC. Selbst bei der Fertigung der Prototypen ohne interne analoge Interaktion hat sich gezeigt, dass die Auswahl der IO-Zellen, der verwendete ESD-Schutz und die Verdrahtung und Schirmung der Anschlussleistungen einen enormen Effekt auf die erzielbare Auflösung haben.

8 Entwurf eines 12 bit SAR ADC in 180 nm CMOS-Technologie

Dieses Kapitel beschreibt die Entwicklung eines SAR ADC als wiederverwendbare Hardware-IP (Intellectual Property). Um eine gute Portierbarkeit zu gewährleisten, soll der ADC vollständig gekapselt sein, über eine interne Generierung der Bias-Ströme und Spannungen verfügen und eine einfache synchrone digitale Schnittstelle besitzen. Lediglich die Referenzspannung wird außerhalb des ADCs erzeugt. Der ADC muss zum Messen von differenziellen Signalen geeignet sein. Für einen störungsfreien Betrieb in einem komplexen Mixed-Signal-System wird eine separate Versorgungsspannung für Digital- und Analogteil bereitgestellt. Das Blockschaltbild des ADCs ist in Abbildung 8.1 dargestellt.

Ausgehend von einer am Gesamtsystem abgeleiteten Spezifikation des ADCs mit 12 bit Auflösung und 1 MS/s Abtastrate wird eine Dimensionierung der einzelnen Komponenten durchgeführt. Dabei werden Ergebnisse aus der Systemmodellierung und Architekturanalyse einbezogen und praktische Fragen bei der Layoutumsetzung erläutert. Die Auswertung von Messergebnissen ermöglicht die Beurteilung der Entwurfsmethodik unter dem Gesichtspunkt einer konkreten Anwendung. Das gesamte Kapitel kann somit als Praxisbeispiel für den Entwurf eines robusten SAR ADCs angesehen werden.

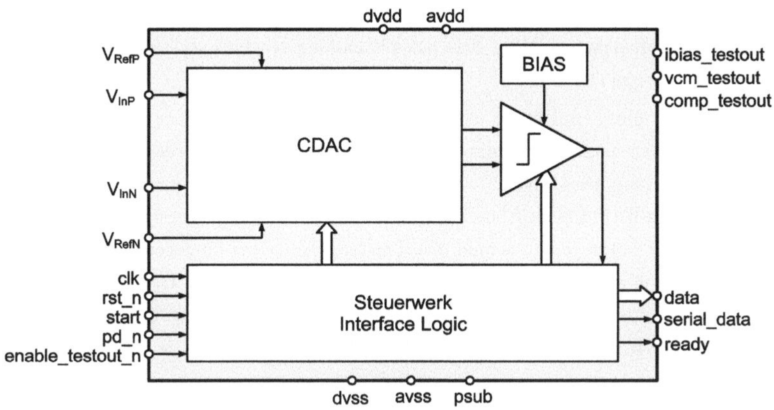

Abbildung 8.1: Blockschaltbild des 12 bit-ADCs

8.1 Anwendungssystem und Spezifikation

Der ADC wird in einem Power-Management IC von ZMDI eingesetzt. Der IC übernimmt die intelligente digitale Steuerung eines DC-DC Schaltreglers und beinhaltet ein komplexes System aus vielfältigen digitalen und Mixed-Signal-Komponenten, wie Mikroprozessor, Programmspeicher, PLL und PWM-Generator, Bandgap-Referenzspannungs- und Biasstromgeneratoren, Linear-Regler zum Erzeugen von 3.3 V und 1.8 V Versorgungsspannungen und weitere ADCs und DACs. Die Leistungstransistoren des Schaltwandlers zum Schalten der Ströme von mehr als 5 A sind nicht im IC enthalten.

Der zu entwerfende SAR ADC dient zur Überwachung von verschiedenen Signalen, z.B. des Spulenstromes, der Ausgangsspannung eines Temperatursensors oder eines Sollwert-DAC sowie zum Messen der Spannung an externen Trimm-Widerständen. Der Spulenstrom des externen LC-Filters

Parameter	Symbol	min.	typ.	max.	Einheit
Auflösung	N		12		bit
Integrale Nichtlinearität	INL	-1	±0.8	+1	LSB
Differenzielle Nichtlinearität	DNL	-1	±0.5	1	LSB
Offset Fehler	O_E	-5	±2	+5	LSB
Verstärkungsfehler	G_E	-5	±2	+5	LSB
Abtastrate	f_S		1		MS/s
Taktfrequenz	f_{Clk}		16		MHz
Referenzspannung	V_{Ref}		1.45		V
Versorgungsspannung	V_{DD}	1.62	1.8	1.98	V
Temperaturbereich	T	-40		125	°C

Tabelle 8.1: Vorgegebene Spezifikation des ADCs

wird nach einer Tiefpassfilterung mit einem SC-Verstärker in eine differenzielle Spannung umgewandelt. Der Eingang des ADCs wird entweder zyklisch oder nur während der initialen Kalibrierung des ICs mit diesen Signalquellen verbunden. Dabei wird sowohl die Messung von bipolaren differenziellen als auch unipolaren single-ended Eingangssignalen verlangt. Der ADC muss deshalb mit einem weiten Gleichtaktspannungsbereich des Eingangssignals arbeiten. Bei dem zyklischen Wechsel verschiedener Signalquellen ist es wichtig, dass jedes Wandlungsergebnis vollkommen unabhängig vom vorherigen Eingangssignal ist.

Der ADC arbeitet in einer Umgebung, die eine hohe Robustheit gegenüber Störungen durch andere Baublöcke, z.B. PLL und Treiberstufen der Leistungstransistoren erfordert. Gleichzeitig toleriert das System eine Störung der mehrfach verwendeten Referenzspannung durch den ADC nur eingeschränkt. Deshalb ist beim Entwurf besonders auf eine robuste Schaltungstopologie und eine gute Isolierung gegenüber Störungen zu achten. Die Leistungsaufnahme hingegen ist im Rahmen dieser Anwendung nicht von primärer Bedeutung, da die Energieeffizienz des Gesamtsystems durch die Treiberstufen der Leistungstransistoren bestimmt wird. Der Entwurf erfolgt in einer 180 nm CMOS-Technologie von TSMC mit vier Metallebenen, MIM-Kondensatoren und der Prozessoption für tiefe n-Wannen.

Die von ZMDI vorgegebene Spezifikation des ADCs ist in Tabelle 8.1 zusammengefasst. Diese ist auf eine hohe DC-Genauigkeit ausgerichtet, da die Hauptanwendung des ADC die Überwachung und Kalibrierung anderer Funktionsgruppen darstellt. Ausgehend von dieser Spezifikation wird die Dimensionierung einzelner Komponenten des ADCs in den folgenden Abschnitten beispielhaft hergeleitet.

8.2 Auswahl einer geeigneten Architektur

Die Fähigkeit differenzielle Signale zu erfassen und die erforderliche Robustheit gegenüber Störungen, verlangen zwingend eine volldifferenzielle Architektur. Um eine hohe DC-Genauigkeit zu erreichen, ist es wichtig, dass die Gleichtaktspannung am Komparatoreingang unabhängig vom Eingangssignal des ADCs bei einer festen Spannung liegt. Die Analyse in Abschnitt 6.2.3 zeigt, dass die BPS-CM-Architektur in Abbildung 8.2 diese Anforderungen am besten erfüllt. Mit einer SBW-Konfiguration wird das Kondensator-Array in zwei binär gewichtete gleichgroße 6 bit-Arrays aufgeteilt und damit eine minimale Anzahl an Einheitskondensatoren erzielt. Die Kondensatoren werden vor

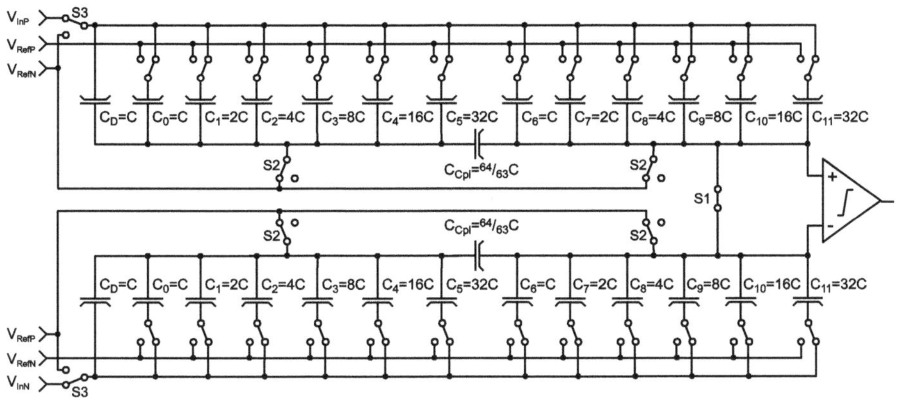

Figure 8.2: Schaltplan des volldifferenziellen kapazitiven DAC

jeder Wandlung mit den Schaltern S2 vollständig entladen. Dieser Rücksetzvorgang erfüllt folgende Aufgaben:

- Abtastvorganges wird eine Interferenz aufeinanderfolgender Eingangssignale effektiv unterdrückt
- die abgetastete Signalspannung teilt sich gleich auf positiven und negativen Zweig des Kondensator-Arrays auf
- die Gleichtaktspannung des Komparators liegt während der Wandlung, unabhängig vom Eingangssignal, immer bei halber Referenzspannung
- eine Wirkung der Gleichtaktspannung auf das Wandlungsergebnis wird verhindert

8.3 Wandlungsablauf und digitales Steuerwerk

Abbildung 8.3 zeigt das Taktdiagramm mit der Stellung der Schalter während einer Wandlung. Der Abtastvorgang startet taktsynchron durch das Start-Signal. Bleibt dieses länger als 3 Takte auf high-Pegel wird der Abtastvorgang um weitere Takte verlängert. Dadurch ist es der Ansteuerung des ADCs möglich, die Abtastdauer direkt einzustellen. Das Rücksetzen des Kondensator-Arrays erfolgt beim Durchlaufen des IDLE-Zustandes. Dies kostet zwar einen zusätzlichen Takt, allerdings überwiegen die Vorteile hinsichtlich der erreichbaren Genauigkeit deutlich den Nachteil einer reduzierten Abtastrate. Der Zustandsgraph des Automaten ist in Abbildung 8.4 dargestellt. Das Wandlungsergebnis wird als paralleles Datenwort am Ende der Wandlung bereitgestellt oder alternativ als serieller Datenstrom während der Wandlung ausgegeben.

Mittels der Hardware-Beschreibungssprache Verilog wurde eine RTL (Register Transfer Level) Beschreibung des Steuerwerkes erstellt und anschließend in eine Gatternetzliste überführt. Das Layout wurde ebenfalls automatisch generiert und in das per Hand erstellte Gesamtlayout des ADCs eingebettet (siehe Abschnitt 8.6). Da es sich um ein vollständig synchrones Design handelt, konnte durchgängig auf den Standard-Designflow zur Implementierung von digitalen Schaltungen zurückgegriffen werden.

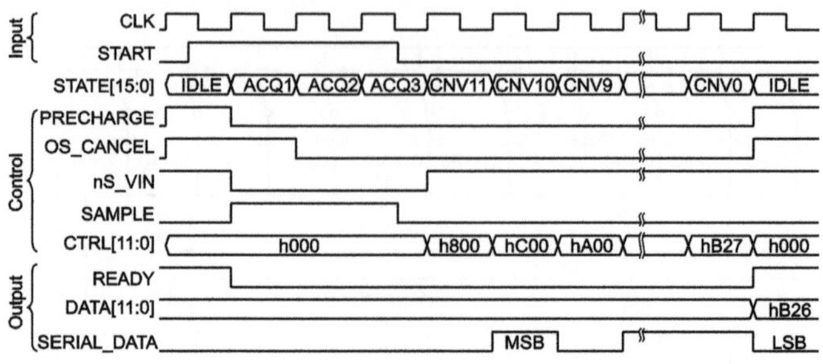

Abbildung 8.3: Taktdiagramm einer Wandlung mit minimaler Abtastdauer

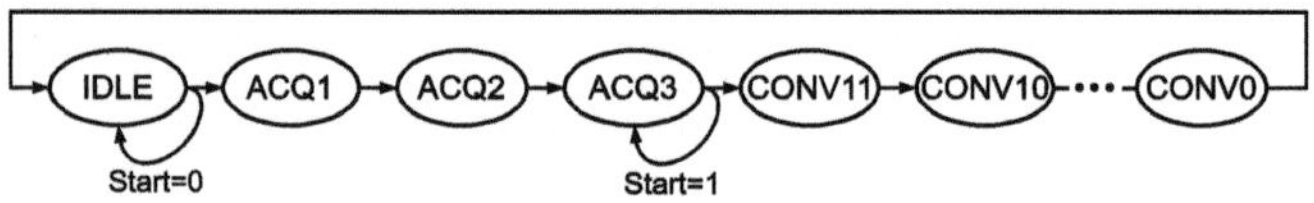

Figure 8.4: Zustandsgraph des Steuerwerkes (Bezeichnungen ACQ steht für Abtastvorgang und CONV für Wandlung)

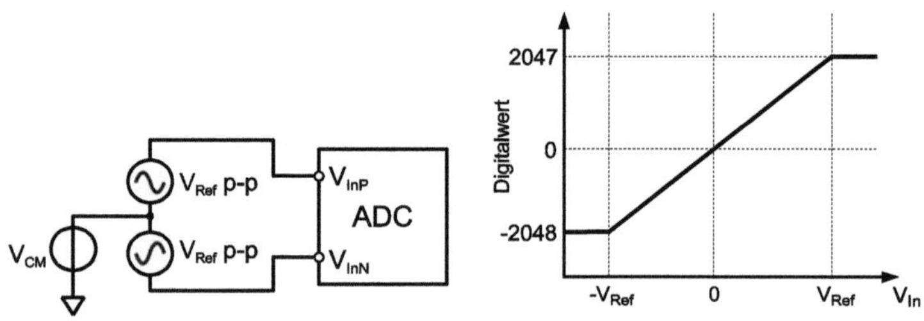

Figure 8.5: Volldifferenzielle bipolare Eingangskonfiguration und resultierende Kennlinie

8.4 Verfügbare Eingangskonfigurationen und zugehörige Kennlinien

Der ADC besitzt eine vollständig differenzielle Architektur und arbeitet intern immer im differenziellen bipolarem Betrieb. Dies reduziert die Anzahl an Schaltern und deren Steuerlogik gegenüber der Architektur im Kapitel 9 auf ein Minimum. Die Amplitude des Eingangssignals ergibt sich aus der Differenz der Spannungen an den Eingangspins V_{InP} und V_{InN}. Die Gleichtaktspannung V_{CM} am Eingang entspricht dem Mittelwert beider Eingangssignale $V_{\mathrm{CM}} = \frac{1}{2}(V_{\mathrm{InP}} + V_{\mathrm{InN}})$.

In der bipolaren Eingangskonfiguration werden beide Eingänge gleichzeitig mit Signalen der Amplitude $\frac{1}{2}V_{\mathrm{Ref}}$ aber entgegengesetzter Phase angesteuert. Das Differenzsignal reicht dabei von $-V_{\mathrm{Ref}}$ bis $+V_{\mathrm{Ref}}$. Diese Konfiguration und die zugehörige Kennlinie zeigt Abbildung 8.5.

Bei der Messung von unsymmetrischen Signalen wird der negative Eingang des ADCs mit der Masse der Signalquelle verbunden. Damit entsteht die Konfiguration in Abbildung 8.6 mit einer unipolaren Kennlinie und dem Eingangsspannungsbereich von 0 V bis V_{Ref}. Die Auflösung beträgt dabei nur 11 bit, da der ADC selbst keinen unipolaren Betriebsmodus besitzt und intern nur der positive Teil der bipolaren Kennlinie genutzt wird. Dieser Betriebsmodus stellt für einen volldifferenziellen ADC eine größere Herausforderung dar als der symmetrische bipolare Betrieb, da sich die Gleichtaktspannung abhängig von der positiven Eingangsspannung in einem weiten Bereich ändert.

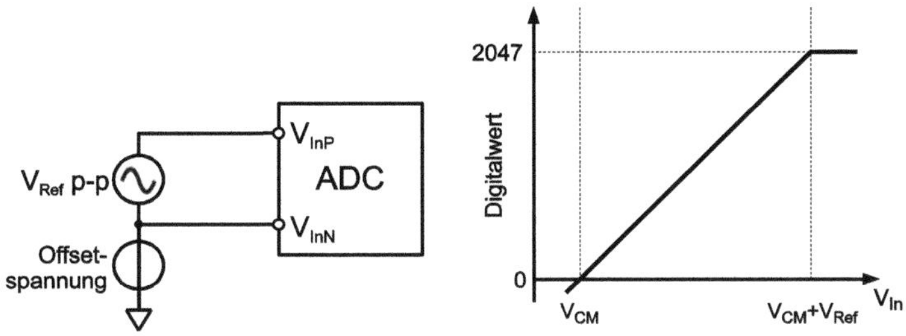

Figure 8.6: Pseudo-differenzielle unipolare Eingangskonfiguration und resultierende Kennlinie

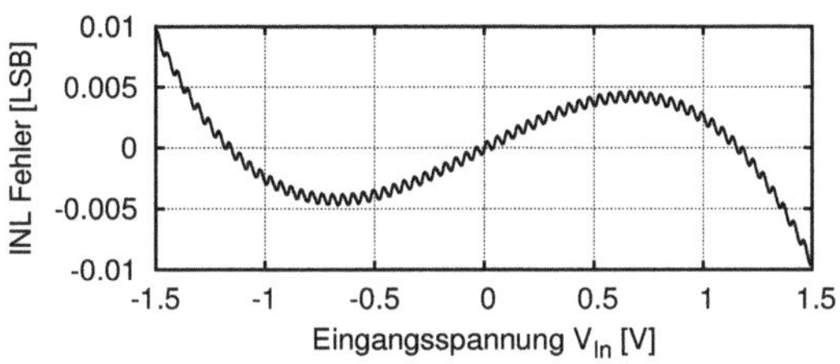

Figure 8.7: INL-Fehler hervorgerufen durch die Spannungsabhängigkeit der MIM-Kondensatoren

8.5 Schaltungsdimensionierung

Aufgrund seiner einfach strukturierten Architektur soll der ADC als Beispiel für die Dimensionierung der Kondensatoren und Schalter dienen. Dabei werden sowohl analytische Dimensionierungsvorschriften aufgestellt als auch Ergebnisse der Systemmodellierung einbezogen.

Die 180 nm Technologie von TSMC bietet MIM-Kondensatoren mit einem Kapazitätsbelag c_A von 1 fF/µm² und einem Matching-Faktor A_C von 2.55 %µm. Mit dem Systemmodell aus Kapitel 4 wurde die Linearität der ADC-Kennlinie mit den Spannungskoeffizienten der MIM-Kondensatoren untersucht. Die unabhängig von der konkreten Größe der Kapazitäten entstehende Krümmung ist in Abbildung 8.7 für ein symmetrisches differenzielles Eingangssignal dargestellt. Der INL-Fehler liegt weit unterhalb des Quantisierungsfehlers, so dass der Einfluss der Spannungsabhängigkeit vernachlässigt werden kann und die MIM-Kondensatoren grundsätzlich für die angestrebte Auflösung geeignet sind.

8.5.1 Größe der Einheitskapazität

Das Kondensator-Array nimmt typischerweise den größten Teil der Fläche eines SAR ADCs ein. Deshalb soll mit dessen Dimensionierung begonnen werden. Vier unabhängige Kriterien stellen eine Anforderung an die Mindestgröße der Einheitskapazität:

- Rauschen des ohmschen Widerstandes der Abtastschalter
- während der Wandlung fließende Leckströme der Schalter
- Mismatch der Kondensatoren
- Ladungsinjektion des Abtastschalters

Dabei kann der Einfluss von Rauschen und Mismatch unabhängig von anderen Schaltungskomponenten bestimmt werden und bietet damit einen idealen Startpunkt für die Dimensionierung. Main- und Sub-DAC werden aus gleich großen Kondensatoren aufgebaut. Der differenzielle kapazitive DAC besteht aus vier 6 bit binär gewichteten Teilen, dies ergibt eine Gesamtkapazität von

$$C_{\text{total}} = 256 \cdot C_0 \,. \tag{8.1}$$

Rauschen im Abtastvorgang Die wirksame Eingangskapazität der differenziellen series-split Architektur ergibt sich aus der Reihenschaltung von positivem und negativem Zweig, wobei jeweils nur die 64 Einheitskondensatoren des Main-DAC am Abtastvorgang beteiligt sind. Die Eingangskapazität beträgt

$$C_{\text{In}} = \frac{1}{\frac{1}{64C_0} + \frac{1}{64C_0}} = 32C_0 \,. \tag{8.2}$$

Um das Rauschen im eingeschwungenen Zustand des Abtastvorganges zu ermitteln, werden alle beteiligten Serienwiderstände zusammengefasst, so dass ein Tiefpass 1. Ordnung entsteht. Das Rauschen von MOS-Transistoren im linearen Arbeitsbereich entspricht dem Rauschen eines ohmschen Widerstandes mit der Größe $R = r_{\text{DS}}$. Das Rauschleistungsdichtespektrum beträgt

$$S_{\text{R}}(w) = 2kTR \tag{8.3}$$

mit der Boltzmannkonstante k und der absoluten Temperatur T. Der Tiefpass 1. Ordnung besitzt die komplexe Übertragungsfunktion

$$G(jw) = \frac{1}{1 + jwRC_{\text{In}}} \,. \tag{8.4}$$

Das Leistungsdichtespektrum der Spannung über der Abtastkapazität berechnet sich mit der Vorschrift

$$S_{\text{C}}(w) = S_{\text{R}}(w) \cdot |G(jw)|^2 \,. \tag{8.5}$$

Mittels konjugiert komplexer Erweiterung erhält man den Betrag der Übertragungsfunktion

$$|G(jw)| = \frac{1}{\sqrt{1 + (wRC_{\text{In}})^2}} \tag{8.6}$$

und Einsetzen in Gl. 8.5 ergibt ein Rauschleistungsdichtespektrum der Kondensatorspannung von

$$S_{\text{C}}(w) = \frac{4kTR}{1 + (wRC_{\text{In}})^2} \,. \tag{8.7}$$

Den Mittelwert des Schwankungsquadrates $\overline{v_C^2}$ der Kondensatorspannung erhält man durch Integration der Rauschleistungsdichte über den gesamten Kreisfrequenzbereich

$$\overline{v_C^2} = \frac{1}{2\pi} \int_{-\infty}^{\infty} S(w) dw = \frac{1}{2\pi} \int_{-\infty}^{\infty} \frac{4kTR}{1 + (wRC_{\text{In}})^2} dw = \frac{kT}{C_{\text{In}}} \,. \tag{8.8}$$

Dabei wird das Integral mittels Substitution von $\arctan(w)$ gelöst. Die effektive Rauschspannung am Ausgang des Tiefpasses ist dabei unabhängig von der Größe des Widerstandes, da bei einem größeren Widerstand sich zwar die Rauschleistung erhöht, gleichzeitig aber die Grenzfrequenz und damit die relevante Bandbreite sinkt. Das Rauschen in der Abtastphase des ADCs wird nur durch die Größe der Kondensatoren bestimmt. Der Widerstand der beteiligten Schalter hat keinen Einfluss. Die effektive Rauschspannung $v_{\mathrm{eff}} = \sqrt{\overline{v_C^2}}$ entspricht der Standardabweichung eines normalverteilten unabhängigen stochastischen Prozesses. Mit der Bedingung

$$2 \cdot v_{\mathrm{eff}} < \frac{1}{2} V_{\mathrm{LSB}} \tag{8.9}$$

wird erreicht, dass die Rauschspannung mit 95% Wahrscheinlichkeit unter $\frac{1}{2}V_{\mathrm{LSB}}$ liegt und damit das Rauschen des Abtastvorgangs nicht das Wandlungsergebnis dominiert. Daraus ergibt sich abhängig von angestrebter Auflösung N und Größe der Referenzspannung V_{Ref} eine Forderung für die Eingangs- bzw. im Abtastvorgang wirksame Kapazität:

$$C_{\mathrm{In}} > \frac{kT}{\left(\frac{1}{4}V_{\mathrm{LSB}}\right)^2} = kT \cdot \left(\frac{2^{N+2}}{V_{\mathrm{Ref}}}\right)^2 = \frac{16kT \cdot 2^{2N}}{V_{\mathrm{Ref}}^2}. \tag{8.10}$$

Durch den quadratischen Einfluss der Referenzspannung und den exponentiellen Anstieg mit der Auflösung wird das Rauschen in sub-100nm Technolgien mit niedriger Versorgungsspannung zu einer dominierenden Größe [Har13, Har14].

Leckströme Leckströme am hochohmigen Knoten des Kondensator-Arrays bewirken eine Änderung der gespeicherten Ladung und damit des Wandlungsergebnisses. Nur die Schalter S1 und S2 sind an den beiden während der Wandlung hochohmigen Knoten angeschlossen (siehe Abbildung 8.2), dadurch kann nur deren Leckstrom die gespeicherte Ladung verändern. Da Leckströme von MOS-Transistoren stark spannungsabhängig sind und sich die Spannungen im positiven und negativen Zweig voneinander unterscheiden, wird auch durch eine differenzielle Architektur keine Kompensation von Leckströmen erreicht. Mit der zulässigen Spannungsänderung ΔV kann eine Grenze für den tolerierbaren Leckstrom abgeschätzt werden

$$I_{\mathrm{leak}} < \frac{\Delta V \cdot 64 C_0}{t_{\mathrm{conv}}} = \frac{\Delta V \cdot 64 C_0 \cdot f_{\mathrm{clk}}}{N}. \tag{8.11}$$

Leckströme können in dieser 180 nm Technologie als relativ klein angenommen werden. Deshalb soll deren Untersuchung vorerst zurückgestellt und lediglich an der fertigen Dimensionierung der Schalter abgeschätzt werden, ob eventuell eine Anpassung kritischer Transistoren nötig ist.

Mismatch der Kondensatoren Unter der Annahme, dass keine systematischen Abweichungen der Kapazitäten untereinander vorliegen, wurde mit dem Systemmodell durch Monte-Carlo-Simulation eine geeignete Größe der Einheitskapazität so bestimmt, dass $3\sigma(INL) < 1$ LSB gilt. Eine Fläche von ≈140 µm² pro Einheitskondensator führt zu dem in Abbildung 8.8 dargestellten zufriedenstellenden Simulationsergebnis. Die analytische Berechnung mit Gl. 5.51 ergibt bei identischer Fläche eine zum Systemmodell vergleichbare Standardabweichung des maximalen INL-Fehlers von 0.27 LSB. Für eine optimale Symmetrie und minimale Randeffekte wird eine quadratische Form des Einheitskondensators mit $W = L = 12\mu\mathrm{m}$ gewählt. Dies ergibt eine Einheitskapazität C_0 von 160 fF und mit Gl. 8.2 eine resultierende Eingangskapazität C_{In} von 5.1 pF.

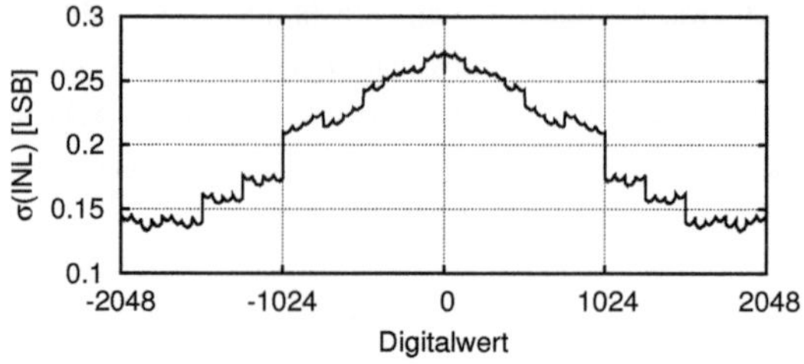

Abbildung 8.8: Standardabweichung des INL-Fehlers hervorgerufen durch zufälliges Mismatch (Monte-Carlo-Simulation mit 500 Durchläufen)

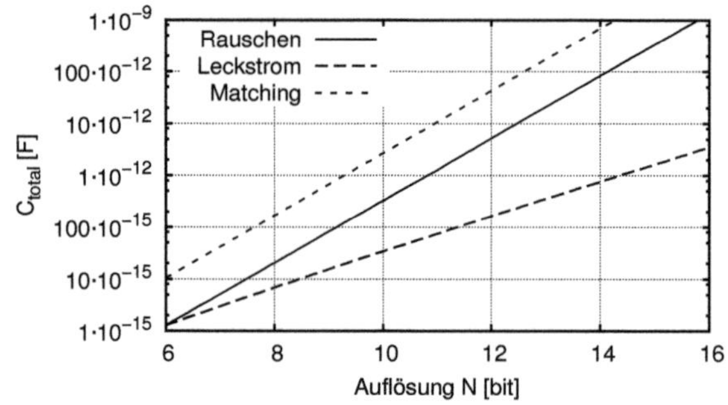

Abbildung 8.9: Gegenüberstellung der erforderlichen Gesamtkapazität bei einer Dimensionierung hinsichtlich Rauschen, Leckstrom und Mismatch für jeweils ½ LSB Fehler. (V_{Ref}=1.5 V, T=125°C, I_{leak}=10 pA, f_{clk}=16 MHz, A_C=2.55 %µm und c_A=1 fF/µm²)

Vergleich der Anforderungen Abbildung 8.9 zeigt die Abhängigkeit der flächenbestimmenden Gesamtkapazität von der angestrebten Auflösung hinsichtlich Rauschen, Mismatch und Leckstrom. Dabei wurde die hier betrachtete differenzielle series-split Architektur mit der in Tabelle 8.1 angegebenen Spezifikation zugrunde gelegt und alle drei Größen jeweils einzeln auf ½ LSB Fehler bzw. Standardabweichung ausgelegt. Die dargestellte Gesamtkapazität dient dabei als Maß zur Bewertung der erforderlichen Fläche. Es zeigt sich deutlich, dass die für ausreichendes Matching erforderliche Kapazität bei 12 bit Auflösung weit über der Forderung durch das thermische Rauschen der Abtastschalter liegt. Der Einfluss von Leckströmen ist bei der relativ hohen Abtastrate gering.

8.5.2 Dimensionierung der Schalter

Neben dem Kondensator-Array bilden die Schalter an den Top- und Bottom-Plates einen wichtigen Bestandteil des DAC. So bestimmt deren Widerstand die Einschwingzeit während des Abtastvorganges und der Wandlung und damit maßgeblich die erzielbare Abtastrate. Nachfolgend erfolgt die Dimensionierung hinsichtlich Serienwiderstand, Ladungsinjektion und Leckstrom.

Wie in Abbildung 8.10a dargestellt, besteht der Signalpfad während des Abtastvorganges aus der Reihenschaltung mehrerer Widerstandsanteile:

- Umschalter S3 zwischen $V_{\mathrm{RefP/N}}$ und $V_{\mathrm{InP/N}}$
- Parallelschaltung der Bottom-Plate-Schalter jeweils im positiven und negativen Zweig
- Schalter S1 zwischen den beiden Top-Plates am Komparatoreingang

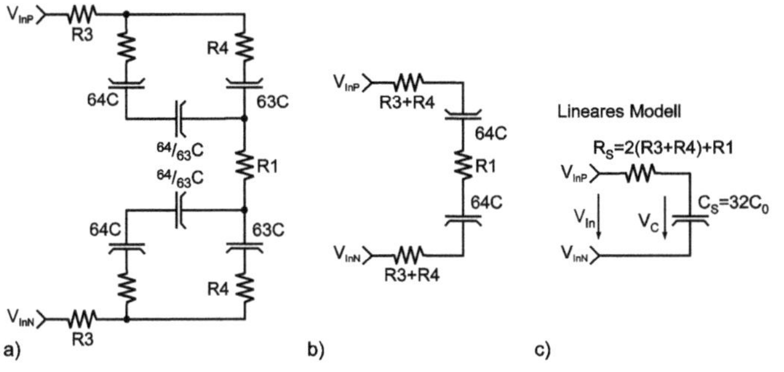

Abbildung 8.10: a) Schaltplan der im Abtastpfad enthaltenen Elemente und b) bzw. c) zusammengefasste Ersatzschaltung, die Bezeichnung der Widerstände richtet sich nach der Nummerierung der Schalter

- vorgeschaltete Multiplexer
- Ausgangswiderstand der Signalquelle

Zulässiger Serienwiderstand Durch Zusammenfassen von Schaltern, die sich im gleichen Arbeitspunkt befinden und Vereinfachen des Kondensatornetzwerkes kann der Abtastpfad auf eine Reihenschaltung aus drei Widerständen und zwei Kondensatoren reduziert werden, siehe Abbildung 8.10b. Aufgrund des bipolaren Eingangsspannungs- und großen Gleichtaktspannungsbereich kann der Arbeitspunkt dieser Schalter im gesamten Bereich zwischen Masse und V_{DD} liegen. Durch das Rücksetzen der Spannung auf dem Kondensator-Array startet der Abtastvorgang immer mit $V_C(t{=}0){=}0$. Zur Abschätzung der Einschwingzeit stehen zwei Möglichkeiten zur Verfügung:

- Berechnung basierend auf Differenzialgleichungen mit Berücksichtigung der Transistorkennlinie oder
- einfache Berechnung mittels R_{On} des eingeschwungenen Zustandes.

Man kann zeigen, dass die Abweichung zwischen beiden Berechnungsmethoden für $t \gg \tau$ gering ausfällt. Deshalb wird im Folgenden ein lineares Modell der Schalter im eingeschwungenen Zustand verwendet. Mit dem vereinfachten Ersatzschaltbild in Abbildung 8.10c und der Annahme eines konstanten Serienwiderstandes R_S erfolgt ein exponentieller Einschwingvorgang mit dem Spannungsverlauf

$$V_C(t) = V_{In} \cdot \left(1 - e^{-\frac{t}{\tau}}\right)$$

und der Zeitkonstante $\tau{=}R_S C_{In}$. Die maximale Eingangsspannung beträgt $\max|V_{In}|{=}V_{Ref}$. Mit der Genauigkeitsanforderung

$$|V_C(t_S) - V_{In}| < \frac{1}{4} V_{LSB}$$

ergibt sich bei maximaler Eingangsspannung und vorgegebener Abtastzeit t_S ein zulässiger Serienwiderstand

$$R_S = \frac{t_S}{C_S \cdot \ln\left(2^{N+2}\right)} = \frac{t_S}{C_S \cdot (N+2) \cdot \ln(2)}.$$

Die kürzeste Abtastzeit entspricht drei Systemtakten und beträgt $t_S{=}187.5\,\text{ns}$. Mit den konkreten Zahlenwerten ergibt sich ein zulässiger Serienwiderstand von $R_S{=}3.8\,\text{k}\Omega$. Der Ausgangswiderstand der verschiedenen Signalquellen ist nicht genau bekannt. Als Kompromiss werden $2\,\text{k}\Omega$ für Signalquelle und Multiplexer kalkuliert und die verbleibenden $1.8\,\mathrm{k}\Omega$ stehen für die Schalter im ADC zur Verfügung. Signalquellen mit größerem Ausgangswiderstand erfordern eine entsprechend längere Abtastzeit. Bei der Dimensionierung besteht Freiheit hinsichtlich der Aufteilung des zulässigen Serienwiderstandes auf die beteiligten Schalter. Schalter deren Ladungsinjektion oder Leckstrom kritisch sind, müssen eine möglichst kleine Größe besitzen und bekommen deshalb einen großen Teil des Serienwiderstandes zugewiesen.

Ladungsinjektion Beim Übergang eines Schalttransistors vom leitenden in den nichtleitenden Zustand fließt die im Kanal gespeicherte Ladung Q_{inj} ab. Abhängig von den Impedanzverhältnissen an Drain und Source teilt sich diese Ladung auf beide Anschlüsse auf [Hae05]. Ein weiterer Ladungsanteil kommt durch die Gate-Drain- und Gate-Source-Überlappungskapazitäten zustande. Bei Transfer-Gates tritt je nach Arbeitspunkt und Dimensionierung eine Kompensation der vom NMOS- und PMOS-Transistor injizierten Ladung auf.

Die differenzielle Architektur mit Bottom-Plate-Sampling ist sehr robust gegenüber Ladungsinjektion der Schalter. Auswirkung auf das Wandlungsergebnis hat allein der Abtastschalter S1, da dessen injizierte Ladung direkt die im Kondensator-Array gespeicherte Ladung beeinflusst. Da durch die differenzielle Architektur an Drain und Source von S1 identische Impedanzverhältnisse vorliegen (zumindest hinsichtlich der Kapazität), erfolgt idealerweise eine Aufteilung der Ladung Q_{inj} in gleichgroße Teile und damit keine Änderung des Wandlungsergebnisses. Eine Kompensation mittels Dummy-Schaltern ist in dieser Konfiguration nicht zweckmäßig, da ein Mismatch der Transistoren eine Störung der Symmetrie und letztendlich einen größeren Fehler bewirkt.

Leckströme Auch im nichtleitenden Zustand eines Transistors bei $V_{\mathrm{GS}} \ll V_{\mathrm{th}}$ fließen geringe Ströme, sogenannte Leckströme, die sich aus verschiedenen Komponenten zusammensetzen. Wesentliche Anteile sind der Kanalleckstrom von Drain nach Source, Drain/Source-Bulk Leckströme und der Gate-Leckstrom. Alle Leckströme sind stark abhängig von Spannung, Temperatur, Geometrie und vor allem von der Technologie. Gate-Leckströme sind in der verwendeten Technologie nicht vorhanden und Leckströme der Drain/Source-Bulk-Dioden sind sehr gering. Einzig der Kanalleckstrom liegt bei hohen Temperaturen, je nach Arbeitspunkt, in einer nach Gl. 8.11 relevanten Größenordnung. Der Kanalleckstromes ist in Abbildung 8.11 am Beispiel eines NMOS-Transistors mit minimaler Länge dargestellt. Die NMOS-Transistoren der Schalter S2 befinden sich während der gesamten Wandlung mit $V_{\mathrm{GS}}=0$ und $V_{\mathrm{DS}}>0$ in einem kritischen Arbeitspunkt. Die PMOS-Transistoren von S2 sind mit $V_{\mathrm{GS}}=V_{\mathrm{DD}}-V_{\mathrm{Ref}}$ wesentlich weiter im Sperrbereich und damit unkritisch. Für den NMOS-Transistor von S1 gilt spätestens nach dem ersten Wandlungstakt $V_{\mathrm{GS}}<-\frac{1}{4}V_{\mathrm{Ref}}$, wodurch dessen Leckstrom erheblich kleiner als der von S2 ist. Durch Simulation der relevanten Schalter im kritischen Arbeitspunkt, bei hoher Temperatur und schneller Prozess-Corner (kleine Schwellspannung) wurde die Größe der Leckströme ermittelt.

Der Kanalleckstrom ist proportional und der Schalterwiderstand R_{On} umgekehrt proportional zur Transistorweite. Dadurch kann bei der Dimensionierung der Transistorweite nur ein konstantes Produkt $R_{\mathrm{On}} \cdot I_{\mathrm{leak}} = \mathrm{konst}$ erreicht werden. Eine Steuerung des Leckstromes über die Transistorlänge ist effektiver und teilweise sogar bei gleichzeitigem Ausgleich des R_{On} durch eine Erhöhung der Weite möglich. Eine Zusammenfassung der Dimensionierung des kapazitiven DAC ist in Tabelle 8.2 aufgelistet.

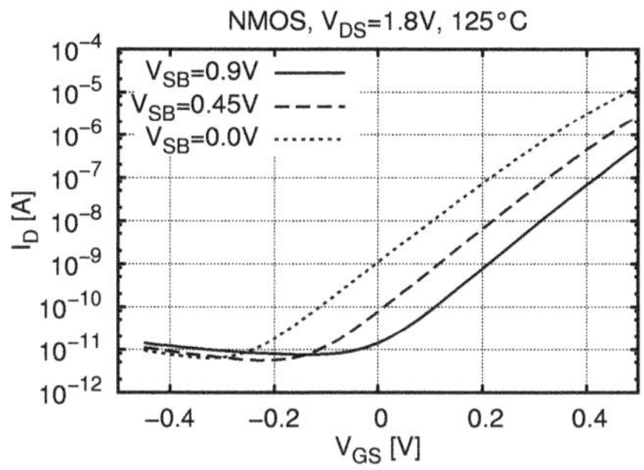

Abbildung 8.11: Leckstrom eines NMOS-Transistors mit W=1.2 µm und L=0.18 µm

Parameter	Beschreibung	Bemerkung	min	typ	max	Einheit
C_{In}	Eingangskapaziät	pos. and neg. Zweig in Reihe = $32 \cdot C_0$		5.1	5.9	pF
C_0	Einheitskapazität	MIM-Kondensator		160	185	fF
W, L	Geometrie Einheitskond.	nur Metalfläche ohne Abstand		12		µm
$\sigma(C_0)$	Standardabweichung			0.15		%
Nc	Anzahl an Kondensatoren	Summe pos. und neg. Zweig		256		
INL	Integrale-Nichtlinearität	Mismatch + Spannungsabhängigkeit		0.5	0.8	LSB
A	Fläche Kondensator-Array	mit 2.2 µm Abstand und Dummy		350×260		µm²
R_S	Serienwiderstand	abhängig von Prozess-Corner und V_{In}	300	450	750	Ω
τ	Zeitkonstante Abtastpfad	bei $V_{\mathrm{In}} = \frac{1}{2} V_{\mathrm{DD}}$ und $R_{\mathrm{Quelle}} = 2\,k\Omega$	11.7	12.5	16.3	ns

Tabelle 8.2: Kenngrößen des CDAC

8.5.3 Entwurf des Komparators

Für einen hochauflösenden SAR ADC mit hoher DC-Genauigkeit ergeben sich folgende Anforderungen an den Komparator:

- hohe Verstärkung um aus einer Eingangsspannung von $\frac{1}{2} V_{\mathrm{LSB}}$ ein Ausgangssignal mit CMOS-Pegel zu erzeugen
- sehr niedrige Offsetspannung ohne Hysterese
- sehr niedrige effektive Rauschspannung kleiner $1 V_{\mathrm{LSB}}$
- schnelles Einschwingen auch nach vorheriger Vollaussteuerung
- eine differenzielle Architektur
- stabiler Arbeitspunkt unabhängig von Prozess-Corner, Temperatur und Versorgungsspannung

Das gleichzeitige Erfüllen dieser Anforderungen verlangt einen optimalen Kompromiss zwischen Geschwindigkeit/Bandbreite und Genauigkeit/Verstärkung unter Berücksichtigung der Verlustleistung und Fläche. Komparatorschaltungen können abhängig von ihrer Funktionsweise in asynchrone und getaktete/synchrone Komparatoren eingeteilt werden. Asynchrone Komparatoren benötigen eine ausreichend hohe DC-Verstärkung, um ein Ausgangssignal mit CMOS-Pegel zu erzeugen. Dies ist nur auf Kosten von Bandbreite und Einschwingzeit möglich. Getaktete Komparatoren erreichen einen

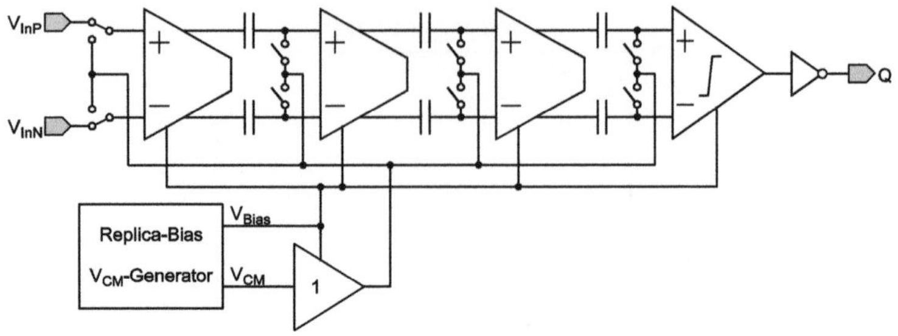

Abbildung 8.12: Schaltplan des vierstufigen Komparators mit Offset-Cancellation

CMOS-Pegel durch eine bi-stabile Kippschaltung (Latch). Durch das Taktsignal getriggert startet der Vergleichsvorgang in einem instabilen Arbeitspunkt, der durch Mitkopplung in sehr kurzer Zeit verlassen wird. Das Vergleichsergebnis eines getakteten Latches steht erst nach der auslösenden Taktflanke zur Verfügung, was die Weiterverarbeitung in einem synchronen Steuerwerk erschwert. Ein Nichterreichen eines gültigen Pegels in vorgegebener Zeit (Metastabilität) kann in beiden Architekturen auftreten.

Die Genauigkeit wird durch das Matching der Transistoren bestimmt und die erzielbare Offsetspannung liegt meist im Bereich von ±5mV. Um über das Matching der Bauelemente hinaus eine niedrigere Offsetspannung zu erreichen, werden Verfahren zur Offset-Cancellation eingesetzt. Die Offsetkompensation eines getakteten Latches kann z.B. durch Steuerung der Bulk-Spannungen des Differenzpaares [Xu10], Justieren der Lastkapazitäten [Che12a, Cha09] oder zusätzlichen Laststromes an den kreuzgekoppelten Knoten erfolgen. Alle drei Varianten erfordern eine digitale Steuerung des Korrekturalgorithmus und zusätzliche Schalter zum Kurzschließen des Eingangs. Um eine Abhängigkeit von Versorgungsspannung und Temperatur zu unterdrücken, muss die Offsetkompensation im Betrieb regelmäßig durchgeführt werden.

Vergleichbare Verfahren können auch bei kontinuierlich arbeitenden Komparatoren eingesetzt werden. Darüber hinaus besteht die Möglichkeit, die Offsetspannung einer Verstärkerstufe auf einer Serienkapazität am Ausgang zu speichern und anschließend während des Vergleichsvorgangs wieder abzuziehen und damit den Offset zu kompensieren. Diese etablierte Variante (Auto-Zero) benötigt keine komplexe digitale Steuerung und der gespeicherte Offset kann während jeder Wandlung aufgefrischt und damit den aktuellen Betriebsbedingungen angepasst werden. Erfolgt die Offsetkompensation vor jeder Wandlung oder in zusätzlich eingefügten Wandlungspausen, wird ein Anteil der Rauschleistung des Komparators ausgelöscht. Die spektrale Rauschleistung unterhalb der Abtastfrequenz wird vergleichbar zur statischen Offsetspannung behandelt, die wirksame Rauschbandbreite verkleinert und die Rauschleistung verringert [Fin96, Enz96]. Eine mathematische Analyse des Rauschverhalten von getakteten Schaltungen allgemein findet man in [Buk05] und eine Betrachtung von Komparatorschaltungen in [Nuz08].

Da ein getaktetes Latch ohne Vorverstärkung und Entkopplung vom CDAC keine ausreichende DC-Genauigkeit bietet und eine einfache synchrone Verarbeitung des Komparatorsignals erfolgen soll, wird ein ungetakteter Komparator mit analoger Offsetkompensation (Auto-Zero) gewählt. Eine ausreichende Bandbreite in Kombination mit einer hohen Verstärkung wird durch eine Reihenschaltung von Verstärkerstufen erzielt. Abbildung 8.12 zeigt den Schaltplan des mehrstufigen Komparators.

8.6 Layoutentwurf

8.6.1 Layout des Kondensator-Arrays

In der verwendeten Technologieoption stehen 4 Metallebenen und MIM-Kondensatoren zwischen Metallebene 3 und 4 zur Verfügung. Die Verdrahtung des Kondensator-Arrays kann mit zwei Metallebenen vollständig unterhalb der Kondensatoren erfolgen, ohne zusätzlichen Zwischenraum vorzusehen. Die quadratische Einheitskapazität ist in Abbildung 8.14 maßstabsgetreu dargestellt. Für eine vollständige Verbindung aller Top-Plates sind sowohl Verbindungen in x- wie auch in y-Richtung nötig. Deshalb wird an allen vier Seiten eine Verbindung zur Top-Plate der benachbarten Kapazität vorgesehen. Die Verbindung der Bottom-Plates mit den Schaltern am Rand des Arrays erfolgt mit Leitungen ausschließlich auf der untersten Metallebene. Alle Kondensatorgruppen C_0 bis C_{11} werden aus parallel geschalteten Einheitskondensatoren aufgebaut.
Für gutes Matching und geringen Einfluss von Gradienten der Prozessparameter ergeben sich an das Layout des Kondensator-Arrays folgende Anforderungen:

- zentralsymmetrische (common-centroid) Anordnung der Einheitskapazitäten
- einheitliche Umgebung aller Einheitselemente
- annähernd quadratische Form des gesamten Kondensator-Arrays

Ein geringer Einfluss von parasitären Elementen verlangt:

- so wenig wie möglich verschiedene Kondensatorgruppen innerhalb einer Spalte, um eine Verbindung zu den Schaltern mit wenigen Leitungen pro Spalte zu erreichen
- binäre Wichtung der Anzahl der Außenkanten pro Kondensatorgruppe
- binäre Wichtung der Länge der Spaltenleitungen pro Kondensatorgruppe

Diese Forderungen sind nicht gleichzeitig erfüllbar, da eine vollständig symmetrische Anordnung deutliche Probleme bei der Verdrahtung nach sich zieht. Main- und Sub-DAC sind in zwei separaten Gruppen angeordnet, da eine zentralsymmerische Anordnung mit gemeinsamen Symmetriepunkt nicht umsetzbar ist ohne der zweiten Gruppe an Anforderungen vollständig zu widersprechen. Eine nebeneinander liegende Anordnung ist akzeptabel, da die Matching-Anforderungen an den Sub-DAC um 2^6 niedriger sind als an den Main-DAC (siehe Abschnitt 5.4). Gradienten der Prozessgrößen wirken sich dadurch zwar auf die Kapazitätswerte im Main- und Sub-DAC unterschiedlich aus, eine optimale Platzierung und Verdrahtung des Main-DAC hat jedoch höhere Priorität. Die von der Einheitsgröße abweichende Koppelkapazität befindet sich in einer separaten Spalte mit angepasster Breite aber zu den restlichen Einheitskondensatoren identischer Umgebung. Der Nominalwert von $\frac{64}{63}C_0$ wird durch die Breite der Spalte festgelegt. Der tatsächlich erforderliche Wert wird entsprechend Gl. *5.49* durch die parasitäre Kapazität der Top-Plate des Sub-DAC beeinflusst. Die optimale Größe wurde iterativ durch Extraktion des Layouts und anschließender Simulation bestimmt. Für die 63 Kondensatoren des Main-DAC wurde eine rechteckige 9×7 Anordnung gewählt. Den Rand des Arrays bilden 1½ Dummy-Kondensatoren um eine einheitliche Umgebung zu gewährleisten. Die Anordnung der Kondensatoren ist in Abbildung 8.14 farblich dargestellt und die Anzahl an Außenkanten und die Leitungslänge aufgelistet. Mit vier Leitungen pro Spalte können alle Kondensatoren mit den zugehörigen Schaltern verbunden werden. Die Anzahl an Außenkanten hat eine höhere Priorität als die

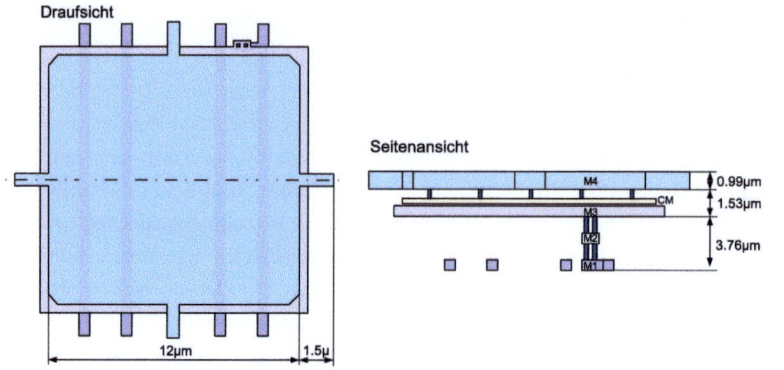

Abbildung 8.13: Layoutstruktur einer Einheitskapazität

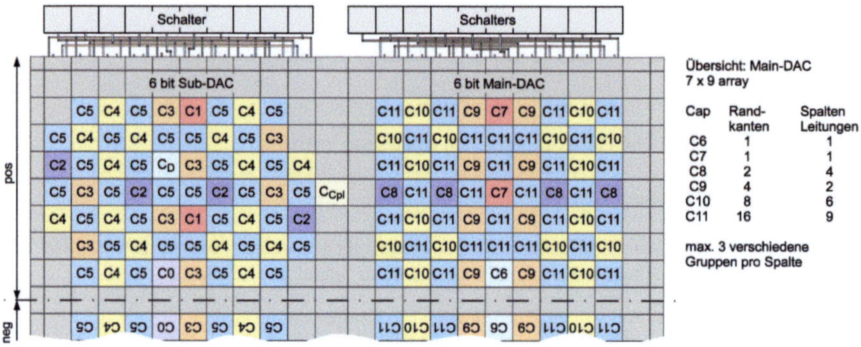

Abbildung 8.14: Anordnung des Kondensator-Arrays

Länge der Leitungen, da die an den Außenkanten fehlende Kopplung zur benachbarten Top-Plate die wirksame Kapazität deutlich verändert. Die Kopplung der Spaltenleitungen zur Top-Plate ist hingegen gering und kann durch Schirmung weiter reduziert werden. Eine symmetrische Anordnung von C_6 und C_7 wurde zugunsten der Wichtung der Anzahl an Außenkanten verletzt.

8.6.2 Layout des ADCs

Abbildung 8.15 zeigt das Layout des gesamten ADCs. Der DAC ist vollständig symmetrisch zur x-Achse angeordnet, lediglich Typ und Größe der Transistoren in den Schaltern sind unterschiedlich. Der Komparator ist ebenfalls vollständig symmetrisch aufgebaut, jedoch mit einer um 90° gedrehten Symmetrieachse, um eine kompakte Anordnung der Baublöcke zu erreichen. Die verbleibende Fläche zwischen Steuerwerk und Komparator wurde mit Stützkondensatoren aufgefüllt. Für eine Isolierung gegenüber Störungen untereinander und durch andere Baublöcke im Chip sind Analog- und Digitalteil jeweils in einer separaten tiefen n-Wanne (deep n-well) platziert. Die Fläche des ADC wird dominiert durch das Kondensator-Array. Das digitale Steuerwerk belegt nur 3% der gesamten Fläche (59µm × 83µm).

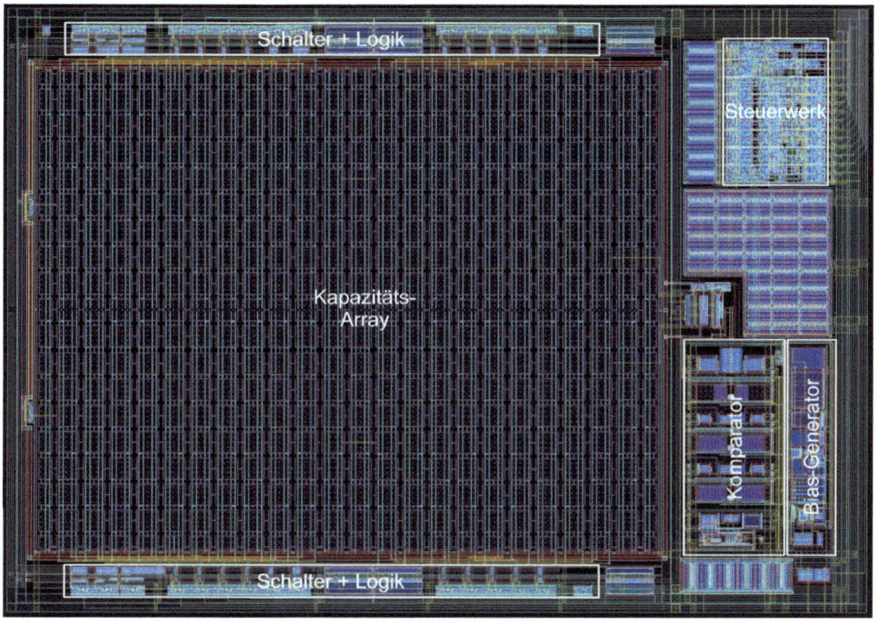

Abbildung 8.15: Layout des ADC mit einer Fläche von 485µm × 345µm

8.7 Simulationsergebnisse

Für eine aussagekräftige Simulation eines SAR ADCs ist das extrahierte Layout mit parasitären Kapazitäten notwendig. Nur damit kann eine systematische Störung der Kapazitätswichtung und eine Kopplung zwischen verschiedenen Signalen erfasst werden. Der Innenwiderstand der Signal- und Referenzquellen muss ebenfalls berücksichtigt werden. Eine Nachbildung der realen Verbindung von Masse und Versorgungsspannung durch Quellwiderstand und Bonddrahtinduktivität führt jedoch zu einem nicht mehr praxistauglichem Anstieg der Simulationsdauer und ist nur an ausgewählten Testszenarien zweckmäßig. Alle in diesem Abschnitt dargestellen Ergebnisse basieren auf der Mixed-Signal-Simulation des extrahierten Layouts des kompletten Analogteils und der Gatternetzliste des Steuerwerkes mit annotiertem Timing.

Der Serienwiderstand zwischen positiven und negativen Eingang während des Abtastvorganges ist für zwei Rahmenbedingungen in Abbildung 8.16 dargestellt. Der größte Widerstand tritt, wie in Abschnitt 8.5.2 berechnet, bei Spannungen von rund halber Versorgungsspannung an beiden Eingängen auf. In der langsamen Prozess-Corner ist der maximale Widerstand durch die größere Schwellspannung deutlich erhöht.

Eine Simulation der Parameter CMRR und PSRR eines SAR ADCs ist mittels Kleinsignalanalyse nicht möglich, da der ADC während der Wandlung verschiedene Zustände mit ganz unterschiedlichen Arbeitspunkten der analogen Komponenten durchläuft. Da schwer abzuschätzen ist, in welchem Zustand sich die Kleinsignaleffekte wie stark auswirken und wie die Überlagerung stattfindet, ist eine zeitaufwendige Transienten-Simulation unumgänglich. Die Gleichtaktunterdrückung in Abhängigkeit der Frequenz der Gleichtaktspannung ist in Abbildung 8.17a dargestellt.

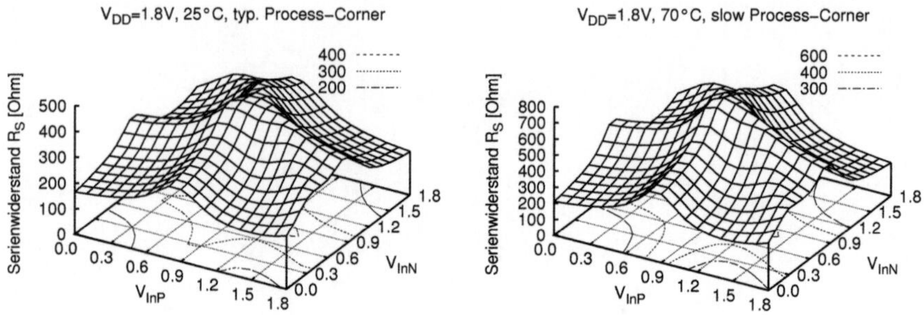

Abbildung 8.16: Serienwiderstand des Abtastpfades für beliebige Kombinationen an positiver und negativer Eingangsspannungen.

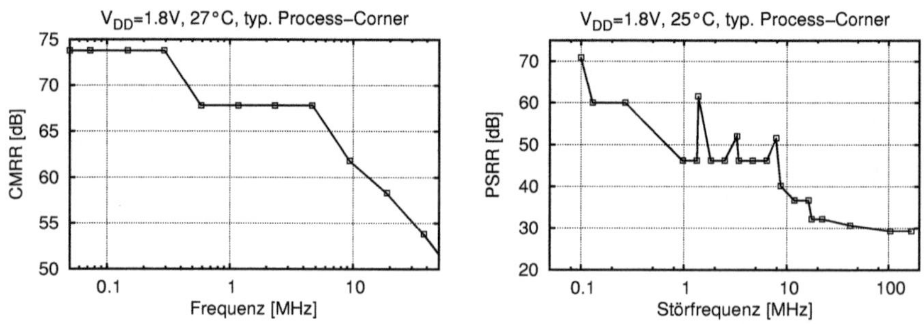

(a) Gleichtaktunterdrückung

(b) Versorgungsspannungsdurchgriff

Abbildung 8.17: Gleichtaktunterdrückung und Versorgungsspannungsdurchgriff in Abhängigkeit der Frequenz

Abbildung 8.17b zeigt den Versorgungsspannungsdurchgriff (PSRR) des ADCs. Zur Simulation wird die Versorgungsspannung mit einem Sinus mit 100 mV Amplitude überlagert. Aus der Variation des Wandlungsergebnisses bei konstanter Eingangsspannung kann für verschiedene Frequenzen das PSRR bestimmt werden.

Um die FPBW des ADCs simulativ zu ermitteln, muss die Signaldämpfung in Abhängigkeit der Signalfrequenz bestimmt werden. Dazu wird der ADC mit einem Sinussignal stimuliert und dieses mehrfach abgetastet. Um die Signalamplitude anhand der Abtastwerte bestimmen zu können, ist darauf zu achten, dass Abtastfrequenz und Signalfrequenz kein Vielfaches voneinander sind und ein möglichst großes "kleinstes gemeinsames Vielfaches" besitzen. Der ermittelte Dämpfungsverlauf ist für ein bipolares Signal mit 0.7 V Amplitude und 0.75 V Offset bei einer Abtastrate von 1.25 MS/s in Abbildung 8.18a aufgetragen. Die FPBW beträgt bei 135°C und langsamer Process-Corner 27 MHz. Wie gefordert tritt eine signifikante Dämpfung erst deutlich oberhalb der Nyquist-Frequenz auf.

Eine Bestimmung der dynamischen Kenngrößen mittels kohärenter Abtastung eines Sinussignals ist simulativ deutlich einfacher als messtechnisch umzusetzen, da sowohl Eingangssignal als auch Systemtakt ohne Störungen oder Jitter mit gleicher Zeitbasis und bekannter Phasenlage bereitgestellt werden können. Damit kann eine vollkommen äquidistante Abtastung einer exakt ganzzahligen Anzahl an Signalperioden simuliert werden. Die Berechnung des Leistungsdichtespektrums mittels

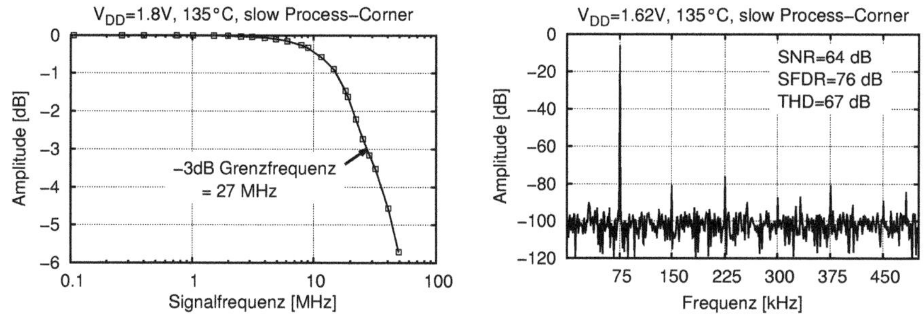

(a) Amplitudenverlauf des Ausgangssignals

(b) Spektrum bei einer Signalfrequenz von 75 kHz

Abbildung 8.18: Dynamische Kenngrößen bei der Abtastung eines Sinussignals

Fourier-Transformation ist ohne Anwendung einer Fensterfunktion möglich. Lediglich die Anzahl an Abtastpunkten ist durch die hohe Simulationsdauer begrenzt. Abbildung 8.18b zeigt das Spektrum eines Sinussignals mit einer Frequenz von 75 kHz, einer Amplitude von 0.7 V und einem Gleichanteil von 0.75 V.

8.8 Messergebnisse

Der ADC wurde in mehreren Prototypen gefertigt und sowohl im Labor als auch im automatischen Bauelementetest vermessen. Nachfolgend wird eine Auswahl an Messergebnissen dargestellt, kurz das angewandte Messverfahren beschrieben und eine Beurteilung der Ergebnisse durchgeführt.

8.8.1 Labormessungen

Zur Messung der Kennlinie des ADCs wurde eine Rampen-Histogramm Methode verwendet [Bla94]. Dabei durchläuft die Eingangsspannung den gesamten Spannungsbereich in einer Rampe mit mehreren Schritten pro Quantisierungsstufe. Von den kontinuierlich erfassten Wandlungsergebnissen wird ein Histogramm erstellt, wobei die Häufigkeit jedes Codes einen Rückschluss auf die tatsächliche Breite der zugehörigen Quantisierungsstufe und damit auf den DNL-Fehler zulässt. Zufällige signalunabhängige Störungen werden teilweise unterdrückt. Die vollständige bipolare Kennlinie ist in Abbildung 8.19 zusammen mit dem INL-Fehler dargestellt. Aufgrund einer geringen Anzahl an Messpunkten stellt der INL-Fehler nur eine grobe Abschätzung dar. Die Kennlinie weist keine Krümmung oder Limitierung im Außenbereich auf.

Abbildung 8.20 zeigt die Abhängigkeit des Wandlungsergebnisses von der Gleichtaktspannung. Dabei wurde eine konstante Differenzspannung angelegt und das digitale Wandlungergebnis über 400 Wandlungen gemittelt. Der Einfluss der Gleichtaktspannung beträgt rund 0.5 LSB und entspricht nach Gl. A.17 einer hervorragenden Gleichtaktunterdrückung von 72 dB. Dieser Wert stimmt sehr genau mit der in Abbildung 8.17a dargestellten simulierten Gleichtaktunterdrückung bei niedrigen Frequenzen überein.

Auch bei konstanter Eingangsspannung ist eine Variation des Wandlungsergebnisses messbar. Die Verteilung bei drei verschiedenen Eingangsspannungen zeigt Abbildung 8.21 Die Messung erfolg-

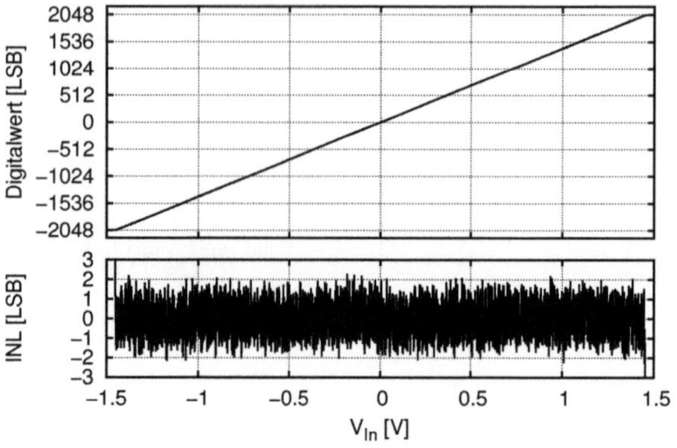

Abbildung 8.19: Bipolare Kennlinie und grobe Messung der INL bei 1 MS/s und V_{Ref}=1.45 V

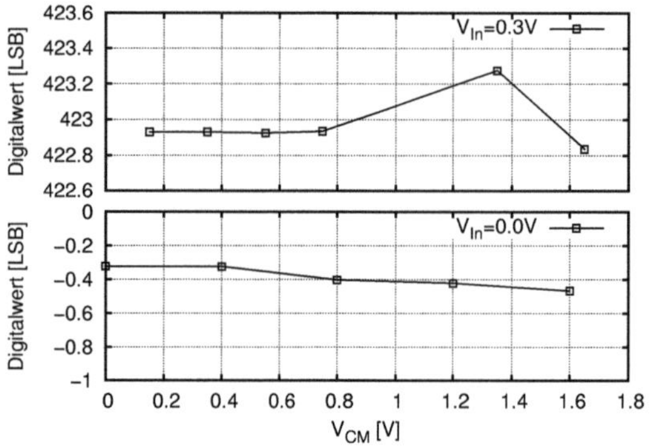

Abbildung 8.20: Abhängigkeit des mittleren Wandlungsergebnisses von der Gleichtaktspannung

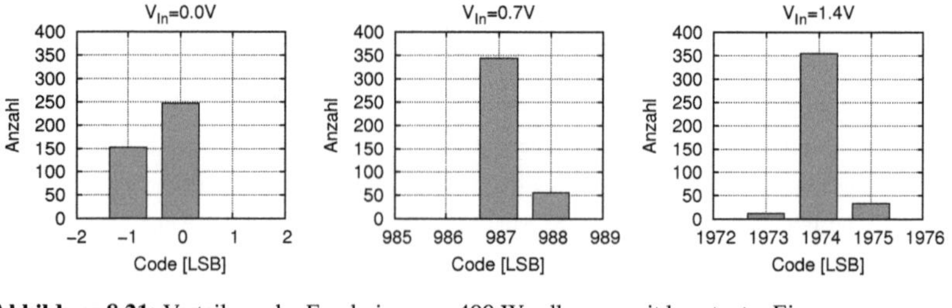

Abbildung 8.21: Verteilung der Ergebnisse von 400 Wandlungen mit konstanter Eingangsspannung

te bei einer Abtastrate von 1.25 MS/s und einer Temperatur von 70°C. Ursachen der Streuung sind das Rauschen der Signal- und Referenzspannungsquellen, Störeinkopplungen im Testboard sowie das Rauschen des ADCs selbst. Eine messtechnische Trennung ist dabei kaum möglich, lediglich der Einfluss der Signalspannung kann für 0 V durch einen direkten Kurzschluss der Eingänge eliminiert werden. Mit einer Standardabweichung von weniger als 0.5 LSB ist das Ergebnis sehr zufriedenstellend.

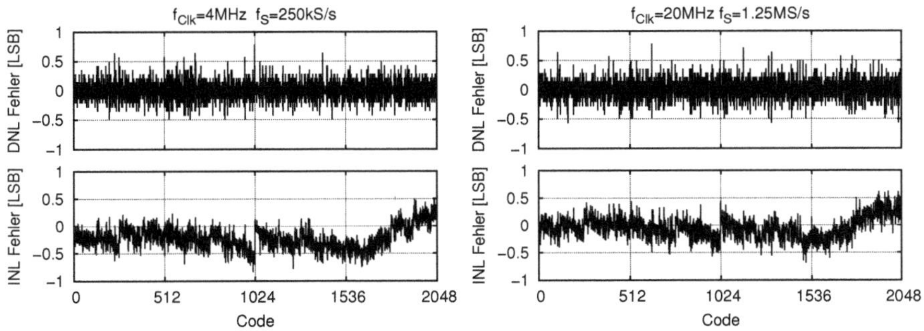

Abbildung 8.22: INL- und DNL-Fehler für zwei verschiedene Abtastraten

Den gemessenen INL- und DNL-Fehler eines Bauelementes bei einer Abtastrate von 250 kS/s und 1.25 MS/s zeigt Abbildung 8.22. Die Abtastrate hat in diesem Bereich kaum Einfluss auf die Kennlinie. Maximaler INL- und DNL-Fehler liegen bei ±0.7 LSB und entsprechen damit ungefähr den durch die Mismatch Analyse vorhergesagten Werten.

8.8.2 Automatischer Bauelementetest

Die Kennlinie des ADCs wird im automatischen Bauelementetest mit einer Spannungsrampe vermessen. Im Vergleich zur Labormessungen ist die Messgenauigkeit durch den Kontaktwiderstand der Nadeln (rund 10 Ohm) und größere Störungen durch längere Anschlussleitungen deutlich limitiert. Für die Anwendung des Chips und zur Beurteilung der Funktionstüchtigkeit ist die erzielte Messgenauigkeit jedoch vollkommen ausreichend. Eine Steigerung der Genauigkeit durch eine größere Anzahl an Messpunkten ist hinsichtlich der erforderlichen Testzeit nicht vertretbar. Abbildung 8.23 zeigt die Ergebnisse von 2428 Bauteilen. Die Messungen fanden bei einer Raumtemperatur und einer Taktfrequenz von 4 MHz statt. Der maximale INL- und DNL-Fehler ist Faktor 2 größer als Ergebnisse der Labormessung, gleiches gilt für Offset- und Verstärkungsfehler. Da selbst bei Laboruntersuchun-

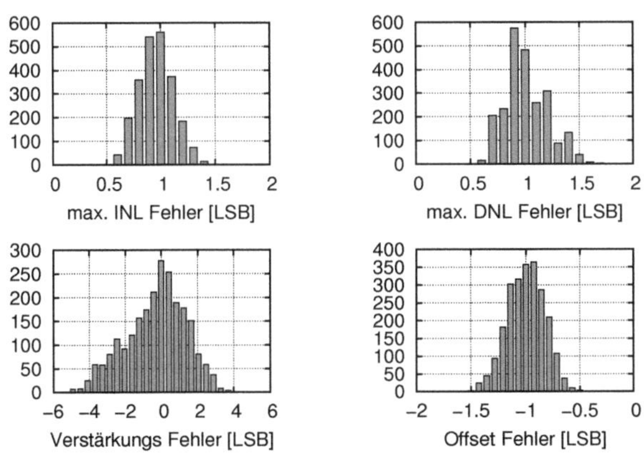

Abbildung 8.23: Ergebnisse des automatischen Bauelementetests

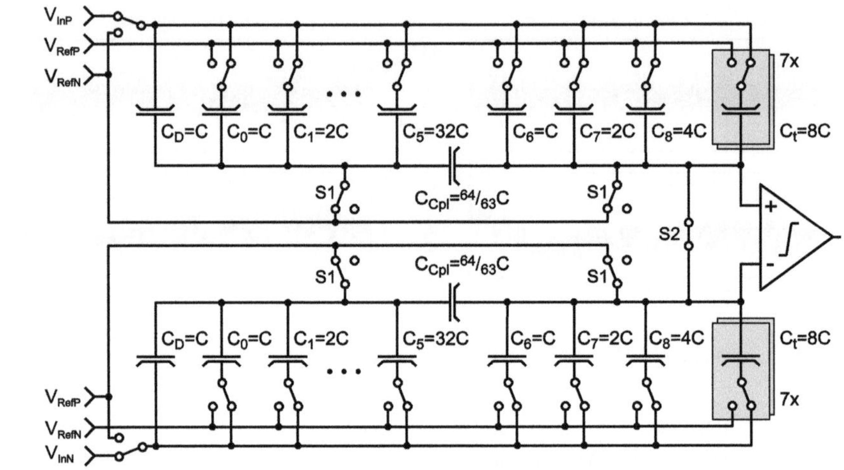

Abbildung 8.24: 12 bit SAR ADC mit 3 bit thermometerkodiertem Main-DAC

gen ein Unterschied zwischen Messungen mit Sockel und Messungen mit aufgelöteten Bauelementen auftrat, ist es sehr wahrscheinlich, dass ein Anteil der Fehler im Bauelementetest auf den hohen Kontaktwiderstand und die Leitungsinduktivitäten zurückzuführen ist. Wenn man dies berücksichtigt, sind besonders Offset- und Verstärkungsfehler als hervorragend einzustufen.

8.9 Optimierung der Fläche

Die theoretische Analyse in Abschnitt 5.3 zeigt die Möglichkeit mittels teilweise thermometerkodiertem DAC die Monotonie der Kennlinie zu verbessern. Dazu werden zum Beispiel die beiden größten Kondensatorgruppen C11 und C10 in sechs Gruppen zu je acht Einheitskapazitäten aufgeteilt. Zusammen mit C9 ergeben sich sieben gleich große Gruppen, deren Schalter mit einem 3 bit-Thermometer-Code angesteuert werden. Abbildung 8.24 zeigt den derart angepassten Schaltplan. Zum Erzeugen des Thermometer-Codes sind in diesem Fall lediglich sieben Logikgatter notwendig, deren Fläche, zusätzliche Leistung und Verzögerung in diesem Design vernachlässigt werden können.

Wird die Größe der Einheitskapazitäten beibehalten, so werden nach Gl. 5.40 die DNL-Fehler, hervorgerufen durch Mismatch, halbiert. Alternativ kann die Größe der Einheitskapazität, bei theoretisch gleichem DNL-Fehler, auf ¼ reduziert werden. Allerdings geschieht die Flächenreduktion auf Kosten eines größeren INL-Fehlers, da die INL durch den Einsatz des Thermometer-Codes nicht verbessert wird. Das ursprüngliche Layout und eine Variante mit 3 bit-Thermometer-Code und verkleinerten Einheitskapazitäten sind in Abbildung 8.25 gegenübergestellt. Die Größe der Einheitskapazität wurde auf die halbe Fläche skaliert (von 12 μm auf 8.5 μm Kantenlänge), so dass immer noch eine Verbesserung der DNL um Faktor $\sqrt{2}$ bewirkt wird und die INL-Fehler nur geringfügig ansteigen. Dadurch ist eine Reduktion der Fläche des Kondensator-Arrays um 42% und des gesamten ADCs um 35% möglich.

Für Anwendungen, die eine strenge Monotonie der Kennlinie (kleine DNL-Fehler) verlangen, z.B. in Regelschleifen, jedoch keine hohe Anforderung an den absoluten Wert stellen, also größere INL-Fehler tolerieren, kann der Einsatz eines Thermometer-Codes im Vergleich zur konventionellen binär

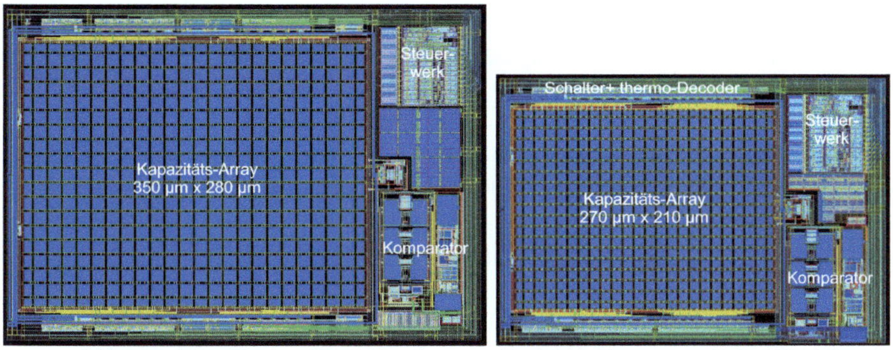

a) binär gewichtete Version: 490 × 350 µm² b) mit 3 bit Thermometer-Code: 400 × 280 µm²

Abbildung 8.25: Layout des ADCs zum Vergleich von vollständig binär gewichteten und teilweise thermometerkodiertem Kondensator-Array.

gewichteten Kodierung eine deutliche Flächeneinsparung ermöglichen. Im Rahmen des hier vorgestellten Projektes wurde die thermometerkodierte Variante nicht gefertigt, sondern nur als Implementierungsbeispiel umgesetzt um die tatsächliche Flächenreduktion zu beurteilen.

8.10 Zusammenfassung

Dieses Kapitel zeigt den vollständigen Ablauf beim Entwurf eines SAR ADCs vom Erstellen der Spezifikation über Auswahl einer geeigneten Architektur, Schaltungsdimensionierung und Verifikation bis zur Messung und Analyse. Die implementierte Architektur dient durch ihre klare Struktur als gutes Beispiel, um die vorgeschlagene Methodik darzustellen. Bei der Auswahl der Architektur und der Dimensionierung wurden Ergebnisse der mathematischen Analyse und Systemmodellierung erfolgreich angewandt. Simulations- und Messergebnisse sind in Übereinstimmung mit theoretischen Berechnungen und belegen deren Gültigkeit.

Die industrielle Anwendung des entwickelten ADCs stellt eine hohe Anforderung an Zuverlässigkeit und Robustheit gegenüber Prozessschwankungen und verlangt eine einfache Wiederverwendbarkeit. Die dargestellten Ergebnisse erfüllen die Spezifikation und der ADC ist in mehreren ICs erfolgreich in Produktion. Wesentliche Ergebnisse im Vergleich zu anderen ADCs in gleicher Technologiegröße sind in Tabelle 8.3 aufgelistet. Industrielle Anforderungen an die Robustheit in einem weiten Be-

Parameter	Einheit	[Kuo11]	[Ver06]	[Pan09]	[Yu11]	[Den13]	[Li12]	[Hon12]	diese Arbeit
Auflösung	bit	10	12	10	12	12	10	12	12
Abtastrate	MS/s	1	0.1	0.5	0.1	0.2	14	0.14	1
INL	LSB	2.8	0.68	0.76	0.8	-	0.82	0.7	0.75
ENOB	bit	8.38	10.55	9.4	-	10.6	9.8	-	11.0
FOM	fJ/cs	21	165	124	660	4.9	343	-	880
P_V	W	7.2µ	25µ	42µ	48µ	1.5µ	4m	1m	1.8m
V_{DD}	V	0.9	-	1	1.8	0.9	1.8	1.8	1.8
Fläche	mm²	0.48	0.63	0.24	0.39	-	0.15	0.1	0.1673

Tabelle 8.3: Ergebnisse und Vergleich mit anderen ADCs in 0.18 µm CMOS-Technologie

reich an Betriebsbedingungen wirken sich im Vergleich zu akademischen Arbeiten besonders bei der Leistungsaufnahme stark aus. Bei der vorgesehenen Anwendung ist die Leistungsaufnahme des ADC nicht kritisch und war deshalb beim Entwurf kein Optimierungsziel. Selbst im Vergleich mit 10 bit-ADCs und trotz der differenziellen Architektur besitzt der ADC eine sehr kleine Fläche. Dies zeigt, wie wichtig eine exakte Modellierung von Mismatch ist. Bei einer Auflösung von 12 bit erreicht lediglich [Hon12], durch den Einsatz eines Widerstands-DAC, eine kleinere Fläche bei jedoch deutlich niedrigerer Abtastrate.

Die vorgestellten Messergebnisse zeigen deutlich die Vorteile der verwendeten Architektur, z.B. eine sehr gute Gleichtaktunterdrückung und niedriger Offset- sowie Verstärkungsfehler. Abschließend wurde in diesem Kapitel eine Optimierung mittels Thermometer-Codierung aufgezeigt und die mögliche Flächeneinsparung beurteilt.

9 SAR ADC mit Selbst-Kalibrierfunktion

Basierend auf ihrer stark digitalen Natur profitieren SAR ADCs hinsichtlich ihrer Leistungsaufnahme grundsätzlich von der Technologieskalierung. Wie die Analyse zum Stand der Technik in Kapitel 3 zeigt, wurde in den letzten Jahren eine stetige Steigerung der Abtastrate und Energieeffizienz erzielt. Hinsichtlich der Auflösung fand jedoch keine Weiterentwicklung statt. Vielmehr nahm die erzielte ENOB in modernen Technologien geringfügig ab, da sich das Matching von Kondensatoren in modernen Technologien nicht annähernd so stark verbesserte, wie die Schaltzeit und Leistungsaufnahme von digitalen Schaltungen. Linearität und Rauschen stellen damit die Genauigkeitsbegrenzung aktueller SAR ADCs dar. Thermometerkodierte Kondensator-Arrays bieten eine hohe Monotonie und damit geringe DNL-Fehler, die erzielbare Linearität der Kennlinie (INL-Fehler) wird jedoch nicht grundsätzlich verbessert und eine Umsetzung für hohe Auflösungen ist flächen- und verlustleistungsintensiv. Die Auflösung eines SAR ADCs mit binärer Wichtung ist hauptsächlich durch das Matching der Kondensatoren begrenzt, wie in Kapitel 5 ausführlich analysiert. Auflösungen über 12 bit erfordern große Kondensator-Arrays, wodurch gleichzeitig eine große Eingangskapazität, große Chipfläche und hohe Leistungsaufnahme verursacht werden. Kalibrierverfahren bieten die Möglichkeit, über das Bauelemente-Matching hinaus, eine hohe Linearität zu erreichen. Zahlreiche kommerzielle ADCs verwenden dazu kostenintensive Laserkorrekturverfahren. Dies ist jedoch mit einem hohen zusätzlichen Aufwand verbunden, so dass die Kosten des Produktionstests für hoch genaue analoge Bausteine oft die reinen Herstellungskosten übersteigen [Hon04]. Die Kalibrierung eines ADCs basierend auf der Messung seiner vollständigen Kennlinie ist im Produktionstest aus Genauigkeits- und Kostengründen nicht umsetzbar. Moderne CMOS-Technologien ermöglichen es, auf kleiner Fläche komplexe digitale Automaten und Algorithmen zu integrieren, um eine autonome Kalibrierung ohne externe Messung, eine sogenannte Selbstkalibrierung, durchzuführen. Wesentlicher Vorteil der Selbstkalibrierung ist die Beschleunigung des Produktionstests, da im Idealfall keine hoch genauen externen Signale generiert oder Messungen durchgeführt werden müssen. Dieser Ansatz ermöglicht nicht nur die Testzeit zu verkürzen, sondern erlaubt durch geringere Matching-Anforderungen auch eine Verkleinerung der Chipfläche und damit der Produktionskosten.

In diesem Kapitel wird ein Selbstkalibrierverfahren vorgestellt, welches auf eine volldifferenzielle Architektur angewandt werden kann, keine Auswirkung auf den Ablauf der Wandlung hat und einen minimalen Umfang an digitalen Komponenten benötigt. Es wird zuerst ein kurzer Überblick über existierende Kalibrierverfahren für SAR ADCs gegeben. Danach erfolgt eine mathematische Analyse des Algorithmus. Anschließend werden Aspekte der praktische Umsetzung am Beispiel eines 14 bit ADCs dargelegt. Messergebnisse zweier Prototypen ermöglichen eine anschließende Beurteilung des Verfahrens. Die Implementierung des hier vorgestellten Kalibrierverfahrens in einer 0.35 µm CMOS-Technologie findet man in der Veröffentlichung des Autor [Hae12].

9.1 Selbstkalibrierverfahren

9.1.1 Stand der Technik

Schon in den frühen Jahren der integrierten SAR ADCs wurde von Hae-Seung Lee und D. Hodges ein fundamentaler Algorithmus zur Kalibrierung der binären Wichtung von Kondensatoren vorgeschlagen [Lee83]. Die Kalibrierung erfolgt durch sukzessiven Abgleich jeder Kapazität mit der Sum-

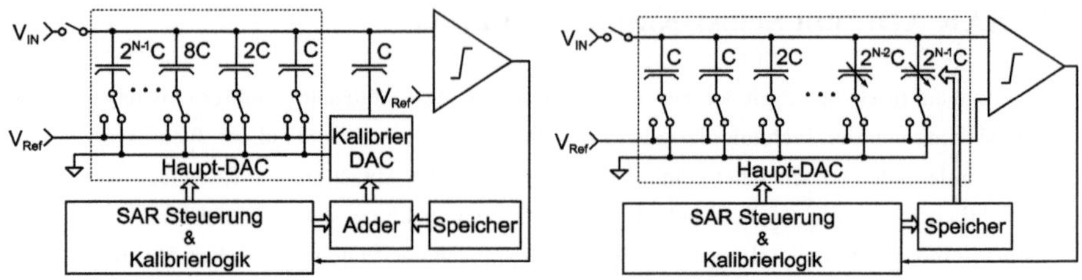

(a) konventioneller Aufbau

(b) vorgeschlagener neuartiger Aufbau

Abbildung 9.1: SAR ADC mit Selbstkalibrierfunktion

me aller kleineren. Eine mathematische Betrachtung der Anforderungen hinsichtlich Linearität und Komparatoroffset findet man in [Lee85]. In [Lee84b] und [Lee84a] folgten zwei Implementierungen, die einen zusätzlichen separaten Widerstands-DAC verwenden, um die Kalibrierwerte zu bestimmen und die Ausgangsspannung des Haupt-DAC im Betrieb zu korrigieren. Diese Architektur wurde mit kleinen Modifikationen oft wiederverwendet [Mil90, Neu01, Yos10]. Abbildung 9.1a zeigt das Blocklevelschaltbild dieses Verfahrens. Der Kalibrier-DAC kann kapazitiv oder resistiv aufgebaut werden. Gemeinsam ist allen Varianten, dass im Betrieb in jedem Wandlungsschritt ein Korrekturwert berechnet wird, indem die Kalibrierwerte der einzelnen Kondensatoren abhängig vom Steuerwort des Haupt-DAC addiert werden. Es wird somit nicht für jeden Punkt der Kennlinie ein Korrekturwert gespeichert, sondern lediglich für jeden kalibrierten Kondensator. Bei N bit Auflösung also maximal N Werte. Die zur Berechnung nötige digitale Schaltung und der Speicher belegen je nach Technologie eine signifikante Fläche [Yon09]. Ein volldifferenzieller kapazitiver 10 bit-SAR ADC mit Selbstkalibrierung wird in [Kur07] präsentiert, wobei Steuerung und Kalibrierung mittels einer FPGA extern erfolgen. Eine ausführliche Monte-Carlo-Simulation des Kalibrierverfahrens findet man in [Sun12]. Ein weiteres sehr elementares Verfahren basiert auf dem Abgleich jedes einzelnen Einheitskondensators mit einer Referenzkapazität [Got90]. Das Speichern und Berechnen der Korrekturwerte ist jedoch noch umfangreicher und die Fehlerfortpflanzung erheblich kritischer als beim Verfahren von D. Hodges.

Vorteile beider Verfahren sind, dass keine hoch genaue externe Stimulierung erforderlich ist, sogar die genaue Größe der Referenzspannung ist bedeutungslos, und dass die Kalibrierung nur wenige Takte benötigt, somit einen schnellen und effektiven Produktionstest ermöglicht. Von Nachteil ist der benötigte Kalibrier-DAC, da dieser zusätzliche Chipfläche belegt, und die hohe Anforderung an die Genauigkeit des Komparators. Das Verfahren benötigt zur Kalibrierung selbst zusätzliche fehler- und toleranzanfällige analoge Schaltungen und ist somit nicht optimal für moderne Technologien geeignet.

Die bisher beschriebenen Verfahren zielen darauf, die Abweichungen der analogen Komponenten direkt, oder zumindest indirekt deren Wirkung auf die Kennlinie, zu korrigieren. Ein vollständig anderer Ansatz, als digitale Hintergrund-Kalibrierung (Digital Background Calibration) bezeichnet, wird in [Liu12, Yos10, Gan02] angewandt. In [Liu12] wird ein pseudozufälliges Störsignal dem Eingangssignal überlagert, um gleichzeitig die Gewichte aller Bits durch Auswertung der unkorrigierten Wandlungsergebnisse zu berechnen. Bei 12 bit Auflösung sind zur Konvergenz des Algorithmus mehrere 10 Millionen Wandlungen eines Sinussignals nötig. Eine Mikrocontroller-Architektur wird in [Gan02] verwendet, um mit einem komplexen Lernalgorithmus die Gewichte eines nicht-binär gewichteten Kondensator-Arrays zu ermitteln. Anstelle eines externen Eingangssignals wird der DAC zur Kalibrierung mit einer zufälligen Steuerwertabfolge stimuliert, die durch ein linear rückgekoppeltes Schieberegister (LSR) intern generiert wird. Ein weiteres Verfahren zur Hintergrundkalibrierung basiert auf dem Erfassen der Codedichte [Cha13a]. Der Algorithmus ist unabhängig vom Eingangssignal und arbeitet mit Sinus-, Rampen- oder Zufallssignalen, solange diese den gesamten Eingangsspanungsbereich abgedecken und eine lokale Gleichverteilung vorliegt. Rund 1 Million Datenpunkte sind nötig, um die Entscheidungsschwellen des Suchbaumes zu bestimmen. Wesentliche Vorteile der Hintergrundkalibrierung sind, dass keine Rückkopplung der digitalen Korrekturberechnung auf analogen Baugruppen und den Ablauf der Wandlung existiert und die Größe der Kapazitäten ohne Rücksicht auf Mismatch bis zum kTC-Rauschlimit reduziert werden kann, wodurch eine hohe Energie- und Flächeneffizienz erreicht wird. Die Schaltungskomplexität wird aus dem analogen in den digitalen Bereich verschoben, weshalb diese Verfahren optimal für sub-100 nm Technologien geeignet sind. Nachteilig ist der erhebliche Zeitaufwand zur Kalibrierung und die Notwendigkeit einer Stimulierung des ADCs im gesamten Signalbereich.

Das in dieser Arbeit angewandte Verfahren basiert auf dem Algorithmus von D. Hodges [Lee83]. Allerdings wird kein separater DAC zur Korrektur verwendet, sondern die Größe der Kapazitäten wird mittels digital einstellbarer Kalibrier-Kondensatoren direkt angepasst. Damit ist im Betrieb keine zusätzliche Berechnung von Korrekturwerten notwendig. Es wird lediglich eine statische Kalibriereinstellung angelegt. Das Bockschaltbild ist in Abbildung 9.1b dargestellt. Der Algorithmus aus [Lee83] wurde für eine volldifferenzielle Architektur erweitert. Um Verstärkungs- und Offsetfehler durch unsymmetrische Belastung der Top-Plates zu verhindern, wird ein volldifferenzielles Kalibriernetzwerk mit gleicher Einstellung für positiven und negativen Zweig verwendet. Die Kalibrierwerte werden in einem einzelnen Durchlauf ohne externe Stimulierung ermittelt.

Die grundsätzliche Funktionsweise des Kalibrierverfahrens wird in zwei Schritten dargelegt: Zuerst werden die Spannungen während der Wandlung hergeleitet und eine Bedingung für eine fehlerfreie Kennlinie aufgestellt. Im zweiten Schritt wird die Lösung des Kalibrieralgorithmus berechnet und gezeigt, dass diese die vorher aufgestellte Bedingung erfüllt. Die Berechnung erfolgt am Beispiel des einfachen kapazitiven volldifferenziellen SAR ADCs mit 6 bit Auflösung aus Abbildung 9.2, wobei nur der MSB-Kondensator kalibriert wird.

9.1.2 Herleitung der Bedingung für eine lineare Kennlinie

Vor jeder Wandlung werden mittels Schalter S2 alle Kondensatoren entladen. Während des Abtastvorganges werden alle Bottom-Plates mit dem zugehörigem Eingang verbunden und die beiden Top-Plates durch S1 kurzgeschlossen, so dass $V_\mathrm{P}=V_\mathrm{N}=V_\mathrm{S}$ gilt. Nach dem Öffnen von S1 bleibt die gespeicherte Ladung in beiden Zweigen unverändert und ist definiert durch

$$Q_\mathrm{P} = (V_\mathrm{S} - V_\mathrm{InP}) \cdot \sum_{i=0}^{6} C_{\mathrm{P}i} \tag{9.1}$$

$$Q_\mathrm{N} = (V_\mathrm{S} - V_\mathrm{InN}) \cdot \sum_{i=0}^{6} C_{\mathrm{N}i}. \tag{9.2}$$

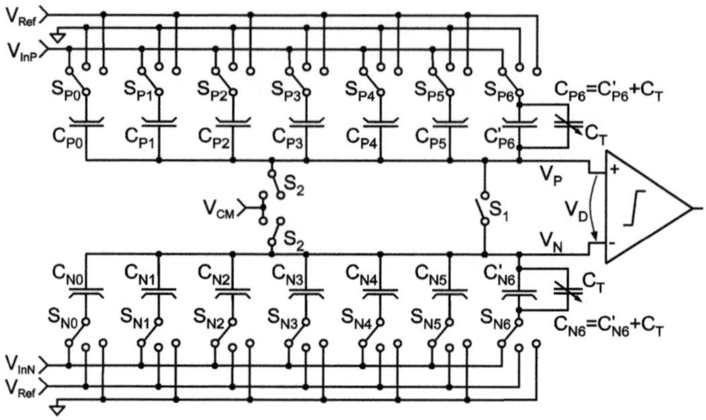

Abbildung 9.2: Einfacher volldifferenzieller kapazitiver 6 bit-ADC mit Kalibrierung des MSB-Kondensators

Während der Wandlung werden die Bottom-Plates zwischen Referenzspannung V_{Ref} und Masse umgeschaltet. Die Position der Schalter wird durch das digitale Steuerwort $d[5{:}0]$ bestimmt. Wenn für das Bit i gilt $d[i]=0$, wird $C_{\mathrm{P}i}$ mit Masse verbunden und bei $d[i]=1$ mit V_{Ref}. Die Position der Schalter im negativen Zweig ist invertiert. Damit ist die Ladung in der Wandlungsphase durch die Gleichungen

$$Q_{\mathrm{P}} = (V_{\mathrm{P}} - V_{\mathrm{Ref}}) \cdot \sum_{\mathrm{i}=0}^{6} d[i]C_{\mathrm{P}i} + V_{\mathrm{P}} \cdot \sum_{i=0}^{6}(1 - d[i])C_{\mathrm{P}i} \tag{9.3}$$

$$Q_{\mathrm{N}} = (V_{\mathrm{N}} - V_{\mathrm{Ref}}) \cdot \sum_{\mathrm{i}=0}^{6}(1 - d[i])C_{\mathrm{N}i} + V_{\mathrm{N}} \cdot \sum_{i=0}^{6} d[i]C_{\mathrm{N}i} \tag{9.4}$$

definiert. Gleichsetzen von Gl. 9.1 und 9.3 sowie von Gl. 9.2 und 9.4 ermöglicht die Berechnung der Komparatoreingangsspannungen V_{P} und V_{N} wie folgt:

$$V_{\mathrm{P}} = (V_{\mathrm{S}} - V_{\mathrm{InP}}) + V_{\mathrm{Ref}} \frac{\sum_{i=0}^{6} d[i]C_{\mathrm{P}i}}{\sum_{i=0}^{6} C_{\mathrm{P}i}} \tag{9.5}$$

$$V_{\mathrm{N}} = (V_{\mathrm{S}} - V_{\mathrm{InN}}) + V_{\mathrm{Ref}} \frac{\sum_{i=0}^{6}(1-d[i])C_{\mathrm{N}i}}{\sum_{i=0}^{6} C_{\mathrm{N}i}} . \tag{9.6}$$

Die differenzielle Eingangsspannung V_{D} ist gegeben durch

$$V_{\mathrm{D}} = (V_{\mathrm{InN}} - V_{\mathrm{InP}}) + V_{\mathrm{Ref}} \left(\frac{\sum_{i=0}^{6} d[i]C_{\mathrm{P}i}}{\sum_{i=0}^{6} C_{\mathrm{P}i}} - \frac{\sum_{i=0}^{6}(1-d[i])C_{\mathrm{N}i}}{\sum_{i=0}^{6} C_{\mathrm{N}i}} \right) .$$

Die Summenterme können auf folgende Weise umgeschrieben werden:

$$\frac{\sum_{i=0}^{6}(1-d[i])C_{\mathrm{N}i}}{\sum_{i=0}^{6} C_{\mathrm{N}i}} = 1 - \frac{\sum_{i=0}^{6} d[i]C_{\mathrm{N}i}}{\sum_{i=0}^{6} C_{\mathrm{N}i}} . \tag{9.7}$$

Im ersten Wandlungstakt während der MSB-Detektion ist das Steuerwort $d[6]=1$ und $d[i]=0$ für $i=0$ bis 5. Die fehlerfreie MSB-Diskretisierungsschwelle im bipolaren Modus liegt bei einer Eingangsspannung von $V_{In}=V_{\mathrm{InP}}-V_{\mathrm{InN}}=0$ und ist gekennzeichnet durch $V_{\mathrm{D}}=0$. Dies führt zu folgender

Bedingung

$$\frac{C_{\mathrm{P6}}}{\sum_{i=0}^{6} C_{\mathrm{P}i}} + \frac{C_{\mathrm{N6}}}{\sum_{i=0}^{6} C_{\mathrm{N}i}} = 1. \tag{9.8}$$

Für eine single-ended Architektur gelangt man mit vergleichbarer Rechnung zu der Bedingung

$$\sum_{i=0}^{m-1} C_i = C_m\,, \tag{9.9}$$

die nur durch eine binäre Wichtung der Kapazitäten erfüllt wird. Im Gegensatz dazu ist die fehlerfreie Kennlinie einer volldifferenziellen Architektur durch eine allgemeinere Bedingung gegeben. Es ist nicht zwangsläufig eine binäre Wichtung der Kapazitäten innerhalb der beiden Zweige erforderlich. Dadurch ist die Kalibrierung von volldifferenziellen Architekturen möglich, ohne diese getrennt für positiven und negativen Zweig durchführen zu müssen.

9.1.3 Kalibrieralgorithmus für eine volldifferenzielle Architektur

Der Kalibrieralgorithmus arbeitet in drei Phasen, die nacheinander wiederholt werden, bis eine optimale Lösung gefunden wurde. In Phase 1 sind die Bottom-Plates von C_{P0} bis C_{P5} mit Masse verbunden und nur die MSB-Kapazität C_{P6} mit V_{Ref}. Die Schalterstellung im negativem Zweig sind, wie im normalen Betrieb, genau invertiert. Beide Top-Plates sind durch den Schalter S1 kurzgeschlossen und durch S2 mit einer beliebigen Gleichtaktspannung V_{CM} verbunden. Nach dem Öffnen von S2 und danach von S1 sind in Phase 2 beide Top-Plates isoliert und die Ladung bleibt unverändert erhalten:

$$Q_{\mathrm{P}} = V_{\mathrm{CM}} \cdot \sum_{i=0}^{5} C_{\mathrm{P}i} + (V_{\mathrm{CM}} - V_{\mathrm{Ref}}) \cdot \left(C'_{\mathrm{P6}} + C_{\mathrm{T}}\right) \tag{9.10}$$

$$Q_{\mathrm{N}} = (V_{\mathrm{CM}} - V_{\mathrm{Ref}}) \cdot \sum_{i=0}^{5} C_{\mathrm{N}i} + V_{\mathrm{CM}} \cdot \left(C'_{\mathrm{N6}} + C_{\mathrm{T}}\right) \tag{9.11}$$

In Phase 3 wird die Stellung aller Bottom-Plate-Schalter invertiert, so dass alle Kondensatoren, die in Phase 1 und 2 an Masse geklemmt waren, nun mit V_{RefP} verbunden sind und umgekehrt. Mit den Komparatoreingangsspannungen V_{P} und V_{N} kann die Ladung durch

$$Q_{\mathrm{P}} = (V_{\mathrm{P}} - V_{\mathrm{Ref}}) \cdot \sum_{i=0}^{5} C_{\mathrm{P}i} + V_{\mathrm{P}} \cdot \left(C'_{\mathrm{P6}} + C_{\mathrm{T}}\right) \tag{9.12}$$

$$Q_{\mathrm{N}} = V_{\mathrm{N}} \cdot \sum_{i=0}^{5} C_{\mathrm{N}i} + (V_{\mathrm{N}} - V_{\mathrm{Ref}}) \cdot \left(C'_{\mathrm{N6}} + C_{\mathrm{T}}\right) \tag{9.13}$$

ausgedrückt werden. Nach Gleichsetzen von Gl. 9.10 mit 9.12 und Gl. 9.11 mit 9.13 kann nach den Komparatorspanungen umgestellt werden

$$V_{\mathrm{P}} = V_{CM} + V_{\mathrm{Ref}} \frac{\sum_{i=0}^{5} C_{\mathrm{P}i} - C'_{\mathrm{P6}} - C_{\mathrm{T}}}{\sum_{i=0}^{5} C_{\mathrm{P}i} + C'_{\mathrm{P6}} + C_{\mathrm{T}}} \tag{9.14}$$

$$V_{\mathrm{N}} = V_{CM} - V_{\mathrm{Ref}} \frac{\sum_{i=0}^{5} C_{\mathrm{N}i} - C'_{\mathrm{N6}} - C_{\mathrm{T}}}{\sum_{i=0}^{5} C_{\mathrm{N}i} + C'_{\mathrm{N6}} + C_{\mathrm{T}}}. \tag{9.15}$$

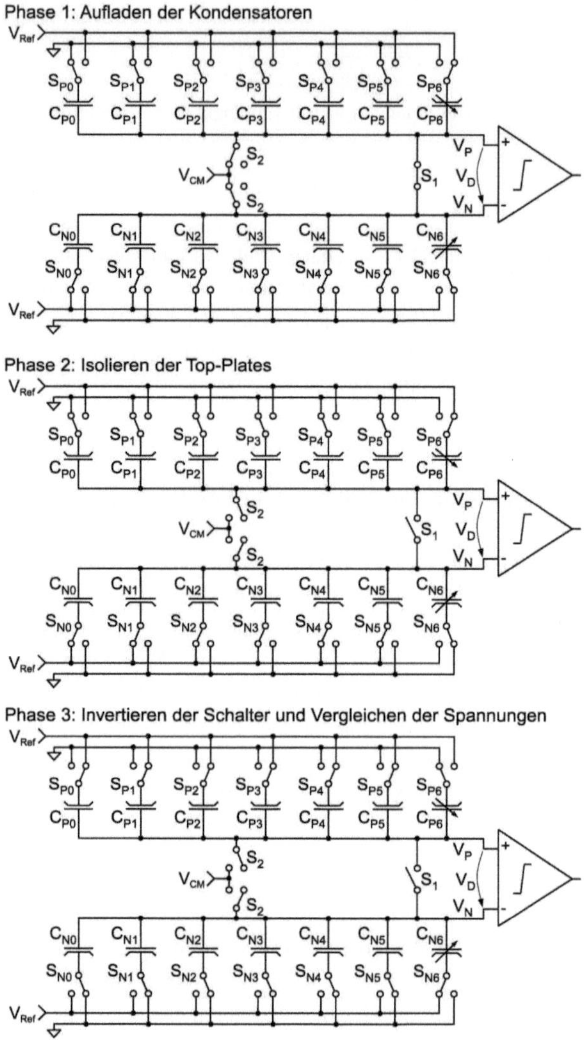

Abbildung 9.3: Schalterstellung in den 3 Phasen des Kalibrieralgorithmus

Die Phasen 1 bis 3 werden mit verschiedenen Einstellungen für die Kalibrierkapazität C_{T} wiederholt bis der Komparator signalisiert, dass $V_{\mathrm{P}} = V_{\mathrm{N}}$ gilt. Abbildung 9.3 zeigt anschaulich den Ablauf des Kalibrieralgorithmus am stark vereinfachten Schaltbild eines 6 bit-ADC.

Gleichsetzen von Gl. 9.14 und 9.15 sowie anschließendes Umstellen führt zu einer quadratischen Gleichung mit folgender Lösung

$$C_{\mathrm{T}} = -\frac{C'_{\mathrm{P6}} + C'_{\mathrm{N6}}}{2} \pm \sqrt{\left(\frac{C'_{\mathrm{P6}} - C'_{\mathrm{N6}}}{2}\right)^2 + \sum_{i=0}^{5} C_{\mathrm{P}i} \cdot \sum_{i=0}^{5} C_{\mathrm{N}i}}\,. \tag{9.16}$$

Nur die kleinere der beiden Lösungen ergibt einen sinnvollen Wert für C_T. Dabei haben Gleichtaktspannung V_CM und Referenzspannung V_Ref keinen Einfluss auf das Ergebnis, so dass die Größe von C_T nur von Kapazitätswerten abhängt. Ersetzt man die unkalibrierten MSB-Kapazitäten in Gl. 9.8 durch $C_{\text{P/N6}}{=}C'_{\text{P/N6}}{+}C_\text{T}$ und setzt weiterhin die Lösung von Gleichung 9.16 ein, wird die Bedingung von Gl. 9.8 erfüllt. Dies zeigt, dass durch Mismatch hervorgerufene Fehler der MSB-Diskretisierungsschwelle eines volldifferenziellen CDAC durch Hinzufügen von identischen Kapazitäten in beiden Zweigen korrigiert werden können. Mit dem hier vorgestellten Verfahren ist es nicht nötig, beide Zweige getrennt oder durch unterschiedliche Werte zu kalibrieren. Niederwertige Kondensatoren können auf die gleiche Weise kalibriert werden, indem die Schalterstellung der höherwertigen Kondensatoren während der drei Phasen unverändert bleibt. Die erzielbare Genauigkeit wird durch die Offsetspannung des Komparators und durch Ladungsinjektion beim Öffnen von S1, vergleichbar zur single-ended Implementierung, begrenzt [Lee85].

9.2 Schaltungsimplementierung

Die volldifferenzielle Architektur in Abbildung 9.4, bestehend aus einer Kombination aus Widerstands-DAC (RDAC) und kapazitivem DAC (CDAC), wird als Anwendungsbeispiel verwendet. Die niederwertigsten 4 bit steuern den RDAC und die höherwertigen 10 bit den CDAC. Um die Anzahl an Kondensatoren zu reduzieren, wird eine series-split Konfiguration verwendet, die den CDAC in ein 6 bit und ein 4 bit binär gewichtetes Array aufteilt.

Der CDAC besteht aus MIM-Kondensatoren mit einer Einheitsgröße von 200 fF. Eine maßstabsgetreue Darstellung des Layouts eines Einheitskondensators zeigt Abbildung 9.5. Es wurde eine Software zur 3D Feldberechnung verwendet, um das Layout hinsichtlich der parasitären Kapazitäten zwischen der isolierten Platte und den darunter verlaufenden Leitungen zu analysieren. Das Kondensator-Array ist in einer zentralsymmetrischen (common-centroid) Struktur mit separater Spalte für den Koppelkondensator, umrandet von Dummy-Kondensatoren, angeordnet (siehe Abbildung 9.6). Im Main-DAC sind ausschließlich die drei höchstwertigsten Kapazitäten C_8, C_9 und C_{10} am Rand angeordnet, da deren Größe sowieso kalibriert wird. Positiver und negativer Zweig der differenziellen Architektur bilden ein vollkommen symmetrisches Spiegelbild.

Der RDAC besteht aus einer Kette von 32 Widerständen, jeweils mit einer Größe von $2.5\,\text{k}\Omega$ und einem statischem Querstrom von 30 µA. Das Mismatch der Widerstände mit einer Standardabweichung von 0.4% garantiert einen Fehler von weniger als 0.1 LSB.

Der Komparator besteht aus vier kontinuierlich arbeitenden Verstärkerstufen und einem getaktetem Latch. Eine Offset-Cancellation wird am Ausgang aller vier Verstärkerstufen mittels Serienkondensatoren zu Beginn jeder Wandlung durchgeführt. Der ADC kann im bipolaren Modus mit einem Eingangsspannungsbereich von $-V_\text{Ref}$ bis $+V_\text{Ref}$ oder im unipolaren Modus mit einem Eingangsbereich von 0 V bis V_Ref arbeiten. Vor jeder Wandlung wird das Kondensator-Array vollständig entladen. In der Abtastphase werden die Bottom-Plates mit den Eingangsspannungen V_InP und V_InN verbunden, während der Komparator vom Kondensator-Array abgetrennt wird, um die Offset-Cancellation aufzufrischen. Diese Architektur ermöglicht es, dass der Komparator während der Wandlung unabhängig von den Eingangsspannungen bei einer konstanten Gleichtaktspannung von $\frac{1}{2}V_\text{Ref}$ arbeitet.

Die erzielbare Auflösung bei einer gegebenen Einheitskapazität von 200 fF wurde durch ausführliche Monte-Carlo-Simulation eines Verhaltensmodells, entsprechend dem in Kapitel 4 vorgestellten An-

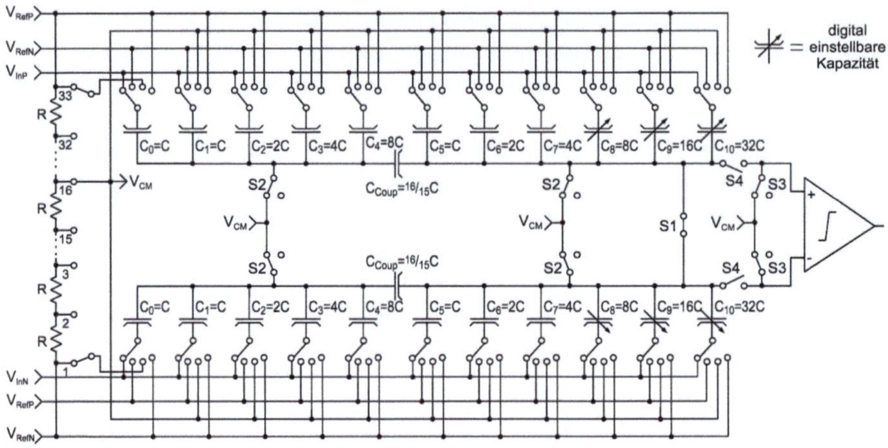

Abbildung 9.4: vereinfachter Schaltplan des volldifferenziellen 14 bit ADC

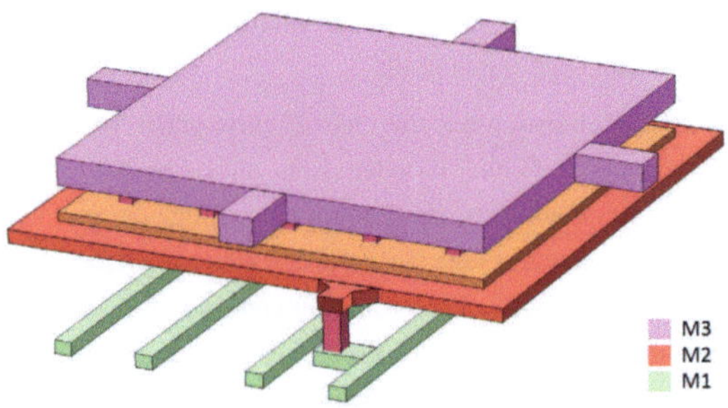

Abbildung 9.5: Maßstabsgetreue 3D Darstellung des Layouts eines Einheitskondensators

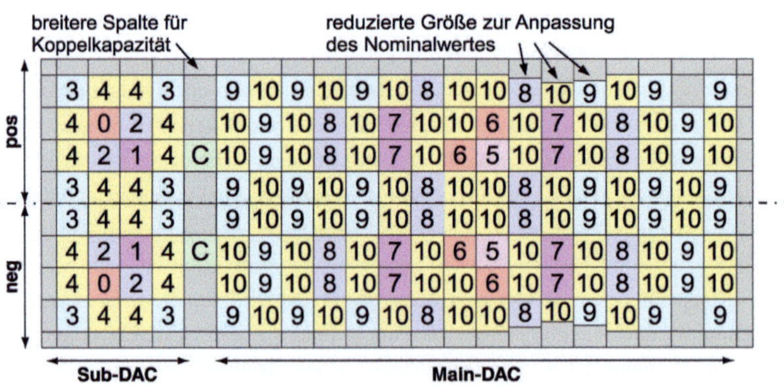

Abbildung 9.6: Anordnung der Kondensatoren im CDAC

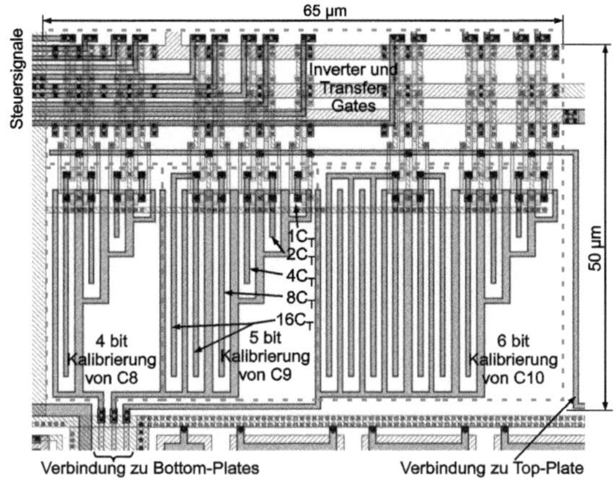

Abbildung 9.7: Layout der digital einstellbaren Kalibrierkondensatoren

satz ermittelt [Hae10]. Die simulierte Auflösung ist durch Mismatch auf 12 bit begrenzt, wie in den Beispielergebnissen in Kapitel 4.6 ersichtlich. Besseres Matching durch einen größeren Einheitskondensator ist aufgrund der einhergehenden Vergrößerung der Chipfläche und der Eingangskapazität nicht akzeptabel. Um mit dem gegebenen Flächenbudget eine Genauigkeit von 14 bit zu erreichen, ist es erforderlich die höchstwertigsten drei Kondensatoren in beiden Zweigen des CDAC zu kalibrieren. Die MSB-Kapazität C_{10} besteht aus 32 Einheitskondensatoren. Kalibrierwerte mit 0.4 fF Schrittweite sind nötig, um die geforderte Genauigkeit zu erreichen. Die digital einstellbaren Kapazitäten sind aus kleinen binär gewichteten Kondensator-Arrays aufgebaut. MOM-Kondensatoren mit skalierter Länge werden verwendet, um diese kleinen Werte zu erreichen. Abbildung 9.7 zeigt das Layout des kompletten Kalibriernetzwerkes. Die Kapazität C_{10} wird mit einem 6 bit-Array, C_9 mit 5 und C_8 mit 4 bit kalibriert. Insgesamt sind damit zum Speichern des Kalibrierwertes lediglich 15 bit erforderlich. Transfer-Gates verbinden die ausgewählten Kondensatoren mit der Top-Plate des Arrays. Die parasitäre Kapazität der Schalter ist sehr kritisch und muss berücksichtigt werden. Da das gesamte Kalibriernetzwerk nur positive Kapazitäten bereitstellen kann, ist es notwendig, die nominale Größe von C_{10}, C_9 und C_8 um deren maximal erwartete Variation zu verkleinern. Da die zufällige Variation erheblich kleiner als ein einzelner Einheitskondensator ist, wurde zur Anpassung die Größe eines zugehörigen Kondensators am Rand der Arrays verkleinert (siehe Abbildung 9.6).

Ein interner Zustandsautomat steuert den Kalibrieralgorithmus. Die Kalibrierung startet mit der Kapazität C_8, während die Schalter an den Bottom-Plates von C_{10} und C_9 in einer festen Position bleiben. Als nächstes wird C_9 und zuletzt C_{10} kalibriert, wobei die zuvor ermittelte Einstellung jeweils einbezogen wird. Der vollständige Ablauf benötigt lediglich 48 Systemtakte. Die 15 bit Kalibrierdaten werden anschließend in einem EEPROM gespeichert.

Während des Kalibriervorganges erzeugt eine unsymmetrische Ladungsinjektion des Schalters S1 eine Spannungsdifferenz zwischen den beiden isolierten Knoten, dessen Wirkung vergleichbar mit einer Offsetspannung des Komparators ist. Der Kalibrieralgorithmus interpretiert diese Spannungsdifferenz als Kapazitätsmismatch und bezieht diese mit ins Kalibrierergebnis ein. Um die Ladungsinjektion zu minimieren, besteht S1 aus zwei getrennt steuerbaren Transfer-Gates unterschiedlicher Größe. Im normalen Betrieb werden beide Schalter parallel verwendet, um einen niedrigen Serien-

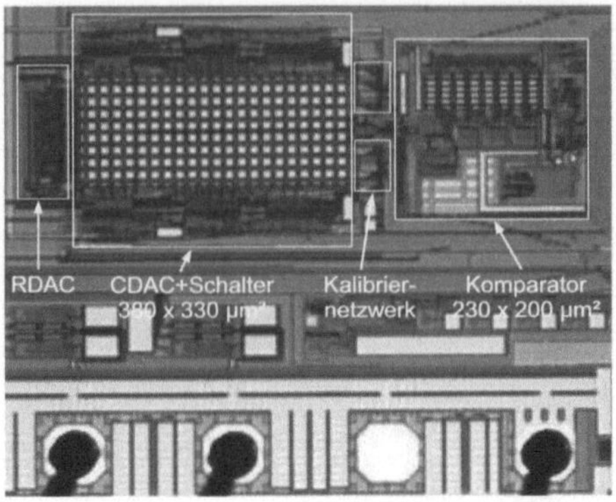

Abbildung 9.8: Chipfoto eines einzelnen ADCs und Teil des Padrings

widerstand zu erreichen. Während des Kalibriervorgangs ist der Serienwiderstand unkritisch und nur der deutlich kleinere Schalter wird genutzt. Damit verbleibt hauptsächlich die Offsetspannung des Komparators als limitierende Größe für die erzielbare Genauigkeit der Selbstkalibrierung.

9.3 Messergebnisse

Der ADC mit Selbstkalibrierfunktion ist Kernbaustein eines von ZMDI kommerziell entwickelten ICs, bestehend aus zwei synchron arbeitenden ADC-Kernen, interner Band-Gap Referenzquelle, Oszillator, seriellem Interface und EEPROM. Der ADC mit Ausnahme des Komparators wurde im Rahmen dieser Arbeit entworfen. Zwei Prototypen wurden in 0.35 µm CMOS-Technologie von XFAB gefertigt und die Entwicklung bis zum Probebetrieb des automatischen Bauelementetestprogramms vorangetrieben.

Abbildung 9.8 zeigt ein Chipfoto eines einzelnen ADCs. Um einen großen Signal- und Versorgungsspannungsbereich abzudecken, wurden 5 V IO-Transistoren verwendet. Die gemessenen INL- und DNL-Fehler vor und nach der Selbstkalibrierung sind in Abbildung 9.9 gegenübergestellt.

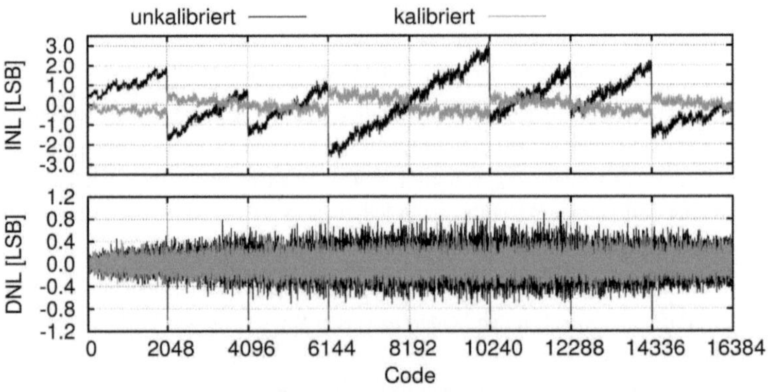

Abbildung 9.9: INL- und DNL-Fehler einer vollständigen unipolaren Kennlinie vor und nach Selbstkalibrierung, gemessen mit Sinus-Histogrammtest im Wavertest bei 125 kS/s

Parameter	Wert
Auflösung	14 bit
Eingangskapazität	15 pF
max. Abtastrate	500 kS/s
DNL- und INL-Fehler	±1.5 LSB
ENOB	12.0 bit
Eingangsspannungsbereich	0 V bis V_{DD}
Versorgungsspannung V_{DD}	3.0 V bis 5.2 V
Fläche eines ADC	330 μm × 760 μm
Technologie	0.35 μm CMOS, 3 Metallebenen

Tabelle 9.1: Zusammenfassung der Messergebnisse

Die Charakteristik der digital einstellbaren Kalibrierkondensatoren wurde indirekt ermittelt, indem die gesamte Kennlinie des ADCs bei verschiedenen Kalibriereinstellungen gemessen und der DNL-Fehler analysiert wurde. Durch Einpassen von Geraden in einzelne Abschnitte der Kennlinie konnte die Wirkung von Rauschen bei der Berechnung der DNL an den relevanten Diskretisierungsschwellen unterdrückt werden. Abbildung 9.10 zeigt die so erhaltenen Werte der DNL-Fehler in Abhängigkeit der Kalibrierwerte. Die Wirkung der Kalibrierkondensatoren ist monoton und der einstellbare Bereich besitzt die erwartete Größe. Die mittlere Schrittweite beträgt 0.8 LSB, ist jedoch stark schwankend und oft größer als 1 LSB. Damit ist es möglich, den maximalen DNL-Fehler der meisten Bauelemente auf einen Wert kleiner ±1 LSB einzustellen. Die Gültigkeit der Kalibrierwerte wird nicht von der Versorgungs- oder Referenzspannung beeinflusst. Deshalb kann die Kalibrierung einmal im Produktionstest durchgeführt und später eine feste Einstellung unter verschiedenen Arbeitsbedingungen verwendet werden.

Das Leistungsdichtespektrum bei Messung eines 5 kHz und eines 90 kHz Sinussignals ist in Abbildung 9.11 dargestellt. Eine Zusammenfassung der Messergebnisse befindet sich in Tabelle 9.1.

Die Kennlinie des ADCs wird durch Rauschen bzw. Störungen deutlich beeinflusst und das Wandlungsergebnis bei konstantem Eingangssignal variiert. Hauptquelle dieser Störungen sind digitale Schaltungskomponenten wie Zustandsautomat, gleichzeitig arbeitende IO-Zellen der seriellen Schnittstelle und Levelshifter zwischen der getrennten Versorgungsspannung von Analog- und Digitalteil. Auch die Selbstkalibrierung wird von Störungen beeinflusst, wodurch die digitalen Kalibrierwerte bei sonst gleichen Bedingungen schwanken. Da ein Durchlauf nur wenige μs dauert, ist es möglich die Selbstkalibrierung mehrfach auszuführen und das Ergebnis vor der Programmierung des EEPROM zu mitteln. Auch bei mehreren Wiederholungen dauert die Selbstkalibrierung nur wenige Millisekunden, während die Messung einer vollständigen Kennlinie mehrere Sekunden benötigt. Die Mittelung der Ergebnisse von mehreren Durchläufen kann nicht durch einfache unabhängige Mittelwertberechnung der drei Kalibrierwerte erfolgen, da diese aufeinander aufbauen und somit untereinander in Beziehung stehen. Eine Variation der Einstellung für C_8 führt automatisch zu einem anderen Wert für C_9 und so weiter. Für die Einstellung von C_8 kann der gerundete arithmetische Mittelwert aller Ergebnisse verwendet werden. Ausgehend von dieser berechneten Einstellung für C_8 werden für die Mittelwertberechnung von C_9 nur die Ergebnisse herangezogen, welche den zuvor berechneten Mittelwert für C_8 aufweisen. Für C_{10} wird genauso verfahren, wobei der vorher ermittelte Wert von C_8 und C_9 berücksichtigt wird.

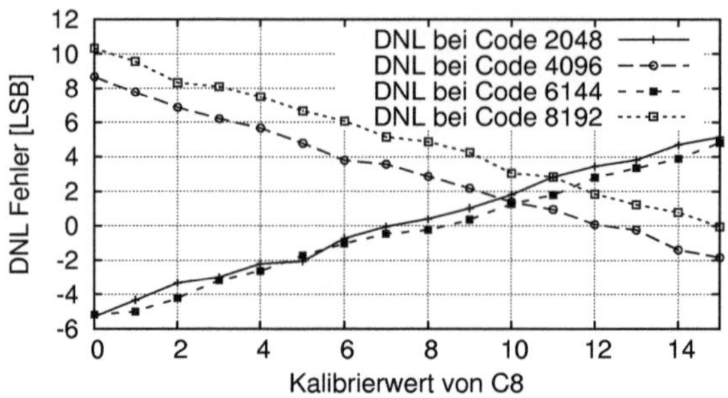

Abbildung 9.10: DNL-Fehler an ausgewählten Punkten der Kennlinie für alle 16 Kalibriereinstellungen des (MSB-2)-Kondensators C_8. Die Größe von C_8 beeinflusst die DNL bei Vielfachen von 2048 mit abwechselnder Polarität.

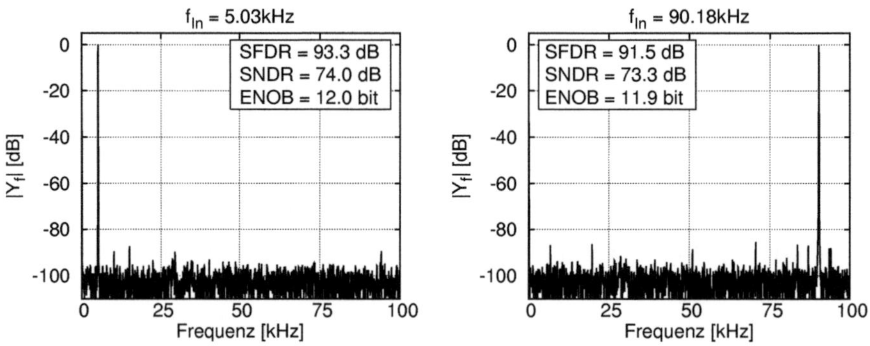

Abbildung 9.11: Leistungsdichtespektrum bei Messung eines Sinussignals mit einer Abtastrate von 200 kS/s

9.4 Zusammenfassung

Dieses Kapitel stellt eine praktische Implementierung eines 14 bit SAR ADC mit Selbstkalibrierung vor. Die Funktionsweise des Kalibrieralgorithmus wurde analytisch untersucht und für die Anwendung auf eine volldifferenzielle Architektur erweitert. Messwerte belegen die grundsätzliche Funktionsweise und praktische Anwendbarkeit, zeigen jedoch auch Grenzen auf. Die Selbstkalibrierung erfordert nur wenige Millisekunden Testzeit im Produktionstest, auch wenn mehrere Wiederholungen nötig sind um Rauschen zu unterdrücken. Das angewendete Verfahren zeichnet sich dadurch aus, dass für den Betrieb des ADCs nur eine statische Konfiguration aus dem Speicher geladen werden muss und keine ständige Berechnung von Korrekturwerten während jeder Wandlung nötig ist. Dies ist ein wesentlicher Vorteil verglichen zum Einsatz eines separaten Kalibrier- und Korrektur-DAC [Yon09, Sun12]. Besonders in Technologien mit großen Strukturweiten wird mit diesem Ansatz deutlich Fläche und Leistung gespart. Das Kalibriernetzwerk belegt nur 3% der Fläche des ADCs. Die praktische Umsetzung der winzigen Kalibrierkondensatoren und der erforderlichen Schalter ist sehr kritisch und auf die Genauigkeit und Zuverlässigkeit von Layout-Extraktions-Software angewiesen. Die erzielbare Genauigkeit des Kalibrieralgorithmus wird praktisch begrenzt durch den kleinsten Kondensator, der mit einer gewissen Genauigkeit entworfen werden kann, und durch Ladungsinjektion sowie die Offsetspannung des Komparators. Die Herausforderung dieser Kalibiertechnik liegt damit klar in der erforderlichen analogen Schaltungstechnik, wohingegen die digitalen Komponenten unkritisch sind. Da keine digitale Arithmetik benötigt wird, ist ein effektiver Einsatz in CMOS-Technologien mit großen Strukturweiten gegeben, wo digitale Komponenten im Vergleich zu analogen Baugruppen verhältnismäßig viel Fläche belegen. Durch den Einsatz eines Kalibrierverfahrens wird die Auflösung gesteigert, ohne die Chipfläche für ausreichendes Matching der Bauelemente zu erhöhen.

10 SAR ADC mit konfigurierbarer Redundanz

Im diesem Kapitel wird ein SAR ADC mit digitaler Berechnung einer redundanten Suche in einer modernen CMOS-Technologie vorgestellt. Aufbauend auf der Analyse in Kapitel 7 wird Redundanz während der sukzessiven Approximation genutzt, um Einschwingfehler zu korrigieren und eine Steigerung der Wandlungsrate zu erreichen. Eine Kombination aus thermometerkodierten und series-split DAC ermöglicht eine monotone Kennlinie mit sehr geringen Matching-Anforderungen und hoher Flächeneffizienz. Im Vergleich zu bisherigen Implementierungen wurde der Thermometer-Decoder aus dem zeitkritischen Pfad entfernt. Trotz des hohen Anteils an digitalen Komponenten wird eine kleine Leistungsaufnahme erreicht. Die präsentierte Architektur ist gut geeignet für moderne und zukünftige Technologien und ermöglicht eine einfache SoC-Integration. Labormessungen eines in Globalfoundries 28 nm Standard-low-power CMOS-Technologie gefertigten Testchips ermöglichen die Beurteilung der redundanten Suche. Im Rahmen der Arbeit entstand eine der ersten Publikationen eines SAR ADCs in 28 nm CMOS [Hae14a], die wesentliche Ergebnisse dieses Kapitels zusammenfasst.

10.1 Schaltungsimplementierung

Die single-ended Architektur mit Top-Plate-Sampling (SE-TPS) beinhaltet einen kapazitiven DAC, einen volldifferenziellen getakteten Komparator und ein komplexes digitales Steuerwerk. Eine vereinfachte Darstellung dieser Architektur befindet sich in Abbildung 10.1. Die redundante Suche wird digital berechnet und ist nicht im DAC kodiert.

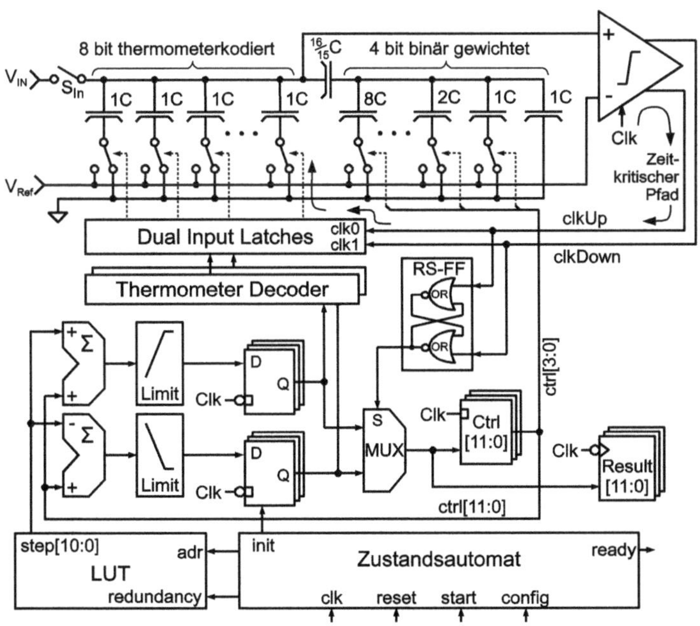

Abbildung 10.1: Blocklevel-Schaltplan des ADCs mit redundantem Suchbaum

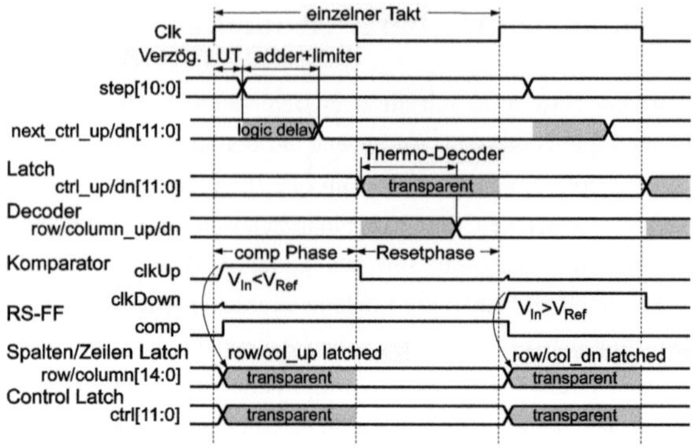

Abbildung 10.2: Taktdiagramm des Latch-basierten Steuerwerkes

Während der herkömmlichen binären Suche wird in jedem Takt genau ein Bit im Steuerwort gesetzt und der Komparator kontrolliert das Rücksetzen des im vorherigen Takt gesetzten einzelnen Bits. Dies kann sehr effizient und Timing-unkritisch umgesetzt werden und wurde bereits umfangreich untersucht [And72]. Im Gegensatz dazu ist bei einer redundanten Suche eine Berechnung des Steuerwortes notwendig, es ändern sich viele Bits gleichzeitig und der Komparator steuert mehr als ein einzelnes Bit. Im folgenden Abschnitt wird eine effektive digitale Implementierung der redundanten Suche vorgestellt.

10.1.1 Digitales Steuerwerk

Der Aufbau des digitalen Steuerwerkes ist in Abbildung 10.1 vereinfacht dargestellt. Es besteht aus zwei 12 bit-Addern und zwei Latch-Stufen zum Berechnen und Speichern des Steuerwertes des DACs. Ein synchroner Zustandsautomat steuert den Wandlungsablauf. Eine LUT (Look-up table) mit mehreren auswählbaren Datensätzen beinhaltet die Schrittweite zugehörig zum Wandlungsschritt. Zehn verschiedene Datensätze ermöglichen den Betrieb mit herkömmlicher binärer Suche oder mit redundanter Suche und verschieden großer Fehlertoleranz.

Der Steuerwert für den nächsten Wandlungsschritt wird für einen möglichen Abwärtsschritt und Aufwärtsschritt gleichzeitig berechnet und thermometerkodiert. Um die Leistung zu reduzieren und das Zeitverhalten zu verbessern wurden zwei Latch-Stufen eingefügt, mit deren Hilfe die Adderausgabe ausgeblendet und der Wert des Thermometer-Decoders stabil gehalten wird. Die erste Latch-Stufe verhindert, dass der Thermometer-Decoder während laufender Addition und Subtraktion ständig schaltet. Die zweite Latch-Stufe wird direkt vom Komparator gesteuert und speichert den Ausgang des Thermometer-Decoders. Der Komparator entscheidet, welcher dekodierte Steuerwert gespeichert und damit für den nächsten Wandlungsschritt verwendet wird. Es werden keine Multiplexer eingesetzt um zwischen den Decoderausgängen auszuwählen, sondern ein Latch mit zwei unabhängigen Dateneingängen. Im Gegensatz zur Architektur in [Kut02] sind die Thermometer-Decoder, wie in Abbildung 10.1 markiert, nicht im zeitkritischen Pfad enthalten und haben keinen direkten Einfluss auf die Wandlungsgeschwindigkeit. Abbildung 10.2 zeigt das zugehörige Taktdiagramm. Die vorgestellte Architektur ist vergleichbar zur dreistufigen Pipe-Line-Topologie in [Hes07], mit dem Unterschied, dass sich keine Multiplexer hinter der zweiten Flip-Flop-Stufe befinden, die Berechnungseinheit nur in halber Größe benötigt wird und dass Latches anstelle von Flip-Flops verwendet werden.

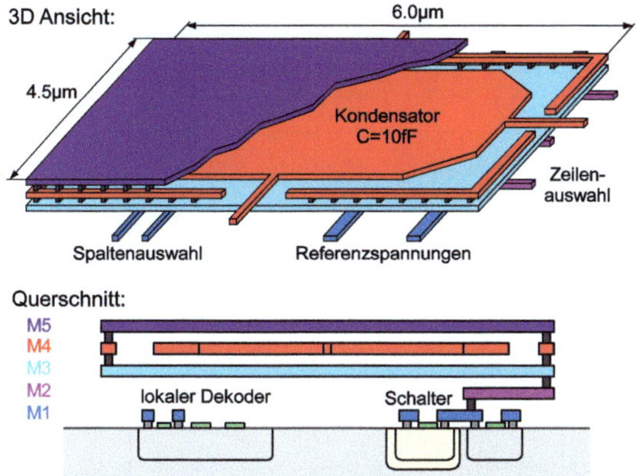

Abbildung 10.3: Layoutstruktur eines Array-Elementes mit lokaler Logik

Die Latch-basierte Architektur garantiert unkritische Setup- und Hold-Zeiten und ist unempfindlich gegenüber der Verzögerung von Komparator und Logik. Damit wird ein wesentlicher Nachteil bestehender digitaler Lösungen eines SAR ADCs mit redundanter Suche beseitigt.

10.1.2 Thermometerkodierter kapazitiver DAC

Als Kompromiss zwischen Genauigkeit und Flächenaufwand wird die in Abschnitt 5.5.2 analysierte STC-Architektur verwendet. Diese besteht aus der Kombination eines 8 bit thermometerkodierten DAC und eines 4 bit series-split binär gewichteten DAC. Wie im Abschnitt 5.2 dargelegt, bietet ein thermometerkodierter DAC eine inhärent monotone Kennlinie mit sehr kleiner differenzieller Nichtlinearität, erfordert dabei keine Kalibrierung und ist somit ideal geeignet für sub-100nm Technologien ohne charakterisierte Kondensatoren und mit sehr kleiner Fläche digitaler Schaltungen.

Die verwendete Technologie bietet keine MIM-Kondensatoren, lediglich Metall-Finger (MOM)-Kondensatoren sind verfügbar, jedoch mit festgelegter Form und sehr schlechtem Matching. Für eine hohe Energieeffizienz ist eine Kapazität mit kleiner Variation und geringem Kapazitätsbeleg wünschenswert. Deshalb wurde im Gegensatz zu [Har11] und [Kut02] nicht die seitliche Kapazität zwischen Metallfingern genutzt, sondern die vertikale Kapazität zwischen ebenen Metallflächen. Dies ermöglicht wesentlich kleinere parasitäre Kapazitäten zu darunter liegenden Leitungen, wie im Abschnitt A.1.6 vorgeschlagen. Eine Einheitskapazität von 10 fF führt zu einer Gesamtkapazität von 2.56 pF und erfüllt damit die Anforderungen hinsichtlich des thermischen Rauschens im Abtastvorgang (siehe Gleichung 8.10 im Unterabschnitt 8.5.1). Die STC-Architektur stellt für eine niedrige DNL nur geringe Matching-Anforderungen. Nach Gl. 5.57 ist für $\sigma(DNL)$<¼ LSB bei N=12 und m=4 eine Standardabweichung der Einheitskapazität von 1.1% erforderlich. Dies entspricht bei der gewählten Geometrie einem Matching-Faktor A_C=8.1 %µm und liegt damit weit über den typischen Werten von MIM- oder MOM-Kondensatoren (siehe Abbildung A.10).

Die Layoutstruktur eines Array-Elements ist in Abbildung 10.3 dargestellt. Eine vollständige Schirmung der empfindlichen Elektrode ist erforderlich, da die oberen Metallebenen auch über dem ADC für eine Verdrahtung der Versorgungsspannungen auf Chip-Level verwendet werden. Die Größe des Array-Elements ist nicht begrenzt durch die Fläche des lokalen Decoders, welcher unter dem Kon-

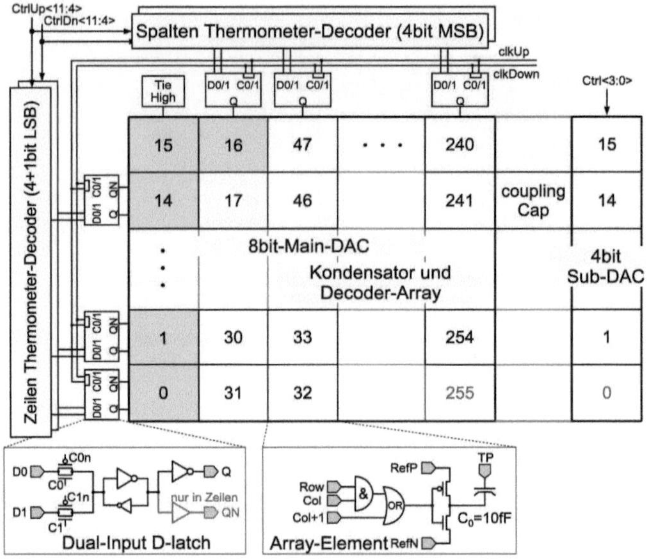

Abbildung 10.4: Struktur des teilweise thermometerkodierten Kondensator-Arrays.

densator platziert ist und lediglich 10% der Fläche belegt. Hinsichtlich der Layoutstruktur ist eine viel kleinere Größe möglich, jedoch wird die Empfindlichkeit für parasitäre Kopplungen, Ladungsinjektion, Rauschen und Leckströme durch die kleinere resultierende Gesamtkapazität gesteigert.

Der 8 bit-Main-DAC ist in einem Array mit 16 Zeilen und 16 Spalten angeordnet, mit getrenntem 4 bit-Thermometer-Decoder für die Zeilen- und Spaltenauswahl. Mit dieser Konfiguration ist der Aufwand an Decodern so gering wie möglich. Der series-split Kondensator mit nicht-Einheitsgröße befindet sich in einer separaten aber gleichartig aufgebauten Spalte zwischen main-DAC und dem daran anschließenden binär gewichteten 4 bit-sub-DAC. Abbildung 10.4 zeigt diese Anordnung.

Mit ansteigendem Steuerwert werden die Array-Elemente, wie in Abbildung 10.5 dargestellt, mäanderförmig aktiviert. Dazu sind die lokalen Decoder innerhalb jeder Zeile abwechselnd mit dem Zeilenauswahl- und invertiertem Auswahlsignal verbunden. Dadurch werden beim Übergang von

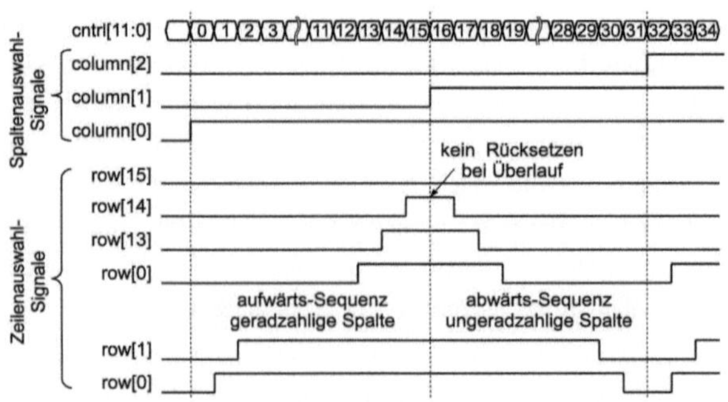

Abbildung 10.5: Abfolge der Zeilen- und Spaltenauswahlsignale für minimales gleichzeitiges Umschalten

einer Spalte zur nächsten nicht alle Zeilenauswahlsignale gleichzeitig zurückgesetzt, wie dies bei der herkömmlichen Architektur passiert. Zwischen benachbarten Steuerwerten ändert sich damit immer nur ein Zeilen- oder Spaltenauswahlsignal. Diese Methode verhindert DNL-Fehler durch eine parasitäre Kopplung im Kondensator-Array zwischen den Auswahlsignalen und der empfindlichen Top-Plate. Der lokale Decoder in jedem Array-Element enthält ein einzelnes Und-Oder komplex-Gatter. Dadurch fließt nicht bei jeder Änderung der Eingangswerte ein Querstrom, sondern nur dann, wenn sich die Ausgangsspannung ändert.

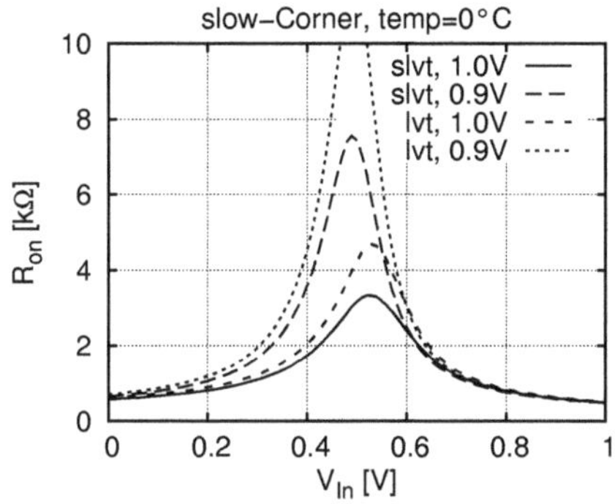

Abbildung 10.6: R_{On} eines Transfer-Gates aus Transistoren mit niedriger (lvt) und sehr niedriger (slvt) Schwellspannung bei verschiedenen Versorgungsspannungen.

10.1.3 Abtastschalter mit Spannungsüberhöhung

Größte Herausforderung beim Entwurf von analogen Schaltungen in sub-100nm Technologien sind die im Verhältnis zur Schwellspannung niedrige Versorgungsspannung und der hohe Leckstrom von Transistoren. ADCs mit hoher Abtastrate verlangen eine kurze Abtastzeit und dazu Abtast-Schalter mit einem niedrigen Widerstand im kompletten Signalbereich. Die verwendete 28 nm CMOS-Technologie von Globalfoundries bietet 1.0 V Transistoren mit vier verschiedenen Schwellspannungen. Jedoch ist deren Schwellspannung so groß, dass bei einer Versorgungsspannung von 10% unterhalb der Nominalspannung und langsamer Prozess-Corner nur die Transistoroption mit niedrigster Schwellspannung einen Entwurf von Transfer-Gates mit vertretbarem Widerstand ermöglicht. Dieses Verhalten ist für beide Transistortypen mit niedriger Schwellspannung in Abbildung 10.6 dargestellt. Bei einem Signalpegel nahe der halben Versorgungsspannung steigt der Widerstand enorm an und macht das Transfer-Gate als analogen Schalter unbrauchbar. Gleichzeitig zum niedrigem Widerstand wird bei einem kapazitiven DAC auch ein geringer Leckstrom gefordert (siehe Gl. 8.11). Die Leckströme der Transistoren unterschiedlicher Schwellspannung unterscheiden sich um rund Faktor zehn. Dabei liegt der Leckstrom der Transistoren mit niedriger Schwellspannung Größenordnungen über tolerierbaren Werten, selbst für Abtastraten im MS/s Bereich. Deshalb existiert keine Schwellspannungsoption, die als Schalter im gesamten Signalbereich einsetzbar ist und gleichzeitig einen akzeptablen Leckstrom aufweist.

Um dieses Dilemma zu umgehen, wird ein Schalter mit kapazitiver Spannungsüberhöhung (bootstrapped Switch), vergleichbar zu [Hon07], eingesetzt. Dazu wird ein 1.8 V IO-Transistor mit deutlich niedrigerem Kanal- und Gate-Leckstrom verwendet. Der Schaltplan des gesamten Schalters ist

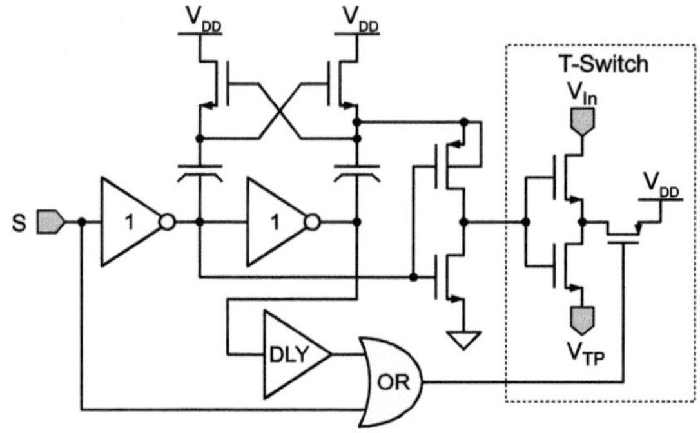

Abbildung 10.7: Abtastschalter mit kapazitiver Spannungsüberhöhung und verbesserter Isolation

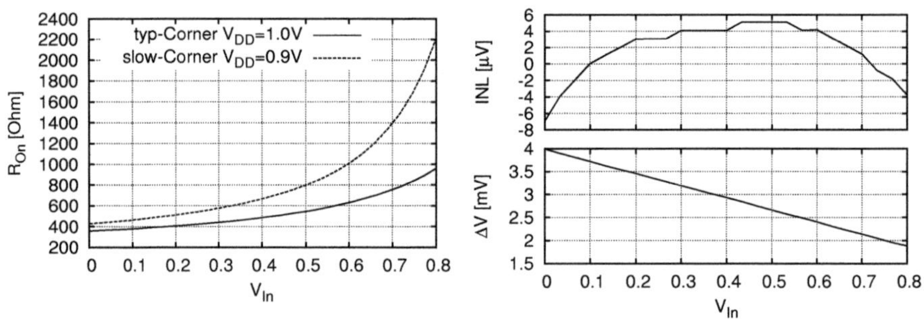

(a) R_{On} unter verschiedenen Bedingungen

(b) Spannungsänderung ΔV und INL-Fehler durch Ladungsinjektion

Abbildung 10.8: Simulationsergebnisse des Abtastschalters

in Abbildung 10.7 dargestellt. Um lediglich einen NMOS-Transistor im gesamten Signalbereich zwischen Masse und Referenzspannung als Schalter nutzen zu können, wird dessen Gate mit einer Spannung von rund $2V_{DD}$ betrieben. Zum Erzeugen dieser Spannung sind zwei Kondensatoren und einige weitere IO-Transistoren erforderlich. Der eigentliche Schalter besteht aus der Reihenschaltung von zwei NMOS-Transistoren. Der mittlere Knoten wird während des isolierten Zustandes auf V_{DD} gezogen, um eine bessere Isolation und eine zusätzliche Reduktion des Leckstroms, unabhängig von der während der Wandlung anliegenden Signalspannung, zu erreichen. Die Ladungsinjektion des Abtastschalters ist besonders in single-ended Architekturen kritisch, eine Dummy-Schalter-Kompensation aufgrund des Drain- bzw. Source-Bulk Leckstromes in dieser Technologie allerdings nicht sinnvoll. Abbildung 10.8 zeigt den Widerstand des Schalters und die Änderung der abgetasteten Signalspannung. Die injizierte Ladung ist zwar stark von der Spannung abhängig, allerdings liegt ein sehr linearer Verlauf vor, weshalb in der Simulation nur ein sehr geringer INL-Fehler hervorgerufen wird.

Nachteile dieser Lösung sind die verhältnismäßig große Fläche der Kondensatoren und eine zusätzliche An- und Ausschaltverzögerung. Da keine Alternative besteht und der Aufwand nur für einen einzigen Schalter notwendig ist, kann diese Lösung akzeptiert werden.

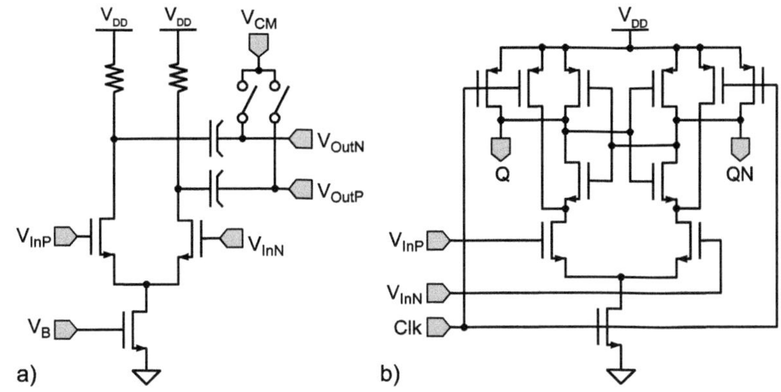

Abbildung 10.9: (a) Vorverstärker mit Offset-Cancellation und (b) getaktetes Latch

10.1.4 Komparator mit Offset-Cancellation

Der Komparator eines hochauflösenden SAR ADCs ist kritisch für die gesamte Leistungsaufnahme. Um 12 bit DC-Genauigkeit zu erreichen, ist ein Komparator mit Vorverstärkung und Offset-Cancellation notwendig. Der Einsatz eines redundanten Suchbaumes reduziert die Einschwinganforderung, trotzdem wird für die angestrebte Abtastrate bei kleinen Eingangsspannungen eine Einschwingzeit von weniger als 10 ns benötigt.

Der verwendete Komparator besteht aus einem kontinuierlich arbeitenden Vorverstärker und einem getakteten Latch. Den Schaltplan zeigt Abbildung 10.9. Volldifferenzielle Verstärkerstufen mit Widerstandslast erreichen eine große Bandbreite, besitzen einen gut definiert Arbeitspunkt und einen begrenzten symmetrischen Aussteuerbereich. Die erreichbare Verstärkung ist jedoch durch die niedrige Versorgungsspannung sehr gering. Um eine ausreichende Gesamtverstärkung zu erzielen, sind vier Verstärkerstufen mit jeweils einer Verstärkung zwischen vier bis sechs nötig. Ein Replika-Bias-Generator wird verwendet, um ohne externen Bias-Strom oder Gleichtaktspannung einen stabilen Arbeitspunkt zu garantieren. Der Arbeitspunktstrom kann zusätzlich in vier Stufen digital justiert werden. Am Ausgang der ersten beiden Verstärkerstufen befinden sich Serien-Kapazitäten, die zur Offset-Cancellation verwendet werden. Zusätzlich zur Offsetspannung wird auch Rauschen unterhalb der Abtastfrequenz unterdrückt [Fin96]. Die Kapazitäten werden in jeder Wandlung während des Abtastvorganges bei kurzgeschlossenem Komparatoreingang vorgeladen. Diese Methode bietet zwar ein Auslöschen des zufälligen sowie statischen Komparatoroffsets, unabhängig von den aktuellen Betriebsbedingungen, fügt jedoch kritische Schalter am Komparatoreingang ein, erhöht die kapazitive Last der Verstärkerstufen, ist empfindlich für Leckströme und führt letztlich zu einer deutlich höheren Leistungsaufnahme.

Dem getakteten Latch folgt direkt ein RS-Flip-Flop, welches die Komparatorentscheidung für jeweils eine komplette Taktperiode speichert. Die Dual-Input-Latches am Ausgang der Thermometer-Decoder werden direkt durch das Komparator-Latch gesteuert. Ein Spannungspuls am negativen Ausgang bewirkt die Übernahme des kodierten Steuerwertes für einen Aufwärtsschritt und ein Spannungspuls am positivem Ausgang für einen Abwärtsschritt. Dadurch ändern sich die Zeilen- und Spaltenauswahlleitungen synchron mit minimaler Verzögerung direkt nach der Komparatorentscheidung. Eine

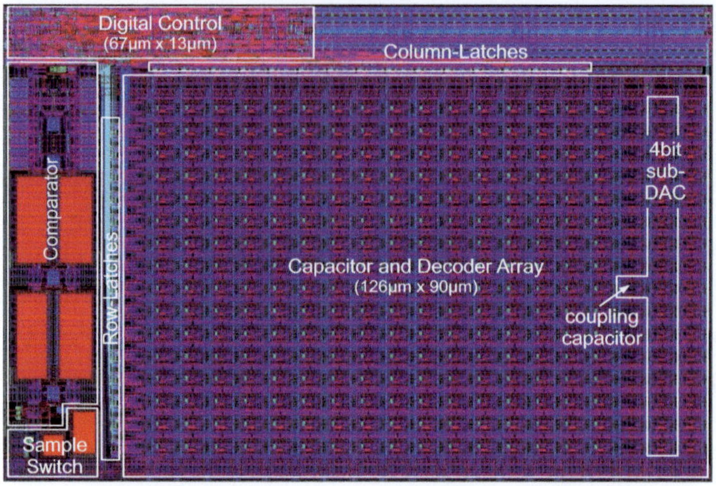

Abbildung 10.10: Layout des ADC mit einer Fläche von 153µm x 104µm

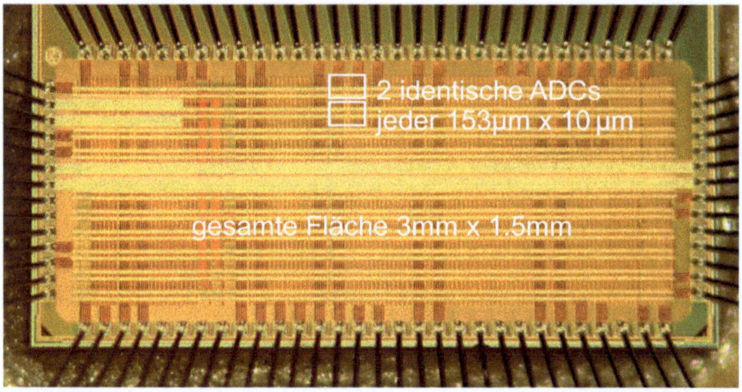

Abbildung 10.11: Mikroskopbild des Testchips "Titan" in 28 nm CMOS-Technologie

künstliche Verzögerung zwischen dem Taktsignal am Komparator und im Digitalteil stellt sicher, dass das Komparator-Latch eindeutig umschaltet, bevor der Digitalteil Störungen auf der Versorgungsspannung verursacht.

10.2 Ergebnisse

Zwei identische ADCs wurden im Testchip "Titan" zusammen mit zahlreichen anderen analogen und digitalen Schaltungskomponenten in 28 nm Standard-digital super-low-power CMOS-Technologie von Globalfoundries gefertigt. Eine Fotografie des gesamten Testschips zeigt Abbildung 10.11. Eine Layoutdarstellung des ADCs befindet sich in Abbildung 10.10. Der ADC belegt eine Fläche von $153 \times 104\,\mu m^2$. Der komplette Digitalteil inklusive Thermometer-Decoder, Steuerwertberechnung, LUT und Zustandsautomat belegt nur 7% der Fläche und zeigt damit ganz klar die Vorteile der kleinen Technologie hinsichtlich der Skalierung von digitalen Schaltungen.

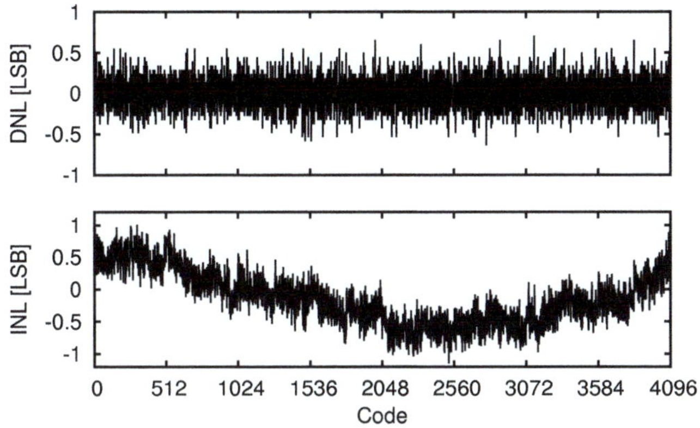

Abbildung 10.12: DNL- und INL-Fehler bei 50 MHz Taktfrequenz

Zur Beurteilung des Matchings und der Linearität des Kondensator-Arrays dient die Kennlinie in Abbildung 10.12. Zur Messung wurde eine relativ niedrige Taktfrequenz von 50 MHz verwendet, um dynamische Einflüsse und Störungen zu reduzieren. Die DNL-Fehler liegen im Bereich von ±0.6 LSB und Missing-Codes traten bei keinen der 18 ausgewerteten Bauelemente auf. Diese Ergebnisse zeigen, dass die Kondensatoren das erforderliche Matching erfüllen. Alle Kennlinien zeigen einen grundsätzlich gleichen Verlauf mit einer leichten Krümmung, aber ohne erkennbare Sprünge. Die Krümmung lässt sich auf die Ladungsinjektion des Abtastschalters und die Eingangskapazität des Komparators zurückführen.

Der Offsetfehler beträgt im Mittel -15 mV (entspricht 77 LSB) mit einer Standardabweichung von 1 LSB. Der relativ große aber konstante Offsetfehler stellt eine typische Eigenschaft der verwendeten SE-TPS Architektur dar und ist auf die parasitäre Kapazität C_{TP} der Top-Plate zum umliegenden Metall zurückzuführen. Im Verhältnis zu 2.5 pF Gesamtkapazität entspricht ein Offset von 15 mV nach Gl. 6.22 einer parasitären Kapazität von 31 fF (dies sind 0.12 fF pro Einheitselement). Die Ladungsinjektion des Abtastschalters bewirkt in der Simulation des ADCs lediglich einen Offsetfehler von -3 mV und aufgrund der geringen Variation zwischen den Bauelementen kann auch ein zufälliges Mismatch im Komparator ausgeschlossen werden. Statistische Ergebnisse einer Messung der DC-Kenngrößen sind in Abbildung 10.13 dargestellt.

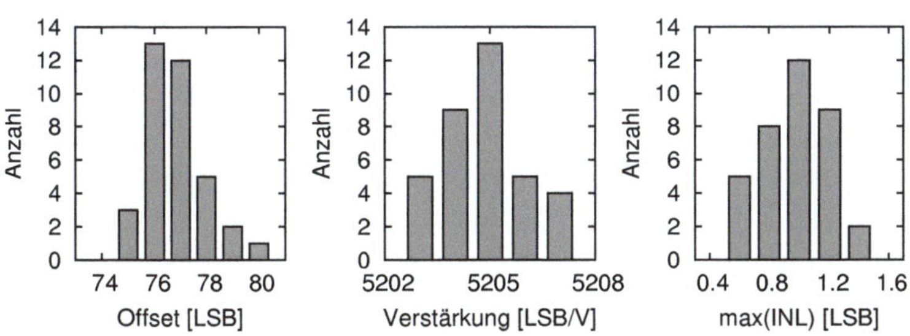

Abbildung 10.13: Statistische Daten der Messung von 18 Chips mit jeweils 2 ADC

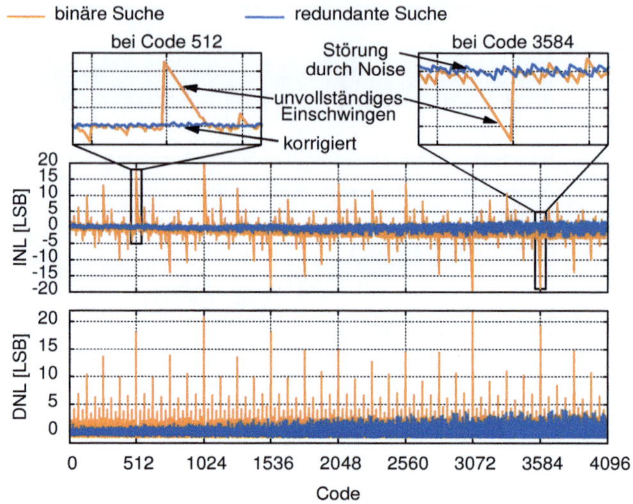

Abbildung 10.14: Vergleich von DNL- und INL-Fehler der gemessenen Kennlinie bei 4.7 MS/s und einer Taktfrequenz von 80 MHz.

Mit der konventionellen binären Suche arbeitet der ADC bis zu einer Abtastrate von 3 MS/s mit vertretbaren DNL-Fehlern. Höhere Abtastraten sind klar dominiert durch das Einschwingen des Komparators und der Referenzspannung. Bei Einsatz der redundanten Suche kann die Abtastrate gesteigert werden, ohne dass deutliche DNL-Fehler durch unzureichendes Einschwingen auftreten. INL- und DNL-Fehler bei 80 MHz Taktfrequenz sind in Abbildung 10.14 für beide Algorithmen gegenübergestellt. Die binäre Suche führt bei Vielfachen von 128 zu deutlichen Sprüngen in der Kennlinie. Eine redundante Suche, auch mit geringem Korrekturbereich, beseitigt diese deterministischen Fehler vollständig. Abbildung 10.15 zeigt den maximalen DNL-Fehler einer gemessenen Kennlinie und die Leistungsaufnahme für verschiedene Redundanzeinstellungen in Abhängigkeit der Abtastfrequenz. Bei Abtastraten über 4 MHz wird die erreichbare Auflösung durch Störung der Referenz- und Eingangsspannung deutlich begrenzt. Dadurch lässt sich mit der redundanten Suche nur eine begrenzte Steigerung der Abtastrate nachweisen. Auch ein Vergleich der Auflösung verschiedener Redundanzeinstellungen wird durch Rauschen stark verdeckt. In Übereinstimmung mit [Gia08] und [Har13] zeigen diese Ergebnisse, dass Rauschen letztlich zur Begrenzung der erzielbaren Auflösung führt, da durch die Technologieskalierung der verfügbare Signalpegel stetig abnimmt.

Das Leistungsdichtespektrum eines gemessenen Sinussignals ist in Abbildung 10.16 für zwei verschiedene Signalfrequenzen dargestellt. Der maximale SNDR beträgt 62.7 dB und entspricht einer ENOB von 10.1 bit. Die erkennbaren harmonischen Oberwellen entstehen durch den signalabhängigen R_{On} des Abtastschalters sowie durch Serienwiderstand und Diodenkapazität des ESD-Schutzes.

Tabelle 10.1 fasst die erzielten Ergebnisse zusammen und vergleicht diese mit aktuellen low-power SAR ADCs in sub-100nm Technologien. Der ADC dieser Arbeit erzielt die kleinste Fläche unter den Wandlern mit 12 bit Auflösung und die höchste ENOB der Wandler in sub-65 nm Technologien. Die verwendete Komparator-Architektur besitzt inhärent eine höhere Leistungsaufnahme als die Komparatoren in [Shi12, Har13, Har12b]. Alle Vergleichsarbeiten profitieren von einem getak-

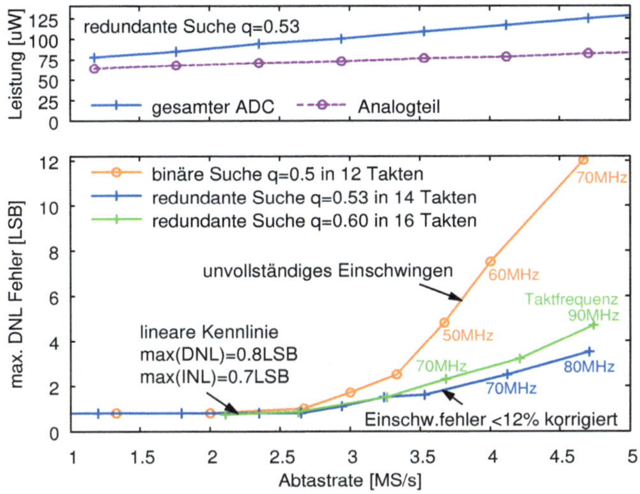

Abbildung 10.15: Maximaler DNL-Fehler und Verlustleistung in Abhängigkeit der Wandlungsrate bei verschiedenen Redundanzleveln und nominaler Versorgungsspannung von 1.0 V

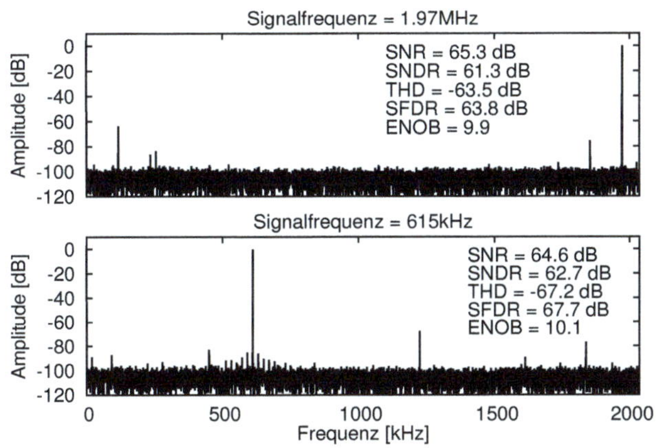

Abbildung 10.16: Leistungsdichtespektrum bei redundanter Wandlung mit 4 MS/s Abtastrate und sinusförmigem Eingangssignal

teten Komparator ohne statische Stromaufnahme. Allerdings ist ein hinreichend geringer oder zumindest konstanter Offset für 12 bit Auflösung nicht ohne aktive Vorverstärkung möglich. Weiterhin optimiert die Mehrheit der Vergleichsarbeiten die Verlustleistung, indem eine Versorgungsspannung deutlich unterhalb des Nominalwertes verwendet wird. Trotz der viel höheren Stromaufnahme des Komparators erreicht dieses Design eine vergleichbare FOM von 26 fJ/cs bei einer nominalen Versorgungsspannung von 1.0 V und 12.5 fJ/cs bei 0.7 V. Bei einer Abtatsrate von 4 MS/s und 1.0 V besitzt der Analogteil eine Verlustleistung von 80 µW und der Digitalteil vergleichsweise geringe 15 µW. Bei niedriger Versorgungsspannung reduziert sich die Leistungsaufnahme, allerdings steigt auch die Empfindlichkeit gegenüber Störungen.

Parameter	[Chu13]	[Mor13]	[Liu12]	[Har13]	[Har12b]	[Shi12]	[Sek11]	diese Arbeit	
Technologie (nm)	110	90	90	65	90	40	40	28	
Auflösung (bit)	12	12	12	12	10	8	9	12	
Versorgungssp. (V)	0.9	1.2	1.2	0.6	1.1	0.5	0.7	1.0	0.7
Abtastrate (MS/s)	1.0	50	50	0.04	4	1.1	8.2	4.0	3.2
ENOB (bit)	11.1	11.2	10.8	10.1	9.4	7.5	7.7	10.1	9.9
FOM (fJ/conv-step)	11.7	36.1	44.9	2.2	6.5	6.3	8.75	26	12.5
Verlustleistung (µW)	24	4200	3300	0.097	17.44	1.2	21.5	115	38
ADC Fläche ($10^3 \cdot \mu m^2$)	79	100	122	76	47	11	19	16	

Tabelle 10.1: Zusammenfassung und Vergleich der Ergebnisse

10.3 Zusammenfassung

In diesem Kapitel wurde die Implementierung einer redundanten, flexiblen und konfigurierbaren digitalen Berechnung des ADC-Steuerwertes vorgestellt. Eine effektive Umsetzung einer Latch-basierten Struktur wird dargelegt, die neben DAC und Komparator nur ein Latch und ein einzelnes Logik Gatter in der zeitkritischen Schleife des ADCs enthält und damit eine maximale Einschwingzeit für die analogen Komponenten bietet.

Ein Prototyp eines redundanten SAR ADCs mit 12 bit Auflösung wurde erfolgreich in einem Testchip implementiert. Statische und dynamische Kenngrößen wurden im Labor vermessen und analysiert. Durch den Einsatz eines neuartigen teilweise thermometerkodierten Kondensator-Arrays besitzt der ADC eine monotone DC-Kennlinie mit geringem DNL-Fehler. Der Einsatz einer redundanten Suche unterdrückt Fehler durch unvollständiges Einschwingen vollständig und erlaubt dadurch eine Steigerung der Abtastrate. Störungen durch die Versorgungsspannung begrenzen jedoch die erzielbare Auflösung bei hoher Taktfrequenz. Bei einer Abtastrate von 4 MS/s wird eine ENOB von 10.1 bit und eine FOM von 26 fJ/cs bei 115 µW Verlustleistung erreicht. Im Vergleich zu anderen Implementierungen besitzt der ADC eine sehr kleine Fläche von 0.016 mm² und der komplexe Digitalteil belegt davon nur 7%. Die Verlustleistung wird dominiert durch den statischen Stromverbrauch des Komparators. Eine deutliche Steigerung der Energieeffizienz ist durch ein minimalistisches Komparatordesign ohne statischen Strom erreichbar, allerdings auf Kosten der absoluten DC-Genauigkeit.

Eine SAR ADC-Architektur mit redundanter Suche ermöglicht, die Einschwinganforderungen an analoge Schaltungskomponenten deutlich zu reduzieren. Die vorgestellte digitale Implementierung besitzt keine zusätzliche Verzögerung durch Thermometer-Decoder und Steuerwertberechnung und beseitigt damit die Nachteile bisheriger digitaler Lösungen [Kut02, Hes07]. Der teilweise thermometerkodierte DAC ist flächeneffizient und erreicht mit niedrigen Matching-Anforderungen in einem Standard-digitalen CMOS-Prozess eine sehr gute Monotonie. Diese Implementierung beweist, dass eine digitale Berechnung der redundanten Suche nicht im Widerspruch zum low-power ADC-Design steht. Der hohe Anteil an digitalen Komponenten ist robust gegenüber Prozessschwankungen, belegt eine sehr kleine Chipfläche und profitiert stark von der Technologieskalierung. Die digitale Berechnung der Steuerwerte ermöglicht eine einfache Erweiterung der Funktionalität des ADCs und damit den Einsatz in bisher anderen ADC-Architekturen vorbehaltenen Anwendungen. Die Implementierung einer konfigurierbaren Fensterfunktion, mit minimalem zusätzlichem Aufwand, wird im nächsten Kapitel vorgestellt.

11 SAR ADC mit Fenster-Funktion für integrierte DC-DC Wandler

Moderne Power-Management Systeme verlangen zunehmend nach integrierten DC-DC Schaltwandlern zur energieeffizienten Erzeugung einer einstellbaren Versorgungsspannung. Abbildung 11.1 zeigt das Blocklevel-Schaltbild eines digital geregelten DC-DC Schaltwandlers. Integrierte Lösungen benötigen low-power-ADCs, die auch in modernen sub-100 nm CMOS-Technologien implementiert werden können. Die klassische Architektur eines DC-DC Schaltwandlers verwendet meist einen ADC mit Fensterfunktion, der nur einen kleinen Spannungsbereich um einen vorgegebenen Zielwert erfasst. Dadurch ist eine hohe Abtastrate bei gleichzeitig hoher Regelgenauigkeit erreichbar. Für dynamische Spannungsskalierung (dynamic voltage scaling, DVS) muss das Quantisierungsfenster, entsprechend der angeforderten Ausgangsspannung (VID), digital einstellbar sein. Eine monotone ADC-Kennlinie mit konstanter LSB-Größe ist unabhängig von der Zielspannung erforderlich, um die Stabilität der Regelschleife zu gewährleisten. DVS-Anwendungen verlangen zusätzlich eine schnelle Änderung der Ausgangsspannung und dafür eine ebenfalls schnelle Anpassung der Zielspannung. Ein ADC mit niedriger Leistungsaufnahme, die mit Abtastrate und Auflösung skaliert, ermöglicht eine hohe Energieeffizienz des Gesamtsystems.

Im Rahmen des Förderprojektes "CoolPower" wurde von der TU-Dresden in Zusammenarbeit mit ZMDI der Prototyp eines intelligenten Power-Management-SoCs mit integriertem Schaltwandler entwickelt. Aufbauend auf die umfangreiche Erfahrung im Entwurf digitaler Power-Management-Systeme wurde der digitale Regelalgorithmus von ZMDI bereitgestellt. Die „Professor für Hochparallele VLSI-Systeme und Neuromikroelektronik" an der TU-Dresden übernahm die Entwicklung der analogen Baugruppen des Schaltwandlers, der PLL [Höp13], des PWM-Generators [Höp15a] und des Prozessorkerns sowie die gesamte Integration des Testchips. Mit der 28 nm ultra-low-power CMOS-Technologie von Globalfoundries wurde eine moderne Technologie gewählt, die vor allem für große mobile Prozessorsysteme verwendet wird und damit ein realistisches Einsatzszenario darstellt. Wesentliche Inhalte dieses Kapitels wurden vom Autor bereits in [Hae14b] und in erweiterter Form in [Hae15] veröffentlicht. Diese Inhalte werden hier um eine ausführliche Beschreibung alternativer Implementierungen und zusätzliche Messergebnisse ergänzt.

Etablierte digital geregelte DC-DC Schaltwandler verwenden Flash- oder Pipeline-ADCs, die eine hohe Abtastrate bei mittlerer Auflösung erreichen. Größter Nachteil von Flash-ADCs ist deren hohe Verlustleistung, die zusammen mit der Anzahl an Komparatoren exponentiell mit der Auflösung steigt. Pipeline- oder Zyklische/Algorithmische ADCs benötigen OPVs mit hoher Verstärkung und Bandbreite und besitzen dadurch eine relativ hohe Verlustleistung. Sigma-Delta-ADCs bieten eine ausreichend hohe Auflösung bei jedoch viel zu niedriger Bandbreite. Weiterhin nimmt deren Leistungsfähigkeit mit der Technologieskalierung und bei niedriger Versorgungsspannung ab, da die erforderlichen OPVs auf eine gute analoge Transistorcharakteristik angewiesen sind [Jon10]. Neue

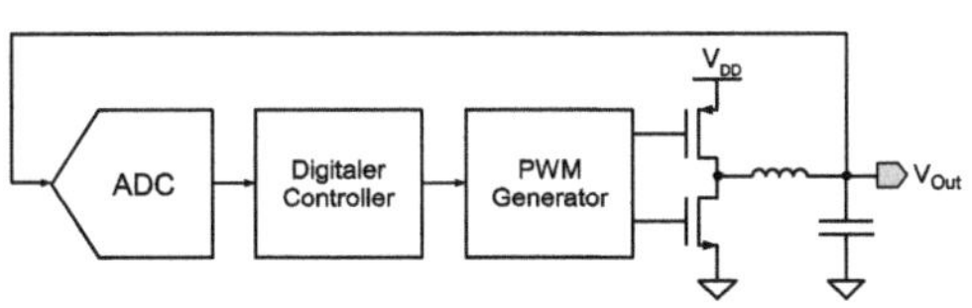

Abbildung 11.1: Blocklevel-Schaltbild eines digital geregelten DC-DC Schaltwandlers

Architekturen, basierend auf Verzögerungsgliedern oder Ringoszillatoren, werden derzeit vielfach diskutiert [She12, Dan10]. Aufgrund von nichtlinearen Verzögerungseffekten wird eine konstante Auflösung nur in einem kleinen Spannungsbereich erzielt [Che12b]. Zusätzlich ist ihre Performance stark nichtlinear von Temperatur und Versorgungsspannung abhängig, wodurch eine umfangreiche Kalibrierung erforderlich wird.

SAR ADCs erreichen unter allen ADC-Architekturen die höchste Energieeffizienz [Jon10]. Auflösungen von 8 bis 12 bit werden mit hoher Linearität und guten Rauschkenngrößen ohne Kalibrierung erreicht. Ihre stark digitale Natur und der minimale Umfang an aktiven Komponenten erlaubt die Umsetzung in modernen CMOS-Technologien [Yos13] und ermöglicht eine flexible Skalierung von Auflösung und Abtastrate [Har12b]. Allein die für den Einsatz in DC-DC Schaltreglern erforderliche Abtastrate ist bei gleichzeitig hoher Energieeffizienz grenzwertig. In diesem Kapitel wird eine SAR ADC-Architektur mit Fensterfunktion vorgestellt, die an den Einsatz in einem Schaltwandler angepasst ist und eine gesteigerte Abtastrate erzielt.

Abbildung 11.2 zeigt das Blockschaltbild eines klassischen ADCs mit Fensterfunktion. Dieser besteht aus einem DAC zum Erzeugen der Zielstellung, einem Verstärker zum Verstärken des Fehlersignals und Anpassen der Gleichtaktspannung und einem Flash- oder Pipeline-ADC mit niedriger Auflösung. Diese herkömmliche Architektur besitzt mehrere Nachteile hinsichtlich der Umsetzung in einer modernen CMOS-Technologie mit niedriger Versorgungsspannung: Der Fehlerverstärker, meist als SC-Verstärker ausgeführt, benötigt eine hohe Verstärkung und damit MOS-Transistoren mit hohem Ausgangswiderstand und der Stromquellen- oder Widerstands-DAC besitzt eine hohe Leistungsaufnahme und Fläche. SAR ADCs beinhalten inhärent einen DAC, der zur Generierung der Zielspannung verwendet werden kann. Durch Anpassung des Approximationsalgorithmus kann auf einfache Weise nur ein kleiner Spannungsbereich um einen digital einstellbaren Zielwert durchsucht werden, wodurch die Wandlung deutlich verkürzt wird.

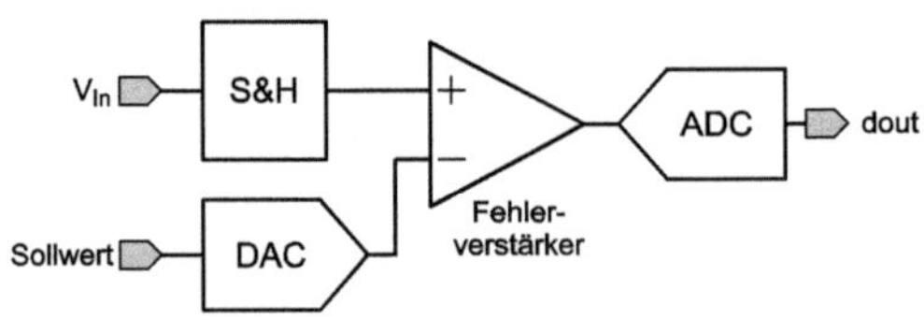

Abbildung 11.2: Blocklevel-Schaltbild eines herkömmlichen ADCs mit Fensterfunktion

11.1 Sukzessive Approximation mit Fenster-Funktion

Der herkömmliche Algorithmus der sukzessiven Approximation kann für einen Betrieb mit Fensterfunktion angepasst werden, wo nur ein begrenzter Bereich um einen vorgegebenen Startwert aufgelöst wird. Dazu wird das Steuerwort des DAC mit dem digitalen Zielwert initialisiert und die Schrittweite so gewählt, dass nur ein kleiner Wertebereich nach oben und unten durchsucht wird. Die im Vergleich zum Erfassen des vollständigem Wertebereichs reduzierte Anzahl an Schritten führt zu einer Steigerung der Abtastrate im Verhältnis zur Fenstergröße. Abbildung 11.3 zeigt die sukzessive Approximation mit und ohne Fensterfunktion am Beispiel einer 7 bit-Wandlung.

Das digitale Steuerwerk eines herkömmlichen SAR ADCs kann sehr einfach in Form einer Schieberegisterkette aufgebaut werden und erfordert pro Takt nur das Setzen und das bedingte Rücksetzen

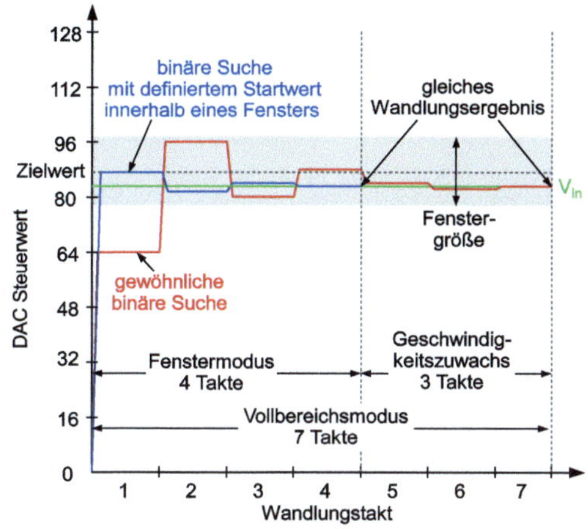

Abbildung 11.3: Sukzessive Approximation mit Fensterfunktion

eines jeweils einzelnen Bits [And72]. Eine einstellbare Initialisierung kann einfach hinzugefügt werden, aber eine binäre Suche um einen beliebigen Startwert ist nicht durch das herkömmliche Setzen und Rücksetzen einzelner Bits möglich. Um zum Beispiel ausgehend vom Startwert 93 (entspricht in der binären Darstellung 1011101) einen Schritt um 8 Stufen nach oben oder unten durchzuführen, ist eine „echte“ Addition bzw. Subtraktion nötigt um 101 (binär 1100101) bzw. 85 (binär 1010101) zu erreichen. Wird bei einem Vielfachen der Schrittweite gestartet, kann die Berechnung relativ einfach erfolgen, allerdings ist die Beschränkung auf solche Startwerte nicht akzeptabel.

In [Cli12] wird am Ausgang der herkömmlichen SAR-Steuerung ein Addierer eingefügt. Dieser dient zum Addieren des Zielwertes und damit zum Verschieben des Suchbaumes um diesen Offset. Eine vereinfachte Darstellung dieser Architektur befindet sich in Abbildung 11.4a. Die Verzögerung des Addierers ist dabei jedoch in der zeitkritischen Steuerschleife des Wandlers enthalten und führt zu einer Begrenzung der Geschwindigkeit und zu uneinheitlichen Laufzeiten einzelner Bits. Um zwischen dem Modus mit Fensterfunktion und einer Wandlung im gesamten Wertebereich umschalten zu können, ist hinter dem Addierer noch ein Multiplexer zum Umschalten zwischen beiden Steuerwerken eingefügt.

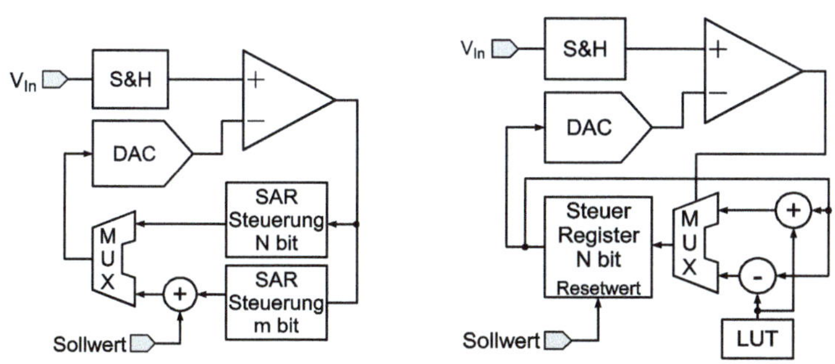

(a) Architektur aus [Cli12] **(b)** vorgeschlagene verbesserte Architektur

Abbildung 11.4: Aufbau eines SAR ADCs mit Fensterfunktion

Um die Verzögerung des Addierers aus der zeitkritischen Regelschleife zu entfernen, muss dieser vor die Register platziert werden. Damit die Komparatorentscheidung nicht trotzdem durch den Addierer führt, muss der nachfolgende Steuerwert für einen Aufwärts- und Abwärtsschritt bereits vor dem Umkippen des Komparators berechnet und anschließend nur noch ausgewählt werden. Die erforderliche Architektur ist vereinfacht in Abbildung 11.4b der vorherigen Variante gegenübergestellt. Die in Kapitel 10 vorgestellte Architektur zur Berechnung eines redundanten Suchbaumes führt in jedem Wandlungstakt eine Addition und eine Subtraktion der vorgegebenen Schrittweite und des aktuellen Steuerwortes durch. Wird eine Möglichkeit zur Initialisierung mit einem einstellbaren Startwert hinzugefügt, ist diese Architektur bereits in der Lage, die zur Fensterfunktion notwendige Berechnung auszuführen. Wird die Schrittweite nicht in Zweierpotenzen gewählt, kann auch bei einer Wandlung mit Fensterfunktion die redundante Suche angewandt werden.

Bei einer Wandlung mit Fensterfunktion ist hinsichtlich der Geschwindigkeit besonders der erste Spannungsschritt hin zum Startwert kritisch. Die nachfolgenden Schritte sind deutlich kleiner und erfordern wesentlich kleinere Einschwingzeiten. Um das genaue Einschwingen auch im ersten Schritt zu ermöglichen, könnte dafür ein zusätzlicher Takt vorgesehen werden. Dadurch erhöht sich jedoch die Komplexität der Steuerung zusätzlich. Der Einsatz einer redundanten Suche ermöglicht es, diese Einschwingfehler zu tolerieren. Mit den Schritten s=[7, 5, 3, 2, 1] kann eine Fehlentscheidung im ersten Takt innerhalb des Korrekturbereiches von ±5 LSB korrigiert werden. Der zugehörige Suchbaum im 5 bit-Fenstermodus ist in Abbildung 11.5 dargestellt. Beispielhaft wird ein fehlerhafter Aufwärtsschritt im zweiten Takt später korrigiert. Die Fenstergröße beträgt ±18 LSB, wobei nur im inneren Bereich von ±16 LSB eine vollständige Fehlerkorrektur erfolgt.

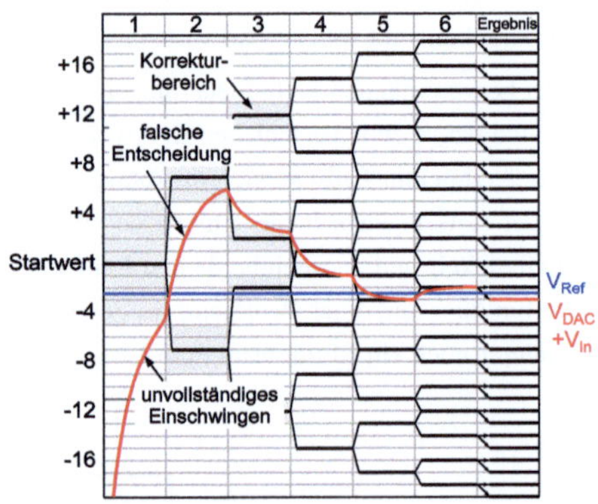

Abbildung 11.5: Redundanter Suchbaum im 5 bit-Fenstermodus

11.2 Schaltungsimplementierung

Die verwendete single-ended Architektur ist vom grundsätzlichem Aufbau vergleichbar zum ADC aus Kapitel 10, jedoch mit auf 10 bit reduzierter Auflösung. Da der ADC Signalspannungen bis 1.2 V erfassen muss, ist es nicht möglich den ADC mit 1.0 V Versorgungsspannung zu betreiben. Für diesen Signalbereich war es notwendig den gesamten analogen Teil aus IO-Transistoren mit 150 nm minimaler Kanallänge aufzubauen und mit einer Versorgungsspannung von 1.8 V zu versorgen. Durch diese grundlegende Änderung mussten alle analogen Komponenten neu erstellt werden. Der verein-

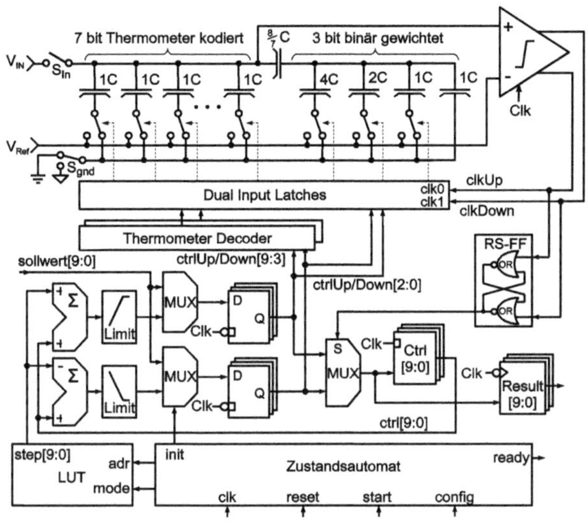

Abbildung 11.6: Blocklevel Schaltbild des ADCs mit Fensterfunktion

fachte Schaltplan ist in Abbildung 11.6 dargestellt. Der Schalter S_{gnd}ermöglicht quasi-differenzielles Abtasten der Eingangsspannung und hilft, Störungen durch Schaltvorgänge oder Stromfluss auf der Masseleitung zu unterdrücken. Die Eingangsspannung wird direkt bezogen auf die Masse des LC-Filters abgetastet. Während der Wandlung wird die analoge Masse als negative Referenzspannung verwendet.

Die single-ended TPS-Architektur besitzt durch die Komparatoreingangskapazität und Ladungsinjektion des Abtastschalters einen relativ großen Verstärkungs- und Offsetfehler. Da beide Fehler von den Betriebsbedingungen relativ unabhängig sind und eine geringe Variation zwischen den Bauelementen vorliegt, wird eine digitale Korrektur des Wandlungsergebnisses und des Sollwertes durchgeführt.

11.2.1 Digitales Steuerwerk

Das digitale Steuerwerk zur Berechnung des redundanten Suchbaumes ist in Abbildung 11.6 dargestellt, und besitzt den gleichen Aufbau wie die in Abschnitt 10.1.1 beschriebene Architektur. Einzig die Wortbreite der Arithmetik wurde von 12 auf 10 bit reduziert. Weiterhin wird das 3 bit-Steuerwort des Sub-DAC ebenfalls in Latches mit zwei Dateneingängen gespeichert, um eine geringere Verzögerung zum Komparatorsignal und damit eine bessere Synchronität zu den Zeilen- und Spaltenleitungen des Main-DAC zu erreichen.

Als Erweiterung für eine Wandlung mit Fensterfunktion wurden zusätzliche Multiplexer vor der ersten Latch-Stufe eingefügt. Damit kann diese anstatt mit einem festen Wert (512 für 10 bit Auflösung), mit einem einstellbarem Zielwert (Mitte des Fensters) initialisiert werden. Die Datensätze der LUT sind für eine herkömmliche binäre Suche, eine redundante im 10 bit Modus sowie für eine redundante Suche mit 5 und mit 6 bit Fenstergröße ausgelegt. Die zusätzlichen Multiplexer und Einträge in der LUT sind hinsichtlich ihrer Verzögerungszeit unkritisch und belegen nur wenig Fläche. Auf gleiche Weise kann die Fensterfunktion auch in der in [Kut02, Hes07] vorgestellten Architektur ergänzt

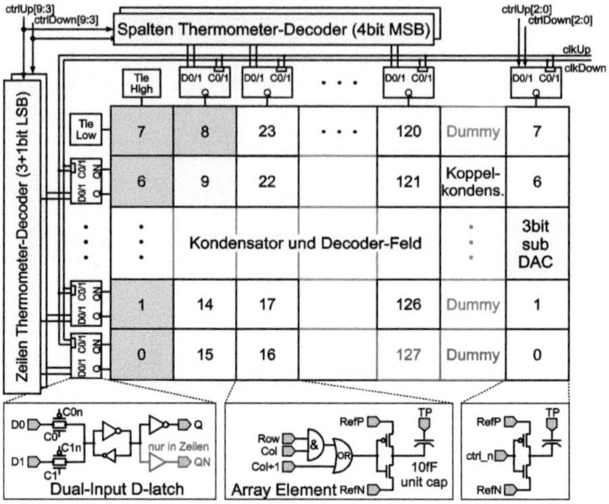

Abbildung 11.7: Struktur des Kondensator- und Decoder-Arrays

werden. Der digitale Zielwert kann sich noch während der Akquisition ändern und wird nur im ersten Wandlungstakt verwendet. Dadurch wird die Einschwingzeit des virtuellen Zielwert-DAC vollständig eliminiert.

11.2.2 Thermometerkodiertes Kondensator-Array

Die Anwendung des ADC in einer Regelschleife verlangt eine strenge Monotonie der Kennlinie. Um dies ohne charakterisierte Kondensatoren zu erreichen, wird ein teilweise thermometerkodiertes Kondensator-Array verwendet. Die höchstwertigen 7 bit sind in 16 Spalten und 8 Zeilen angeordnet. Die niederwertigen 3 bit sind binär gewichtet und liegen zusammen in einer Spalte. Die Struktur des Arrays ist in Abbildung 11.7 dargestellt. Der Aufbau der Einheitskapazität entspricht der Darstellung in Abbildung 10.3, jedoch mit veränderter Geometrie. Eine Einheitskapazität von 10 fF ergibt eine Eingangskapazität des ADC von 1.2 pF.

11.2.3 Komparator

Der volldifferenzielle Komparator besteht aus zwei kontinuierlich arbeitenden Verstärkerstufen, einem getakteten Latch und einer Bias-Schaltung. Im Gegensatz zu dem Komparator in Abschnitt 10.1.4 wird keine analoge Offset-Cancellation eingesetzt. Damit besitzen die Verstärkerstufen eine geringere Lastkapazität und erreichen eine deutlich höhere Bandbreite. Die beiden Verstärkerstufen bestehen aus einer Differenzstufe mit NMOS-Transistoren und einer Widerstandslast, siehe Abbildung 11.8. Der Schaltplan des Latches und der Bias-Schaltung sind in Abbildung 11.9 dargestellt. Die Bias-Schaltung regelt die Bias-Spannung V_{BSO}, dass über den Replika-Widerstand die an einem Widerstandsteiler vorgegebene Spannung abfällt. Damit wird unabhängig von Prozess-Corner, Temperatur und Versorgungsspannung ein stabiler Arbeitspunkt der Verstärkerstufen erzielt. Zwar variiert die Verstärkung und Bandbreite je nach tatsächlichen Widerstands- und Stromwerten, allerdings wird durch die feste Arbeitspunktspannung gewährleistet, dass alle Transistoren in Sättigung sind.

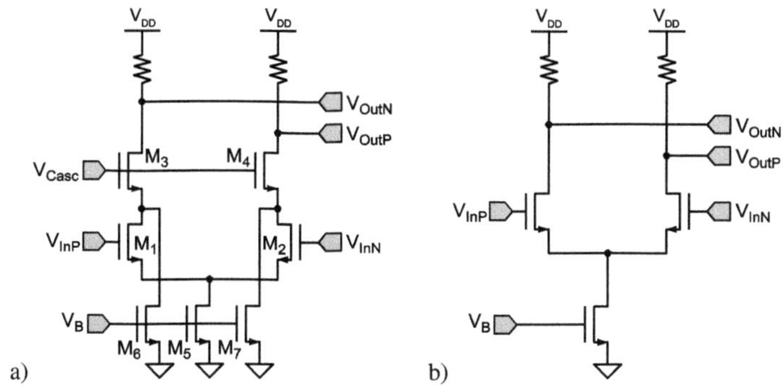

Abbildung 11.8: Schaltplan a) der ersten Vorverstärkerstufe und b) der zweiten Verstärkerstufe des Komparators

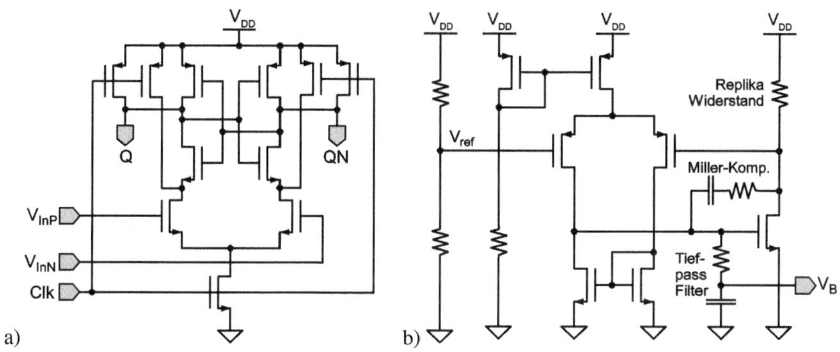

Abbildung 11.9: Schaltplan a) des getakteten Latch und b) der Replika-Bias-Schaltung des Komparators

Die Drain-Gate-Kapazität der Differenzstufe bildet einen beträchtlichen Anteil der Eingangskapazität des Komparators. Um die Rückwirkung der Ausgangsspannung auf den Eingang zu unterdrücken und das PSRR zu erhöhen, besitzt die erste Stufe zusätzlich eine Kaskode, welche die Amplitude des Drain-Knotens erheblich reduziert. Die Stromquellentransistoren M6 und M7 der ersten Verstärkerstufe sorgen dafür, dass durch die Kaskode-Transistoren M3 und M4 unabhängig von den Eingangsspannungen immer ein minimaler Strom fließt (rund $\frac{1}{10}$ des Arbeitspunktstromes), und damit der Drain-Anschluss der Transistoren M1 und M2 nie hochohmig wird, sondern auch während des Abtastvorganges bei $V_{\text{In}} \ll V_{\text{Ref}}$, also $V_{\text{InP}} \ll V_{\text{InN}}$, eine definierte Spannung am Drain von M1 vorliegt. Andernfalls bewirkt die Drain-Gate-Kapazität im ersten Wandlungstakt eine nicht definierte Störung der im Kondensator-Array gespeicherten Ladung, und damit einen zufälligen veränderlichen Offsetfehler.

11.3 DC-DC-Schaltwandler System

Der ADC ist in einem SoC mit einem digital gesteuerten DC-DC Schaltwandler integriert. Die typische PWM-Frequenz beträgt 1.25 MHz. On-Chip-Leistungsschalter mit Nulldurchgangs- und Überstrom-Detektion treiben eine externe Spule und Kondensator um aus der 1.8 V IO-Versorgung eine

Abbildung 11.10: Chipfoto des Testchips „Blizzard" und Layout des ADCs mit einer Gesamtfläche von $110 \times 85 \mu m^2$

geregelte Spannung im Bereich von 0.6 bis 1.15 V zu erzeugen. Ein Xtensa LX4 Prozessor mit adaptiver Spannungs- und Frequenz-Skalierung (DVFS) sowie eine Gruppe an digital steuerbaren Ringoszillatoren bilden die Last des Schaltreglers mit Strömen von bis zu 200 mA.

Durch Überabtasten der geregelten Spannung mit einer Abtastrate von 12 MS/s ist es möglich, eine digitale Filterung innerhalb eines PWM Zyklus durchzuführen und damit Rauschen zu unterdrücken. Außerdem kann durch die hohe Abtastrate schnell auf einen Lastwechsel reagiert werden, indem das PWM Signal noch innerhalb eines Zyklus mit veränderter Pulsweite neu gestartet wird. Beide Maßnahmen erhöhen die Energieeffizienz des Schaltreglers.

11.4 Messergebnisse

Der rund $3 \times 3\,mm^2$ große Testchip „Blizzard" wurde in einer 28 nm Standard-digital super-low-power CMOS-Technologie gefertigt und in ein 44 Pin Keramikgehäuse gepackt. Alle Versorgungsspannungs- und Masse-Pads sind mit doppelten Bonddrähten verbunden. Ein Foto des Testchips und das Layout des ADCs zeigt Abbildung 11.10. Der gesamte ADC inklusive Bias-Generator und Referenzspannungsfilter belegt eine Fläche von $110 \times 85 \mu m^2$, davon entfallen nur 7% auf das digitale Steuerwerk. Das DC-DC Wandlersystem wurde erfolgreich in Betrieb genommen und die Energieeffizienz analysiert.

Abbildung 11.11 vergleicht den gemessenen INL- und DNL-Fehler der binären Suche und der redundanten Suche im 10 bit Modus bei einer Taktfrequenz von 245 MHz. Durch den Einsatz der redundanten Suche werden DNL- und INL-Fehler durch unvollständiges Einschwingen von DAC und Komparator vollständig eliminiert. Die theoretische Analyse der Einschwingzeit in Kapitel 7 ergibt nach Gleichung 7.4 für eine binäre Suche mit 10 bit Auflösung eine erforderliche Periodendauer von $T{=}6.9\tau$. Durch eine redundante Suche kann die Periodendauer nach Gleichung 7.16 für $q{=}0.53$ auf $T{=}2.8\tau$ verkürzt werden. Dies entspricht einer Steigerung der Taktfrequenz um Faktor 2.46. Unter typischen Betriebsbedingungen konnte mittels binärer Suche eine fehlerfreie Kennlinie bis zu einer unerwartet hohen Taktfrequenz von 230 MHz gemessen werden. Die den ADC umgebende Digitalschaltung ist für eine nominale Taktfrequenz von 125 MHz ausgelegt. Ohne Fehlverhalten des Digitalteils war eine Steigerung auf bis zu 270 MHz möglich, allerdings ohne dabei die mit redundanter

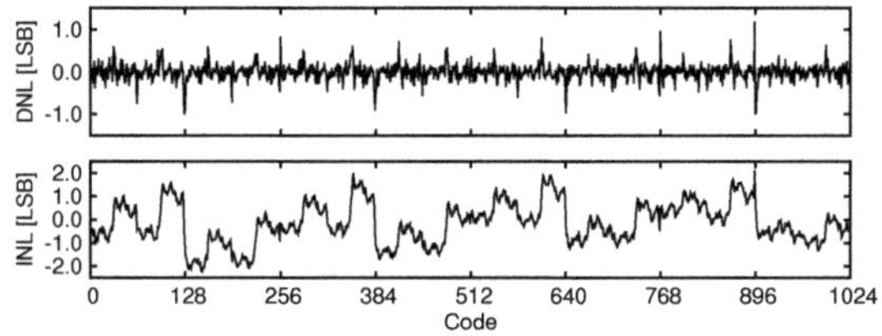

(a) herkömmliche binäre Suche mit einer Abtastrate von 18.8 MS/s

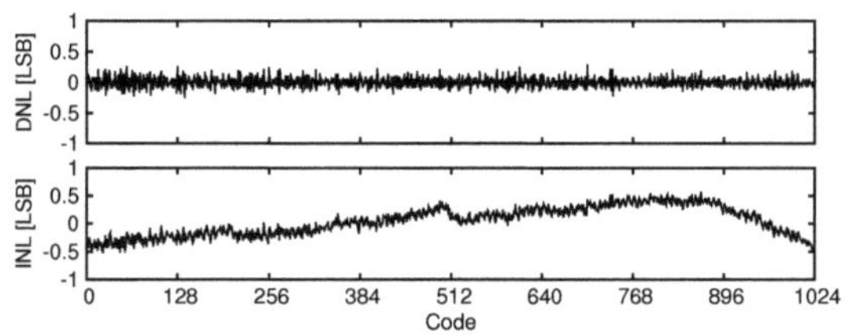

(b) redundante Suche mit einer Abtastrate von 16.3 MS/s

Abbildung 11.11: DNL- und INL-Fehler einer gemessenen Kennlinie bei einer Taktfrequenz von 245 MHz

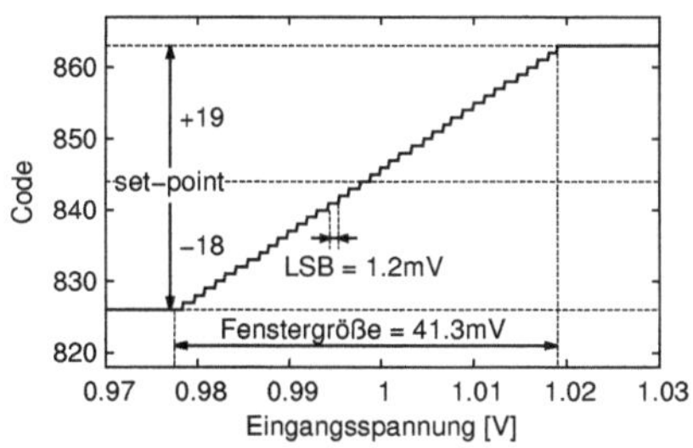

(a) Kennlinie bei 6 Wandlungsschritten

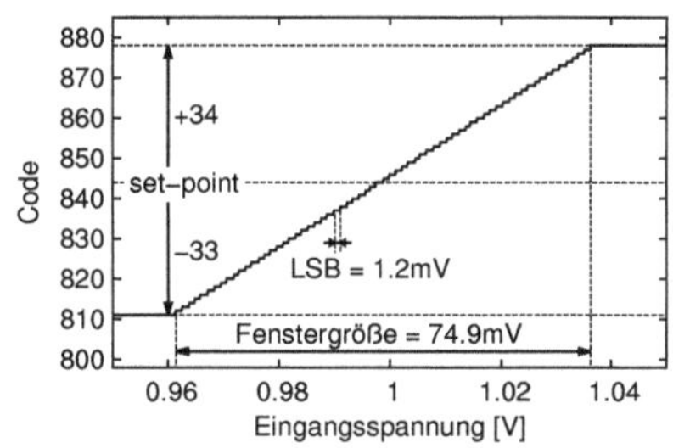

(b) Kennlinie bei 7 Wandlungsschritten

Abbildung 11.12: Kennlinie bei Betrieb im Fenstermodus mit einem Sollwert von rund 1.0 V

Suche maximal mögliche Abtastrate zu erreichen. Die Taktfrequenz ist letztlich durch den Digitalteil des DC-DC Wandlers begrenzt und nicht durch den ADC selbst. Damit konnte zwar die durch eine redundante Suche theoretisch erzielbare Steigerung der Abtastrate nicht messtechnisch überprüft werden, aber die grundsätzliche Unterdrückung von Einschwingfehlern ist deutlich erkennbar und sorgt für einen robusten Betrieb. Unabhängig vom dynamischen Verhalten wird ein maximaler DNL-Fehler von 0.3 LSB und eine INL-Fehler von 0.6 LSB erreicht, mit geringer Streuung zwischen den Bauelementen. Die leichte Krümmung der Kennlinie wird durch Ladungsinjektion des Abtastschalters und durch die Eingangskapazität des Komparators verursacht und konnte schon in der Schaltungssimulation mit gleicher Größe und Verlauf nachgewiesen werden.

Abbildung 11.12 zeigt die gemessene Kennlinie im Fenstermodus mit 6 bzw. 7 Wandlungsschritten. Die volle Redundanz steht nur im inneren Bereich von ±15 LSB bzw. ±31 LSB zur Verfügung, trotzdem ist im Außenbereich keine Verzerrung erkennbar. Bei einer Taktfrequenz von 245 MHz

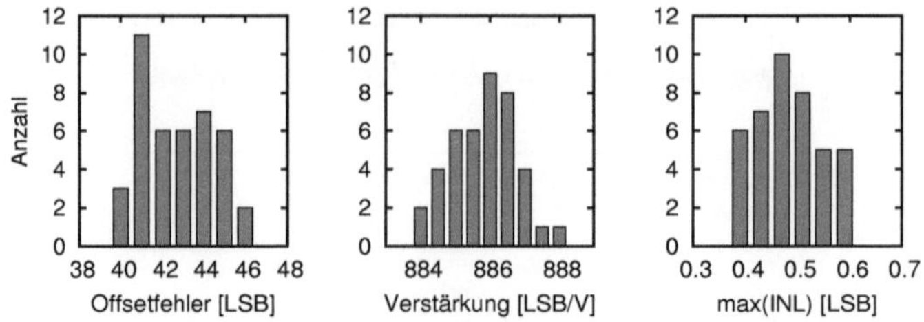

Abbildung 11.13: Häufigkeitsdiagramme der DC-Kenngrößen von 41 Bauelementen

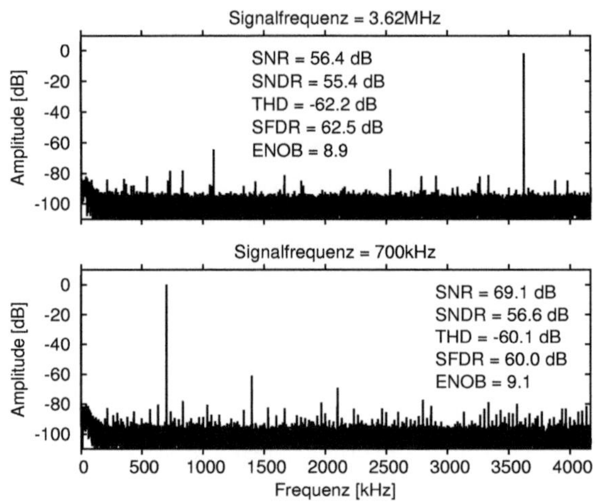

Abbildung 11.14: Spektrum bei Abtastung eines Sinussignals mit redundanter Suche bei 8.3 MS/s. Ein kontinuierlicher Off-Chip-Datentransfer des SoC ist nur bis zu einer Taktfrequenz von 125 MHz möglich, wodurch die Wandlungsergebnisse höherer Abtastraten nicht extern erfasst werden können.

wird im Vollbereichsmodus mit 12 Takten Wandlungsdauer und 3 Takten Abtastzeit eine Abtastrate von 16 MS/s erreicht. Im Fenster-Modus mit lediglich 6 bzw. 7 Wandlungstakten wird die Abtastrate auf 26.7 MS/s und 24 MS/s gesteigert. Die Leistungsaufnahme ist dabei nahezu unabhängig vom Betriebsmodus.

Die DC-Kenngrößen von 41 Bauelementen sind als Häufigkeitsdiagramm in Abbildung 11.13 zusammengefasst. Aufgrund der geringen Variation ist eine einheitliche Korrektur von Offset- und Verstärkungsfehler ausreichend, um die Spezifikation des Anwendungssystems zu erfüllen.

Das Leistungsdichtespektrum eines abgetasteten Sinussignals und zugehörige dynamische Parameter sind in Abbildung 11.14 aufgelistet. Es wird ein maximaler SNDR von 56.6 dB und damit 9.1 bit ENOB erreicht. Harmonische Oberwellen entstehen durch den signalabhängigen R_{On} des Abtastschalters, der für den Betrieb bei Überabtastung ausgelegt ist. Dynamische Parameter bei einem Eingangssignal nahe der Nyquist-Frequenz sind für die Anwendung in einem DC-DC Wandler vollkommen unkritisch, da die geregelte Spannung eine niedrige Anstiegsrate und Bandbreite aufweist.

Tabelle 11.1 fasst die Messergebnisse zusammen und vergleicht diese mit aktuellen low-power SAR ADCs und anderen ADCs mit ähnlicher Abtastrate und Auflösung, die speziell für den Einsatz in

Parameter	[Dan10]	[Shi08]	[She12]	[Cli12]	[Mal12]	[Yos13]	[Har12b]	diese Arbeit		
Architektur/Modus	VCO	Pipeline	Delay line	SAR	SAR	SAR	SAR	voll. Bereich	Fenster Modus	
Auflösung (bit)	(12)	10	4	7 (4 win.)	10	8	10	10	5	6
Abtastrate (MS/s)	30	26	4.0	19.2	40	24	4.0	16	26.7	24
Eingangssp. (V)	±0.45	1.0	0.87-1.32	V_{set}±80mV	1.1	0.7	1.36	1.2	V_{set}±22mV	V_{set}±36mV
ENOB (bit)	10.3	8.7	4.1	<4.0	9.15	7.0	9.4	9.1		
INL-Fehler (LSB)	1.5	1.2	0.15	-	0.7	0.54	0.42	0.6		
FOM (fJ/conv-step)	150	161	210	70.3	63	17	6.5	81		
Versorgungssp. (V)	-	1.2	1.0 und 2.5	1.2	1.1	0.7	1.1	analog: 1.8, digital: 1.0		
Leistungsaufn. (µW)	11400	1780	14	21.6	2700	54.6	17.4	710		
Fläche ($10^3 \cdot \mu\mathrm{m}^2$)	20	330	9	24	80	5.8	47	9.35		
Technologie (nm)	65	65	65	65	40	40	90	28		

Tabelle 11.1: Messergebnisse und Vergleich mit anderen Window-ADCs und low-power SAR ADCs

DC-DC Schaltreglern entworfen wurden. Um einen fairen Vergleich von Fläche und Verlustleistung zu ermöglichen, wurde die Auswahl auf ADCs in sub-100 nm CMOS-Technologien beschränkt. Im 10 bit-Modus wird eine FOM von 81 fJ/conv-step erreicht. Die Leistungsaufnahme des Digitalteils beträgt 150 µW bei einer Taktfrequenz von 245 MHz. Die hervorragende Energieeffizienz der aufgeführten low-power SAR ADCs wird hauptsächlich durch die statische Stromaufnahme des Komparators und die vergleichsweise hohe Versorgungsspannung des Analogteils nicht erreicht. Verglichen zu den anderen ADC-Architekturen ist die FOM bei gleichzeitig höherem Eingangsspannungsbereich jedoch überlegen. Zieht man für die Berechnung die im Fenstermodus mit 6 Wandlungsschritten erzielbare Abtastrate bei gleichzeitig 10 bit effektiver Auflösung des Gesamtsystems heran, so ergibt dies eine Verbesserung der FOM auf 48 fJ/conv-step. Die Fläche des ADC ist um Faktor 2 kleiner als bei allen anderen aufgelisteten 10 bit-ADCs.

11.5 Beurteilung der verwendeten Kondensatoren

In diesem ADC und der vorherigen Arbeit in 28 nm CMOS-Technologie wurde kein charakterisiertes Bauelement sondern die vertikale Kapazität zwischen den Metallebenen als Kondensator verwendet (siehe Abbildung 10.3). Diese besitzt einen sehr niedrigen Kapazitätsbelag von rund 0.37 fF/µm². Zum erzielbaren Matching dieser Struktur enthält die Technologiedokumentation keine Angaben. Anhand von Messwerten wird nachfolgend eine Abschätzung des Matching-Faktors vorgenommen. Mit Gl. 5.57 und 5.56 kann aus der gemessenen DNL und INL die normierte Standardabweichung $\frac{\sigma(C)}{C}$ eines Einheitskondensators berechnet werden. Durch Umstellen von Gl. A.7 wird basierend auf der Geometrie des Kondensators mit

$$A_{\mathrm{C}} = \frac{\sigma(C)}{C} \cdot \sqrt{\frac{W \cdot L}{2}} \tag{11.1}$$

eine obere Grenze für den Matching-Faktor A_{C} bestimmt. In Tabelle 11.2 sind die Ergebnisse dieser Berechnung zusammengefasst. Der kleinste Wert von 1.4 %µm kann anhand der INL des 12 bit-ADCs abgeleitet werden. Die INL beider ADCs wird, in per Simulation nachvollziehbarer Größe, durch Ladungsinjektion und Komparatoreingangskapazität dominiert. In keiner der Messungen ist ein anderes systematisches Muster erkennbar und die Unterschiede zwischen einzelnen Bauelementen sind gering, weshalb das tatsächliche Mismatch möglicherweise noch niedriger ist, als die zugrunde liegenden Messwerte vermuten lassen. Typische Matching-Faktoren von MIM- und MOM-Kondensatoren liegen zwischen 0.7 %µm und 3.0 %µm, wie in Abbildung A.10 dargestellt. Der hier abgeschätzte Wert entspricht ebenfalls diesem Bereich.

Die entwickelte Kondensatorstruktur erzielt ein mit MIM-Kondensatoren mindestens vergleichbares Matching, bei jedoch deutlich geringerem Kapazitätsbeleg. Dies erlaubt eine niedrige Gesamtkapazität bei gleichzeitig ausreichend großer Fläche für gutes Matching. Durch die Form und Lage im Metallstapel wird eine hervorragende Schirmung erreicht. Zusammenfassend wird die verwendete Struktur auch für höhere Auflösungen als hervorragend geeignet eingestuft.

Auflösung		DNL	INL	basierend auf DNL		basierend auf INL	
gesamt	sub-DAC			$\sigma(C)/C$	A_C	$\sigma(C)/C$	A_C
10	3	0.3	0.6	1.33 %	4.8 %µm	0.7 %	2.4 %µm
12	4	0.6	1.0	1.33 %	4.8 %µm	0.39 %	1.4 %µm

Tabelle 11.2: Abschätzung der Matching-Parameter anhand von Messwerten

11.6 Zusammenfassung

In diesem Kapitel wurde ein SAR ADC mit redundantem Suchbaum und neuartiger Fensterfunktion vorgestellt. Der ADC ist speziell für den Einsatz in einem SoC mit integriertem DC-DC Schaltregler ausgelegt. Während des Hochlaufens der geregelten Spannung kann der ADC im 10 bit-Modus und im eingeschwungenen Zustand im Fenstermodus mit einstellbarer Fenstergröße arbeiten. Verglichen zur herkömmlichen binären Suche unterdrückt der Einsatz eines redundanten Suchbaumes DNL-Fehler durch unvollständiges Einschwingen von DAC und Komparator auch bei Abtastraten von 16 MS/s vollständig. Die maximale Abtastrate wird dabei nicht von den analogen Schaltungskomponenten begrenzt. Ein Einsatz der Fensterfunktion ermöglicht durch die reduzierte Anzahl an Wandlungstakten eine weitere Steigerung der Abtastrate um Faktor 1.6 auf 26.7 MS/s ohne eine Erhöhung der Taktfrequenz oder Verlustleistung. Die Position des erfassten Spannungsbereichs kann jede Wandlung verändert werden und erlaubt somit DVS-Anwendungen mit schneller Änderung der Versorgungsspannung.

Die Fensterfunktion ist vollständig im Digitalteil des ADCs implementiert und damit kompatibel zu verschiedenen Kondensator-Array-Architekturen. Alle bisher veröffentlichten SAR ADC mit digitaler Berechnung eines redundanten Suchbaumes [Kut02, Hes07, Hae14a] stellen bereits alle notwendige Hardware zur Anwendung dieser Fensterfunktion bereit.

Die stark digitale Natur der vorgeschlagenen Architektur profitiert bestmöglich von der Technologieskalierung, bietet eine hohe Flexibilität und ist besonders für moderne sub-100 nm Technologien geeignet. Optimierungspotential besteht in der vergleichsweise hohen statischen Verlustleistung des Komparators, weshalb die herausragende Energieeffizienz anderer SAR ADCs nicht erreicht wird. Allerdings besitzt dieses Design eine gute Rauschperformance und ist unempfindlich gegenüber PVT-Variationen. Der große Eingangsspannungsbereich zusammen mit einer linearen Kennlinie und konstanter Auflösung zeigt die Überlegenheit im Vergleich zu Delay-Line- oder Ringoszillator-basierten ADCs mit Fensterfunktion und eröffnet ein neues Einsatzfeld für SAR ADCs.

12 ADC mit Rauschunterdrückung

Die erzielbare Auflösung von ADCs wird mit abnehmender Versorgungsspannung und damit niedrigem Signalpegel zunehmend durch Rauschen begrenzt. Das kTC-Rauschen des Abtastvorganges ist durch die Größe der Eingangskapazität bestimmt und kann durch Überabtasten zusätzlich reduziert werden. Für SAR ADCs mit mehr als 10 bit Auflösung führt die für ausreichendes Matching nötige Kondensatorfläche zu einer Eingangskapazität, welche die Forderung hinsichtlich kTC-Rauschen bereits erfüllt. Somit stellt kTC-Rauschen des Abtastvorganges gewöhnlich nicht die limitierende Größe dar. (siehe Abschnitt 8.5.1). Das Rauschen des Komparators ist meist wesentlich kritischer und nimmt mit steigender Wandlungsrate und damit höherer Bandbreite des Komparators zu. Durch eine Dimensionierung der Transistoren und einen höheren Arbeitspunktstrom ist die durch eine niedrigere Versorgungsspannung gestiegene Empfindlichkeit für Rauschen nicht effektiv zu kompensieren. Es ist rund der vierfache Strom für eine Halbierung der effektiven Rauschspannung erforderlich. Die für niedriges Rauschen notwendigen Arbeitspunktströme übersteigen damit schnell die für eine ausreichende Bandbreite benötigten Ströme.

In diesem Kapitel wird ein digitales Verfahren zur Rauschunterdrückung vorgestellt, welches rauschbedingte Fehlentscheidungen des Komparators und andere während der Wandlung auftretende zufällige Störungen durch Mittelwertbildung unterdrückt.

12.1 Stand der Technik

Methoden zur Rauschunterdrückung für SAR ADCs wurden erst in den letzten Jahren entwickelt. Im Folgenden wird ein Überblick über die wenigen bisher existierenden Publikationen zu diesem Thema gegeben. In [Gia08] werden zwei Komparatoren mit unterschiedlichem Rauschen und damit unterschiedlicher Leistungsaufnahme verwendet. Im letzten Wandlungstakt wird ein Komparator mit niedrigem Rauschen eingesetzt. Die vorherigen Wandlungstakte nutzen ein schnell einschwingendes aber relativ ungenaues getaktetes Latch. Am Ende der Wandlung wird ein zusätzlicher Takt eingefügt, um Fehler durch Rauschen während der ersten N-1 Takte zu korrigieren und unterschiedliche Offsetfehler beider Komparatoren auszugleichen. Die effektive Rauschspannung beider Komparatoren unterscheidet sich um Faktor 2. Dieser Ansatz unterdrückt nur das Rauschen des Komparators und nicht der restlichen Schaltung. Es wird nur soviel Verbesserung erreicht, wie durch die Dimensionierung bzw. Stromaufnahme möglich ist.

Deutlich effektiver und zukunftsorientierter sind digitale Verfahren, die auf ein Unterdrücken des Rauschens durch Wiederholen und Mittelwertbilden basieren. Wegweisend sind diesbezüglich die Arbeiten von P. Harpe. In [Har13] wird ein Verfahren vorgestellt, das auf einer digitalen Mehrheitsentscheidung beruht. Als Komparator wird ein einfaches getaktetes Latch verwendet. Eine kritische Entscheidung wird an dessen Metastabilität bzw. langsamem Umkippen detektiert und anschließend vier mal wiederholt. Die mehrheitlich vorliegende Entscheidung der fünf Vergleichsvorgänge wird für die weitere Wandlung verwendet. Es werden 16 Takte für 12 bit Auflösung bei Halbierung des Rauschens benötigt. Die Leistungszunahme durch zusätzliche Takte beträgt 33%. Da nur eine einzelne Komparatorentscheidung störungsfrei stattfindet, wird Rauschen nur in der Größenordnung eines LSB korrigiert.

Eine vergleichbare Arbeit wird in [Shr06] beschrieben. Es wird eine Mehrheitsentscheidung am Ende der Wandlung durchgeführt. Diese wird abgebrochen, sobald eine eine Mehrheit erreicht wird (drei gleiche von fünf Entscheidungen). Das Verfahren zielt hauptsächlich auf eine Unterdrückung von Substrat-Noise. Eine weitere Arbeit von P. Harpe findet man in [Har14]. Als Erweiterung zu [Har13] wird nicht nur die Entscheidung eines kritischen Taktes, sondern eine konfigurierbare Anzahl an kritischen Takten wiederholt. Dazu ist einstellbar, ab welcher Einschwingzeit des Komparators eine Entscheidung als kritisch und damit als empfindlich für Rauschen eingestuft wird. Durch Überabtasten der Eingangsspannung, verbunden mit Dithering (künstliches Einfügen eines quasizufälligen Störsignals) und Chopping (für aufeinanderfolgende Wandlungen abwechselndes internes Umpolen des differenziellen Wandlers), wird die Wirkung von Mismatch des Kondensator-Arrays unterdrückt und auch Rauschen zusätzlich reduziert.

Bei einer redundanten Suche sind nur die letzten Wandlungstakte, die keinen Korrekturbereich aufweisen, kritisch hinsichtlich Rauschen. Dies wird in dem in [Ahm13] vorgestellten Verfahren mit Mehrheitsentscheidung ausgenutzt. Da nicht festgestellt werden muss, ob ein Takt kritisch ist oder nicht, werden immer die letzten vier Takte wiederholt. Damit kann Rauschen in der Größenordnung von 8 LSB unterdrückt werden. Insgesamt werden bis zu 120 Wiederholungen, aufgeteilt auf die letzten vier Takte, durchgeführt. Die optimale Aufteilung, abhängig vom Rauschen, wird theoretisch hergeleitet. Die ENOB eines 10 bit-Prototyp-ADCs wird von 8.15 auf 9.12 bit verbessert. Der erzielte Nutzen im Verhältnis zur zusätzlichen Taktanzahl ist wenig beeindruckend. Wahrscheinlich lag zu wenig Rauschen vor um das volle Potential des vorgestellten Verfahrens ausspielen zu können.

Zwei weitere Arbeiten beruhen auf dem Ansatz der Rauschformung (Noise-Shaping), vergleichbar zu Sigma-Delta-ADCs. In [Fre12] wird die Differenzspannung am Komparatoreingang (Residuum) am Ende der vorherigen Wandlung mittels eines kaskadierten FIR (engl. finite impulse response)-Filters und eines Integrators an den negativen Komparatoreingang gegeben. Dieses System erreicht eine Rauschformung vergleichbar mit einem Sigma-Delta-Modulator dritter Ordnung. Es wird Rauschen des Komparators und der Quantisierungsfehler unterdrückt. Mit einem 8 bit-DAC wird bei vierfachem Überabtasten ein SNDR von über 60 dB und ein ENOB von 10.0 bit erreicht. Ein ähnlicher Ansatz wird in [Sha14] verwendet. Der Quantisierungsfehler eines 3 bit SAR ADCs wird innerhalb eines Sigma-Delta-Modulators mit einem Transkonduktanzverstärker (OTA) verstärkt und rückgekoppelt. Mit einer Überabtastrate (engl. oversampling ratio, OSR) von 64 wird ein ENOB von über 10 bit erreicht. Der beschriebene Ansatz entspricht stärker einem Sigma-Delta-ADC mit Multibit-Quantisierer als der Rauschunterdrückung eines SAR ADCs. Die letzten beiden Ansätze benötigen beide einen OTA als Integrator und Verstärker. Dadurch wird der wesentliche Vorteil eines klassischen SAR ADCs, hinsichtlich des Betriebs bei kleiner Versorgungsspannung und der Integrierbarkeit in sub-100 nm CMOS-Technologie, zunichte gemacht.

12.2 Rauschunterdrückung durch Mittelwertbildung

Durch Wiederholen einer Messung und Mittelwertbildung können überlagerte zufällige Störungen unterdrückt werden. Wird die gesamte Wandlung n-mal wiederholt und anschließend der Mittelwert der n Wandlungsergebnisse gebildet, so steigt die aufgewendete Energie pro gemitteltem Ergebnis auf das n-fache, während die Standardabweichung des Rauschens bestenfalls um den Faktor $\sqrt{n}$ sinkt. Für eine Halbierung des Rauschens wird die vierfache Energie benötigt. Dies entspricht in etwa der notwendigen Verlustleistung, um mittels Anpassung der Transistorarbeitspunkte des Komparators eine Halbierung des Rauschens zu erzielen. Wiederholen der gesamten Wandlung ist somit nicht energieeffizienter als eine Skalierung der analogen Komponenten.

Eine Wiederholung nur des letzten Wandlungstaktes wirkt sich weit weniger drastisch auf die Energie pro Wandlung aus. Beim hier betrachteten ADC mit 12 bit Auflösung benötigt eine einzelne Wandlung 17 Takte (4 Takte Abtastvorgang und 13 Takte redundante Suche). Eine Mittelwertbildung mit 8 Takten erzielt in der Simulation eine Halbierung des Rauschens und verursacht lediglich eine Steigerung der aufgewendeten Energie um 47% (bei Annahme einer konstanten Leistungsaufnahme in allen Takten und ohne Berücksichtigung der zusätzlichen Schaltung für Berechnung des Mittelwertes).

Durch den Einsatz eines redundanten Suchbaumes können Fehlentscheidungen des Komparators, auch verursacht durch Rauschen, korrigiert werden. Einzig die letzten Wandlungstakte weisen keine Redundanz mehr auf und müssen akkurat ausgeführt werden. Eine Fehlentscheidung im vorletzten Takt, und der dabei ausgeführte Schritt um 2 LSB, kann allein durch eine Wiederholung der letzten Komparatorentscheidung nicht behoben werden. Nachfolgend werden zwei Verfahren zur Unterdrückung von Rauschen hinsichtlich ihrer Wirksamkeit untersucht.

12.2.1 Mittelwertbildung der Komparatorentscheidung

Für eine Mittelwertbildung der Komparatorentscheidung wird zuerst eine redundante Suche, wie in Kapitel 10 beschrieben, durchgeführt. Ausgehend vom zufälligen Endwert werden zusätzliche Takte angefügt, in denen der DAC-Steuerwert nicht mehr verändert, sondern lediglich die Komparatorentscheidung erfasst wird. Repräsentiert durch die Werte +1 und -1 wird die Summe der Komparatorausgabe gebildet und am Ende der Mittelwert berechnet. Bei einem Mittelwert im Bereich von -0.5 bis 0.5 LSB wird keine Korrektur des Endergebnisses vorgenommen. Bei $\geq$0.5 LSB wird das Wandlungsergebnis um 1 LSB nach oben korrigiert und bei <-0.5 LSB nach unten. Dieses Verfahren ist seitens der Durchführung einer Wandlung vergleichbar mit der Methode in [Shr06]. Im Gegensatz zur einfachen Mehrheitsentscheidung mit lediglich zwei möglichen Ergebnissen erlaubt die hier angewandte Mittelwertberechnung eine Korrektur im Bereich von ±1 LSB.

12.2.2 Tracking-Verfahren

Um eine Korrektur um mehr als 1 LSB zu erzielen, wird ein Algorithmus vorgeschlagen, der ein Nachlaufen (Tracking) der DAC-Spannung und eine anschließende Mittelwertberechnung der durchlaufenen Steuerwerte durchführt. Wie beim vorherigen Verfahren erfolgt erst eine redundante Suche. Anschließend werden zusätzliche Takte angefügt, in denen die DAC-Spannung in 1 LSB Schritten, basierend auf einer jeweils einzelnen Komparatorentscheidung, auf- und abwärts läuft. Ein tatsächliches Nachfolgen der rauschbehafteten Spannung ist zwar nicht möglich, da der Komparator weder erkennt wieweit die DAC-Spannung vom idealen Zielwert abweicht noch die Schrittweite entsprechend angepasst wird. Allerdings nähert sich der Mittelwert der DAC-Spannung nach einigen Takten dem Mittelwert der durch Eingangsspannung. Weiter zurückliegende Fehlentscheidungen, verbunden mit größeren Schritten in die falsche Richtung, werden ebenfalls ausgeglichen. Ein Signalverlauf dieses Verfahrens ist in Abbildung 12.1 beispielhaft dargestellt.

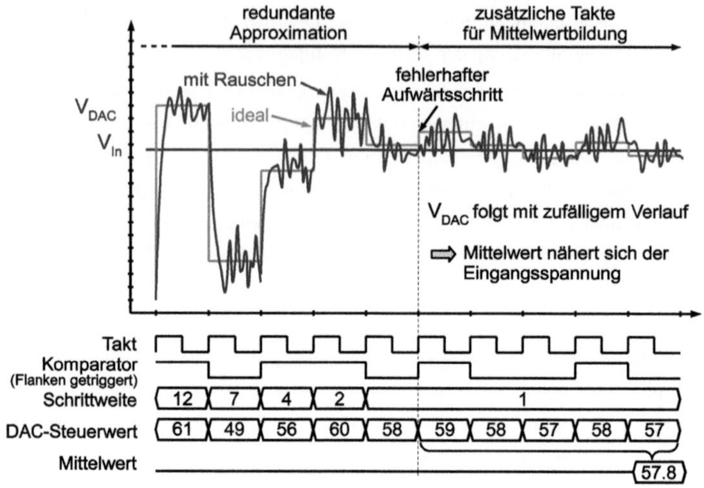

Abbildung 12.1: Signalverlauf einer Wandlung mit fünf zusätzlichen Takten zur Mittelwertbildung (Tracking-Verfahren)

12.2.3 Vergleich der Verfahren

Die erzielbare Abschwächung des Rauschens beider Verfahren wird in Abbildung 12.2 anhand von Simulationsergebnissen miteinander verglichen. Dargestellt ist die Standardabweichung der Wandlungsergebnisse in Abhängigkeit der Anzahl an zusätzlichen Takten für verschiedene Standardabweichungen $\sigma(V_{\mathrm{N}})$ des Rauschpegels. Die Werte bei einer Taktanzahl von Null entsprechen dem Rauschen am Ausgang des Wandlers ohne zusätzliche Rauschunterdrückung. Durchgeführt wurde eine Verhaltenssimulation eines 12 bit-Wandlers mit redundanter Suche. Der Komparatoreingangsspannung wurde eine normalverteilte und für jeden Wandlungstakt unabhängige zufällige Rauschspannung überlagert und der gesamte Eingangsspannungsbereich wiederholt mit mehreren Schritten pro Quantisierungsstufe durchlaufen. Statistisch ausgewertet wurde die Variation der Wandlungsergebnisse bei gleichen Eingangsspannungen. Der Tracking-Algorithmus erreicht theoretisch in rund acht Takten eine Halbierung des Rauschpegels und ist in der Lage auch relativ starkes Rauschen zu unterdrücken. Durch Mittelwertbildung der Komparatorentscheidung bei feststehendem DAC-Steuerwert wird durch den begrenzten Korrekturbereich eine geringere Rauschunterdrückung erreicht, die bei mehr als fünf Takten kaum noch zunimmt.

12.3 Schaltungsimplementierung

Der ADC mit Rauschunterdrückung stellt eine Erweiterung des in Kapitel 10 vorgestellten 12 bit-ADCs mit redundanter Suche dar. Die Grundstruktur in Abbildung 12.3 wurde ohne große Änderungen übernommen und eine digitale Einheit zur Berechnung des Mittelwertes hinzugefügt. Die LUT zum Bereitstellen der Schrittweite ist im Gegensatz zur vorherigen Arbeit vollständig konfigurierbar. Damit können beliebige Suchbäume evaluiert werden.

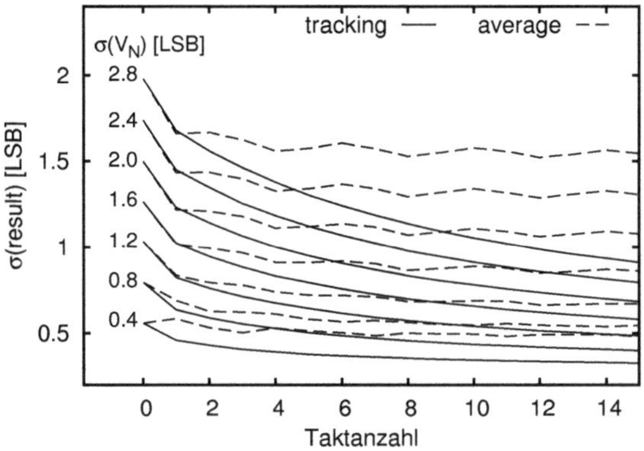

Abbildung 12.2: Rauschen des Wandlungsergebnisses in Abhängigkeit der Anzahl an zur Mittelwertbildung verwendeten Takten bei unterschiedlich starkem Rauschpegel $\sigma(V_\mathrm{N})$

12.3.1 Digitale Steuerung

Das digitale Steuerwerk basiert auf der in Abschnitt 10.1.1 ausführlich beschriebenen Architektur. Das Modul zur Berechnung des Mittelwertes konnte ohne Änderung der bestehenden Struktur eingefügt werden.

Die Berechnung des Mittelwertes M über mehrere Wandlungstakte kann durch Summieren der DAC-Steuerwerte d_i und anschließende Division durch die Anzahl n der Takte erfolgen. Die direkte Umsetzung der allgemeinen Berechnungsvorschrift

$$M = \frac{1}{n} \sum_{i=1}^{n} d_i \tag{12.1}$$

ist mit einem sehr großen Hardwareaufwand verbunden, da in jedem Takt eine 12 bit-Addition und abschließend eine Division in entsprechender Wortbreite durchgeführt werden muss. Da die Schrittweite s_i zwischen den einzelnen Steuerwerten bekannt ist, kann die Berechnungsvorschrift in die Form

$$M = \frac{1}{n} \left[d_1 + (d_1 + s_1) + (d_1 + s_1 + s_2) + \ldots + (d_1 + s_1 + s_2 + \ldots + s_{n-1})\right] \tag{12.2}$$

umgeschrieben werden. Weiteres Vereinfachen führt zu

$$M = d_1 + \frac{1}{n} \left[s_1 + (s_1 + s_2) + \ldots + (s_1 + s_2 + \ldots + s_{n-1})\right] . \tag{12.3}$$

Durch die geringere erforderliche Wortbreite ist eine Implementierung dieser Berechnungsvorschrift mit weniger Hardwareaufwand möglich. Abbildung 12.4 zeigt das vereinfachte Blockschaltbild der Hardwareimplementierung. Die Schaltung ist so ausgelegt, dass sie mit Schrittweiten von 0 bis 3 und maximal 16 Takten zur Mittelwertberechnung arbeitet. Der Akkumulator Akku1 besitzt eine Bitbreite von 4 bit und Akku2 von 5 bit. Nach den beiden Addierern befindet sich eine Logik zum Abfangen eines Überlaufs. Abhängig von der Komparatorentscheidung comp wird die im vorherigen Takt verwendete Schrittweite step negiert an die Addierer geführt. Für die Variante ohne Nachlaufen der DAC

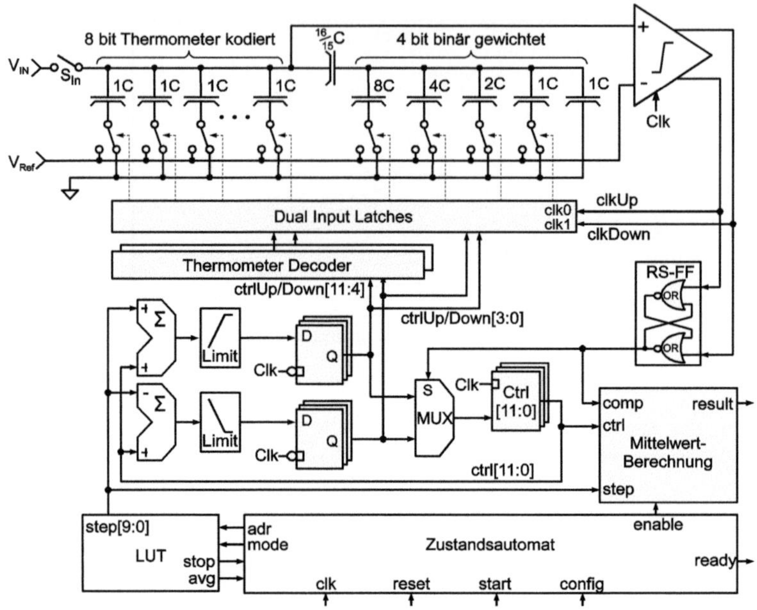

Abbildung 12.3: Blockschaltbild des ADCs mit digitaler Rauschunterdrückung

Spannung, also bei einer Schrittweite von Null, wird nur Akku2 genutzt, um die einfache Summe der durch +1 und -1 repräsentierten Komparatorentscheidungen zu berechnen. Dabei bleibt Akku1 auf seinem Anfangswert Null stehen. Um eine Verzögerung von einem Takt einzusparen, wird für die Division der Wert vom Eingang anstelle des Ausgangs von Akku2 verwendet. Für die Division der 5 bit breiten Summe durch den 4 bit breiten Taktzähler wird aus Gründen des Hardwareaufwands kein „echter" Dividierer verwendet. Die Division wird durch Schiebe- und Additionsoperationen approximiert. Eine Division durch die Zweierpotenzen 2, 4, 8 und 16 ist durch eine Schiebeoperation exakt ausführbar. Dazwischen liegende Werte des Divisors werden durch die Addition von zwei in einer Tabelle festgelegten Brüchen berechnet. Die Berechnung von $\frac{1}{6}$ wird beispielsweise durch die Addition von $\frac{1}{8}$ und $\frac{1}{32}$ genähert ($0.125+0.03125=0.15625\approx0.16\bar{6}$). Dazu wird der um 3 und um 5 Binärstellen nach rechts verschobene Dividend addiert. Die Summe der vorzeichenbehafteten Schrittweiten, auch bei einer großen Taktanzahl, ergibt prinzipbedingt relativ kleine Werte. Da außerdem nur die erste Nachkommastelle der Division benötigt wird um eine sinnvolle Rundung durchzuführen, ist diese Approximation vollkommen ausreichend. Bei der Addition des Divisionsergebnisses zum zwischengespeicherten Anfangswert wird der Offset +0.5 hinzugefügt und nachfolgend alle Nachkommastellen abgeschnitten. Dies entspricht einer Rundung des Endergebnisses auf einen ganzzahligen 12 bit breiten Wert. Für Analysezwecke werden die Nachkommastellen des Divisionsergebnisses ebenfalls erfasst und können bei Bedarf ausgelesen werden.

Mit dieser Struktur kann mit kleiner Registerbreite sowie geringem Logikaufwand der Mittelwert mehrerer Wandlungstakte berechnet werden. Im Vergleich zu den 12 bit breiten Addierern und den Thermometer-Decodern der eigentlichen Steuerwertberechung ist die Laufzeit und Leistungsaufnahme der verwendeten Logik unkritisch.

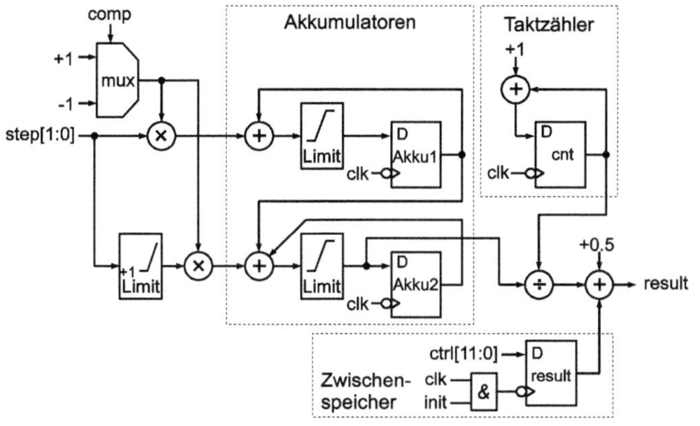

Abbildung 12.4: Blockschaltbild der Mittelwertberechnung

12.3.2 Komparatoren

Die Verlustleistung des zugrunde liegenden Designs aus Kapitel 10 wurde durch den hohen statischen Versorgungsstrom des Komparators dominiert. Eine Lösung vollständig ohne kontinuierliche Vorverstärkung, wie sie die meisten Vergleichsarbeiten verwenden (siehe Tabelle 10.1), kann hier nicht eingesetzt werden. Die starke Rückwirkung (Kickback Noise) eines getakteten Latches ist nur tolerierbar, wenn dieses an eine symmetrische Signalquelle angeschlossen ist. Dies ist nur bei einer volldifferenziellen Architektur gegeben. Bei der hier verwendeten single-ended Struktur ist ein Eingang des Komparators direkt an das Kondensator-Array und der andere Eingang an die Referenzspannung angeschlossen. Durch die sehr unterschiedliche Impedanz der beiden Knoten verursacht die kapazitive Rückwirkung eine hohe Offsetspannung verbunden mit einer ausgeprägten Hysterese. Um das Latch vom DAC zu entkoppeln, ist wenigstens eine Vorverstärkerstufe mit symmetrischem Ausgangswiderstand erforderlich.

Im Rahmen dieses Prototypen wurden zwei Varianten des Komparators implementiert. Komparator-Variante 1 besteht aus zwei Verstärkerstufen und einem getakteten Latch, wobei am Ausgang der ersten Stufe zwei Serienkondensatoren zur Offset-Cancellation genutzt werden. Variante 2 verwendet lediglich eine Verstärkerstufe ohne Offset-Cancellation. Eine zusätzlich eingefügte Lastkapazität C_L reduziert die Bandbreite des Verstärkers und damit die effektive Rauschspannung. Der Schaltplan beider Komparator-Varianten sowie des Verstärkers findet man in Abbildung 12.5. Eine Replika-Bias-Schaltung wird verwendet, um die Aussteuerung der Verstärker durch Regelung des Querstroms, unabhängig von Prozess-Corner, Temperatur und Versorgungsspannung, einzustellen. Die Simulationsergebnisse beider Schaltungsvarianten sind in Tabelle 12.1 gegenübergestellt. Die angegebene Einschwingzeit wurde für einen Sprung der differenziellen Eingangsspannung von 100 mV auf -100 µV ermittelt. Variante 1 besitzt durch die größere Lastkapazität der ersten Stufe und die zusätzlichen Schalter zum Kurzschließen des Eingangs eine kleinere Bandbreite und höhere Einschwingzeit.

Um Störeffekte durch ein Umschalten zwischen den beiden Komparatoren zu vermeiden, wurden zwei getrennte ADCs implementiert. Diese enthalten jeweils einen der beiden Komparatoren, sind ansonsten aber vollkommen identisch.

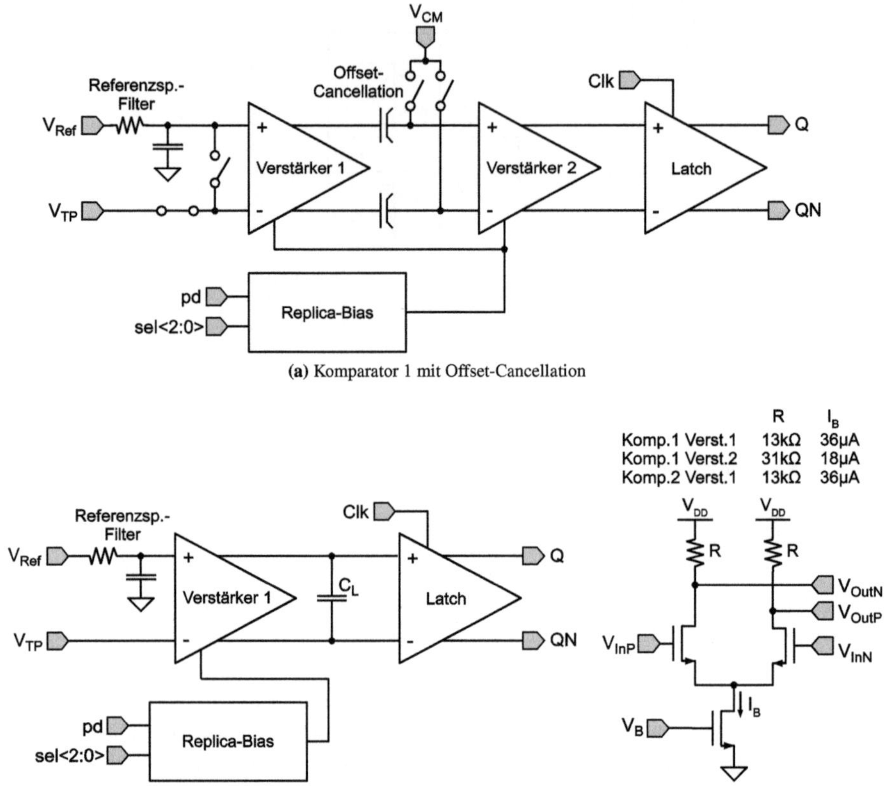

(a) Komparator 1 mit Offset-Cancellation

(b) Komparator 2 ohne Offset-Cencellation

(c) einzelne Verstärkerstufe

Abbildung 12.5: Schaltpläne der beiden Komparatorvarianten und der Verstärkerstufen

Parameter	Komparator 1	Komparator 2
DC-Verstärkung [V/V]	22	5.4
Bandbreite [GHz]	1.0	1.45
Einschwingzeit [ns]	6.3	3.9
effekt. Rauschspannung [µV]	140	190
Verlustleistung [µW]	93	55
Fläche [µm²]	708	150
Anzahl Verstärkerstufen	2	1
Offset-Cancellation	ja	nein

Tabelle 12.1: Simulationsergebnisse der beiden Komparatorvarianten

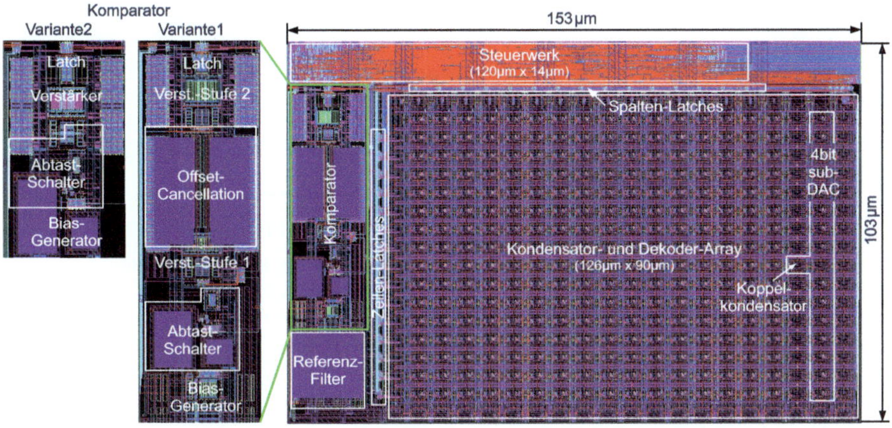

Abbildung 12.6: Layout des ADCs und der beiden Komparatoren

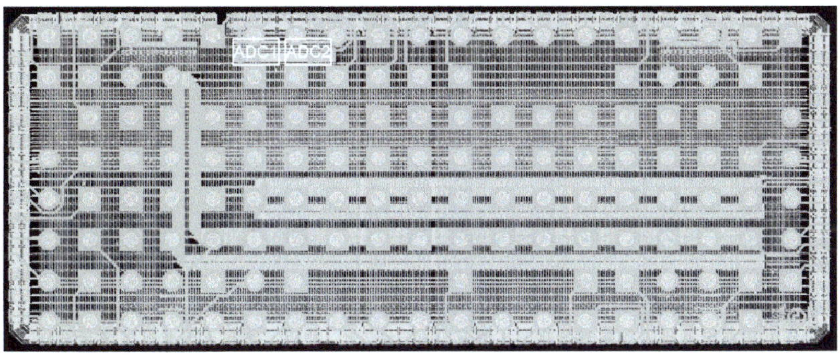

Abbildung 12.7: Layout des Testchips „Titan3D" mit Kontakten (Bumps) für Flip-Chip Packaging

12.4 Ergebnisse

Die beiden ADC-Varianten wurden im Testchip „Titan3D" in 28 nm Standard-digital super-low-power CMOS-Technologie von Globalfoundries gefertigt. Den gesamten Chip zeigt Abbildung 12.7 und eine Layoutdarstellung des ADCs befindet sich in Abbildung 12.6. Der ADC belegt eine Fläche von 153×103 µm². Der komplette Digitalteil inklusive Thermometer-Decoder, Steuerwertberechnung, LUT, Mittelwertberechnung und Zustandsautomat belegt nur 11% der Fläche.

Durch Verzögerungen bei der Herstellung und Kontaktierung des Flip-Chip-Aufbaues sind derzeit noch keine Messungen am Prototyp möglich. Somit können lediglich Simulationsergebnisse präsentiert werden. Abbildung 12.8 zeigt die simulierten Parameter des ADCs mit Komparator 2 in Abhängigkeit der Anzahl an zusätzlichen Takten zur Rauschunterdrückung bei einer konstanten Taktfrequenz von 167 MHz. Dabei setzt sich eine Wandlung aus vier Takten Abtastvorgang, 13 Takten redundanter Suche und bis zu 15 zusätzlichen Takten zur Rauschunterdrückung zusammen. Die Berechnung der ENOB basiert auf der Variation der Wandlungsergebnisse bei konstanter Eingangsspannung entsprechend Gl. A.22. Dazu wurden 40 Wandlungen bei jeweils 190 verschiedenen Eingangsspannungen im gesamten Wertebereich bei typischen Betriebsbedingungen durchgeführt. Um

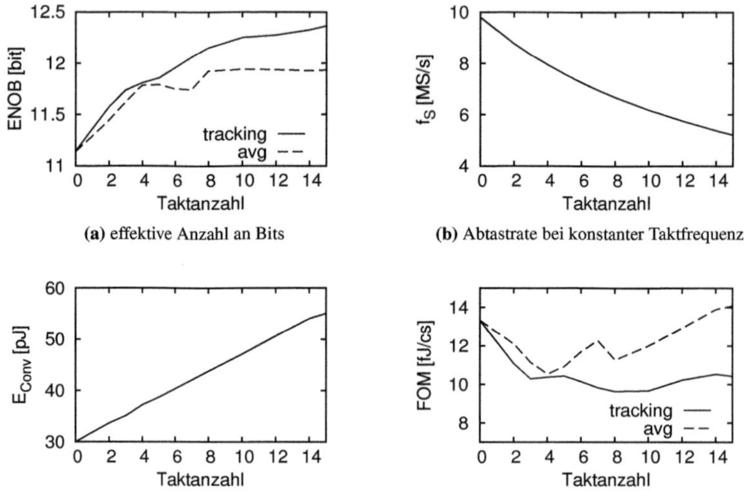

(a) effektive Anzahl an Bits

(b) Abtastrate bei konstanter Taktfrequenz

(c) Energie pro Wandlung

(d) Energieeffizienz

Abbildung 12.8: Simulierte Kenngrößen des ADCs in Abhängigkeit der Anzahl an zusätzlichen Takten zur Rauschunterdrückung

die große Anzahl an Simulationen ausführen zu können, wurde für den Komparator ein VerilogAMS-Modell verwendet und dessen Eingangsspannung mit einer normalverteilten Rauschspannung überlagert. Die Leistungsaufnahme des Analogteils wurde bei einer geringeren Anzahl an Wandlungen per Simulation des extrahierten Layouts bestimmt. Für den Digitalteil erfolgte eine Verlustleistungsanalyse anhand der vorher simulierten Schaltwahrscheinlichkeiten. Für die Energie pro Wandlung in Abbildung 12.8c liegt somit eine sehr genaue Vorhersage vor. Die simulierten Werte für ENOB und FOM hingegen stellen nur eine grobe Schätzung dar. Der Tracking-Modus erzielt besonders bei vielen zusätzlichen Takten eine stärkere Rauschunterdrückung als die einfache Mehrheitsentscheidung. Hinsichtlich der Verlustleistung besteht kein großer Unterschied zwischen den beiden Verfahren. Die größte Energieeffizienz wird als Kompromis zwischen abnehmender Abtastrate und ansteigender ENOB bei 8 zusätzlichen Takten erzielt.

Eine Aufschlüsselung der Verlustleistung der einzelnen Komponenten zeigt Abbildung 12.9. Die Leistungsaufnahme des Digitalteils ist verglichen zum ADC in Kapitel 10 trotz Berücksichtigung der doppelten Taktfrequenz deutlich höher. Dies ist nicht allein durch den zusätzlichen Funktionsumfang, wie frei konfigurierbare LUT und Mittelwertberechnung, zu erklären, sondern auch durch die schon beim Entwurf angestrebte höhere Taktfrequenz. Dadurch enthält die Schaltung mehr Buffer und Zellen mit höherer Treiberstärke. Die statische Leistungsaufnahme des Komparators macht bei der relativ hohen Taktfrequenz nur noch 19% der gesamten Verlustleistung aus.

Tabelle 12.2 zeigt den Vergleich der Ergebnisse mit anderen SAR ADCs mit Rauschunterdrückung. Diese Arbeit erreicht nach [Fre12] die mit großem Abstand höchste Abtastrate. Die Fläche des ADCs ist deutlich kleiner als bei allen Vergleichsarbeiten. Die hier erzielte Energieeffizienz liegt hinter den besten Werten, wurde allerdings im Gegensatz zu den anderen Arbeiten bei nominaler Versorgungsspannung bestimmt.

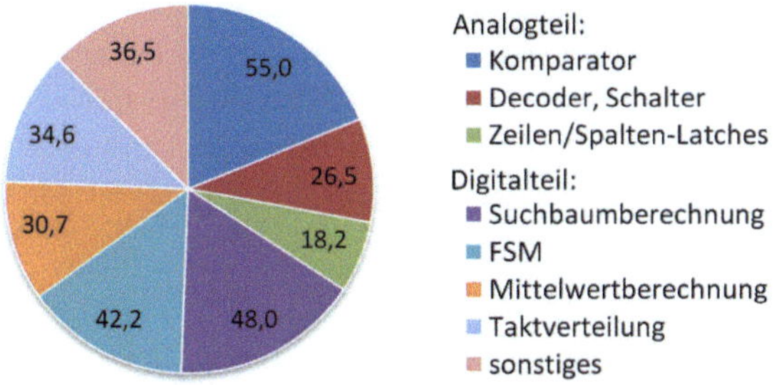

Abbildung 12.9: Verlustleistung der einzelnen Komponenten des ADCs in µW bei 1.0 V Versorgungsspannung und einer Abtastrate von 6.7 MS/s

Parameter	[Har13]	[Shr06]	[Har14]	[Ahm13]	[Fre12]	diese Arbeit
Tech. (nm)	65	130	65	65	65	28
N (bit)	12	12	14	10	-	12
V_{DD} (V)	0.6	3.3	0.8	0.5	1.2	1.0
f_S (S/s)	40 k	200 k	128 k	250 k	90 M (11MHz BW)	6.7 M
ENOB (bit)	10.1	11.4	12.3	9.1	10.0	12.1
FOM (fJ/cs)	2.2	12200	8.2	4.3	35.8	9.6
P_V (µW)	0.097	6600	1.4	0.6	806	290
Fläche (mm²)	0.076	2	0.18	0.072	0.03	0.016
Verfahren	Mehrheitsent. in 5 Takten	3x Wiederhol. letzter Takt, Mehrheitsent.	4x Oversampling, 5x Wiederholung der 4 kritischten Entscheidungen	Wiederholung der letzten 128 Takte	Noise Shaping, OSR=4	8 Takte Tracking Modus

Tabelle 12.2: Vergleich der Simulationsergebnisse

12.5 Zusammenfassung

In diesem Kapitel wurden Verfahren zur Rauschunterdrückung durch die Wiederholung einzelner Wandlungstakte untersucht. Am Beispiel eines 12 bit-ADCs wurden zwei Methoden implementiert und anhand von Simulationsergebnissen verglichen. Es findet keine Minderung des im Abtastvorgang auftretenden Rauschens statt, da dieser im Gegensatz zu überabtastenden ADCs, z.B. Delta-Sigma-ADCs, nicht wiederholt wird. Es werden ausschließlich das Rauschen des DAC und Komparators und zufällige Störungen, die während der Wandlung auftreten, unterdrückt.

In der Simulation der Tracking-Methode wird bei acht zusätzlichen Wandlungstakten die ENOB um 1 bit erhöht. Die Steigerung der Energie pro Wandlung um lediglich 46% ist erheblich niedriger als eine Dimensionierung des Komparators für eine vergleichbare Absenkung des Rauschpegels erfordert. Eine sichere Aussage zur erzielbaren Rauschunterdrückung kann allerdings erst anhand von Labormessungen getroffen werden, da die Effektivität des Verfahrens von der tatsächlich vorhandenen Größe des Rauschpegels und dessen spektraler Verteilung abhängt.

Durch das flexible und konfigurierbare digitale Steuerwerk ist dieser ADC hervorragend dazu geeignet verschiedene Taktzahlen und Berechnungsalgorithmen zu untersuchen. Der Vergleich mit bereits existierenden SAR ADCs mit Rauschunterdrückung zeigt das Potential des hier vorgestellten Designs. Trotz des komplexen Digitalteils und der statischen Stromaufnahme des Komparators erzielt diese Architektur eine hohe Energieeffizienz. Das vorgestellte Verfahren unterstützt den Betrieb von SAR ADCs bei niedriger Versorgungsspannung, niedrigem Signalpegel und damit zwangsläufig schlechtem Signal-Rausch-Verhältnis.

13 Zusammenfassung und Diskussion

In der vorliegenden Arbeit wurden Schaltungstechniken sowie Analyse- und Entwurfsmethoden für SAR ADCs vorgestellt, die eine Erhöhung der Auflösung bei gleichbleibender Fläche und eine Steigerung der Abtastrate bei geringer Zunahme der Verlustleistung ermöglichen. Ein Unterdrücken von Rauschen wurde durch digitale Mittelwertbildung erreicht. Diese Arbeit konzentriert sich auf hochauflösende SAR ADCs mit kapazitivem DAC. Aufgrund des minimalen Umfangs an aktiven analogen Komponenten ist diese Architektur sehr gut für die Anwendung in sub-100 nm CMOS-Technologien geeignet.

Es wurde ein Systemmodell von SAR ADCs mit kapazitivem DAC erstellt. Basierend auf der in den Kondensatoren gespeicherten elektrischen Ladung wird ohne das Lösen von Differenzialgleichungen und damit ohne einen Schaltungssimulator der Wandlungsvorgang schrittweise nachgebildet. Dabei werden alle wesentlichen Nichtidealitäten und Störeffekte wie Mismatch und Spannungsabhängigkeit der Kondensatoren, parasitäre Kapazitäten, Ladungsinjektion und Komparatoroffset erfasst und können getrennt voneinander untersucht werden. Eine Softwareimplementierung des vorgeschlagenen Modellierungsansatzes erreicht eine enorme Verkürzung der Rechenzeit verglichen mit der Schaltungssimulation eines Modells, ermöglicht damit die Berechnung vollständiger Kennlinien und sogar Monte-Carlo-Analysen mit mehreren Tausend Samples. Die Hauptanwendung liegt in einer schnellen Technologie- und Architekturevaluierung früh im Entwurfsprozess.

Im Theorieteil der Arbeit erfolgt eine einheitliche Analyse häufig verwendeter SAR ADC-Architekturen. Die analytischen Ergebnisse ermöglichen einen Vergleich und die Auswahl einer geeigneten Architektur, abhängig von Auflösung, Abtastrate, Anwendung und Technologie. Einen Schwerpunkt bildet die analytische Untersuchung der Wirkung von Mismatch, basierend auf der statistischen Verteilung der Kapazitätswerte. Diese erlaubt eine Berechnung des INL- und DNL-Fehlers der gesamten Kennlinie und eine akkurate Abschätzung der erzielbaren Ausbeute. Für eine hohe DC-Genauigkeit wurde eine differenzielle Architektur entwickelt, die unabhängig von der Gleichtaktspannung des Eingangsignals einen festen Arbeitspunkt des Komparators garantiert. Die oft zitierte Flächeneinsparung einer series-split Architektur wurde, bei einer vom Matching dominierten Dimensionierung, eindeutig widerlegt. Teilweise thermometerkodierte Kondensator-Arrays erzielen in modernen Technologien einen optimalen Kompromiss zwischen Matching-Anforderung und dem Aufwand an Decodern und Schaltern.

In dieser Arbeit erfolgt eine ausführliche Untersuchung der redundanten Suche über die Analysen in vorliegenden Veröffentlichungen hinaus. Die erzielbare Steigerung der Taktfrequenz wird im Vergleich zur herkömmlichen binären Suche für beliebige Auflösungen und Schrittweiten analytisch ermittelt. Die theoretischen Ergebnisse zeigen deutlich die Überlegenheit gegenüber anderen Verfahren zur Geschwindigkeitssteigerung. Die praktische Erhöhung der Abtastrate durch eine redundante sukzessive Approximation wurde an Messwerten von drei ADCs nachgewiesen.

Im Rahmen dieser Arbeit entstanden fünf praktische Implementierungen mit einem jeweils anderen technischen Schwerpunkt, die in unterschiedlichen Technologien von 350 nm bis 28 nm Strukturweite hergestellt wurden. Der Einsatz in industriellen Produkten bzw. dem Prototyp eines DC-DC Schaltwandlers belegen, dass die vorgestellten Architekturen die praktischen Anforderungen an die Robustheit und Systemintegration erfüllen. Der Forschungsbereich der Energieeffizienz stellt in dieser Arbeit keinen Schwerpunkt dar. Vielmehr steht die Entwicklung zukunftsweisender und robuster Architekturen mit hoher DC-Genauigkeit im Vordergrund. Umfangreiche Messwerte der praktischen Arbeiten in verschiedenen Technologien bestätigen die theoretischen Analyseergebnisse und erlauben die Beurteilung der angewandten Verfahren.

Die überragende DC-Genauigkeit der entwickelten differenziellen Architektur mit festem Arbeitspunkt des Komparators wurde anhand einer Implementierung in 180 nm CMOS-Technologie bestätigt. Bei einer Auflösung von 12 bit wird bei Labormessungen eine Gleichtaktunterdrückung von 72 dB erzielt und im automatischen Bauelementetest ein Offset-Fehler von 680 µV gemessen.

In 0.35 µm CMOS-Technologie wurde ein ADC mit Selbstkalibrierverfahren entwickelt. Dieses ermöglicht es, die Begrenzung der Auflösung durch Mismatch der Bauelemente ohne eine weitere Erhöhung der Fläche zu überwinden. Das Kalibrierverfahren wurde für eine differenzielle Architektur erweitert und vollkommen ohne digitale Arithmetik umgesetzt. Diese Implementierung besitzt mehrere Vorteile: im Betrieb wird nur eine statische Konfiguration geladen und der herkömmliche Ablauf der Wandlung bleibt unverändert. Der Kalibriervorgang dauert nur wenige Millisekunden und das benötigte Kondensatornetzwerk belegt lediglich 3% der Fläche des ADCs. Die Selbstkalibrierung erreicht eine für 14 bit Auflösung ausreichende Genauigkeit des Kondensator-Arrays.

In 28 nm CMOS-Technologie wurde ein 12 bit-ADC mit einer timing- und energieeffizienten digitalen Berechnung der redundanten Suche vorgestellt. Das Entfernen der Thermometer-Decoder aus dem zeitkritischen Pfad beseitigt die Nachteile bisheriger digitaler Implementierungen. Deutliche Einschwingfehler von DAC und Komparator werden toleriert und eine Steigerung der maximalen Abtastrate auf 4 MS/s bei einer ENOB von 10.1 bit wurde gemessen.

In dieser Arbeit wurde ein neuartiger Suchalgorithmus mit Fensterfunktion für Regelungsanwendungen entwickelt. Ein Prototyp mit 10 bit Auflösung konnte in einem digital gesteuerten DC-DC Wandler erfolgreich eingesetzt werden. Durch die reduzierte Anzahl an Wandlungstakten erreicht der Fenstermodus eine um 60% höhere Abtastrate von 26.7 MS/s bei konstanter Taktfrequenz und Verlustleistung.

Ein digitales Verfahren zur Rauschunterdrückung wurde an einem Prototypen ebenfalls in 28 nm CMOS praktisch erprobt. Durch Wiederholen der letzten Wandlungstakte und anschließende Mittelwertbildung wird die Approximation robuster gegenüber Rauschen. Acht zusätzliche Takte verbessern die ENOB des 12 bit ADCs um 1 bit. Der Anstieg der Energie pro Wandlung um 46% ist gering, verglichen zur notwendigen vierfachen Leistungsaufnahme bei entsprechender Anpassung des Komparators. Das implementierte Verfahren ist in der Lage, stärkeres Rauschen zu unterdrücken als bisherige Implementierungen, die nur eine einfache Mehrheitsentscheidung durchführen.

Die vorgestellte Berechnung der redundanten Suche, die Erweiterung der Funktionalität durch eine Fensterfunktion und die Rauschunterdrückung erfolgen vollständig digital, sind somit kompatibel zu allen Konfigurationen eines Kondensator-Arrays und bestens für eine Implementierung in modernen CMOS-Technologien geeignet.

Die entwickelten Verfahren und Methoden wurden in mehreren Kooperationsprojekten im Rahmen industrieller Produkte[2] praktisch angewandt. Ein basierend auf den Erkenntnissen dieser Arbeit entworfener ADC wird in einer Power-Management IC Produktserie[3] von ZMDI erfolgreich eingesetzt.

Die vorgeschlagenen Schaltungstechniken und digitalen Algorithmen sind immer im Kontext der verwendeten Technologie, der Anwendung des ADCs sowie der Parameter Auflösung und Abtastrate zu sehen. Die digitale Berechnung eines redundanten Suchbaumes ist für Abtastraten im Bereich von ein- bis zweistelligen MS/s sinnvoll. Bei low-power-Anwendungen im kS/s Bereich ist der Einsatz der redundanten Suche überflüssig und Kommunikationsanwendungen mit Abtastraten von mehreren GS/s erfordern eine zu hohe Taktfrequenz für die digitale Arithmetik. Die Strukturweite der Technologie und die Versorgungsspannung bestimmen die Verlustleistung der digitalen Komponenten und

[2]ZADC5125/5123/5121 SAR ADC Produktfamilie von ZMDI

[3]ZSPM1000 True Digital PWM Controller

entscheiden damit über die Energieeffizienz der vorgestellten Verfahren. Das entwickelte Selbstkalibrierverfahren stellt durch die vollständige Vermeidung von Korrekturberechnungen eine optimale Lösung für Technologien mit großer Strukturweite dar, während die Vorteile in sub-100 nm Technologien fast vollständig verschwinden.

13.1 Ausblick

Die Verlustleistung der in dieser Arbeit verwendeten Komparatoren ist verglichen mit Veröffentlichungen von low-power SAR ADCs relativ groß. Im Gegensatz zu Komparatoren mit kontinuierlich arbeitenden Vorverstärkern benötigen getaktete Komparatoren keinen statischen Versorgungsstrom. Bisherige getaktete Lösungen sind aufgrund der hohen kapazitiven Rückwirkung nur für volldifferenzielle Architekturen geeignet. Für deutlich verbesserte Energieeffizienz wird ein getakteter low-power Komparator benötigt, der auch mit einer unsymmetrischen Signalquelle, z.B. einem single-ended DAC, ohne Hysterese und systematischem Offset arbeitet und damit eine zu den bisher verwendeten Schaltungen vergleichbare Genauigkeit erzielt.

Von allen Nichtidealitäten der MOS-Transistoren in sub-100nm stellen Leckströme eines der schwerwiegendsten Probleme beim Entwurf von hochauflösenden SAR ADCs dar. In dieser Arbeit konnte der Leckstrom des Abtastschalters durch den Einsatz von IO-Transistoren mit dickerem Oxid und niedrigerer Dotierung reduziert werden. Die zum Einschalten benötigte hohe Gate-Spannung wurde durch kapazitive Spannungsüberhöhung erzeugt. Die Nutzbarkeit dieser Option ist jedoch von den verfügbaren Transistoren und deren Schwellspannung abhängig und stellt keine universelle Lösung dar. Es existiert bisher keine Schaltungstechnik um die kritischen Gate-Leckströme der Eingangsstufe des Komparators zu unterdrücken. Die Wirkung der Leckströme ist stark nichtlinear sowie temperatur- und prozessabhängig. Dieses Verhalten erschwert eine digitale Kompensation der hervorgerufenen Wandlungsfehler. Trotzdem scheint die Entwicklung digitaler Korrekturverfahren zur Zeit die einzige Perspektive darzustellen.

ADCs bilden einen unverzichtbaren Bestandteil von integrierten Signalverarbeitungssystemen. Das Streben hin zu Ein-Chip Lösungen (SoC) wird die Nachfrage nach ADCs in modernen CMOS-Technologien weiter steigern und die voranschreitende Technologieskalierung stellt neue Anforderungen an zukünftige ADCs. Wie in dieser Arbeit am Beispiel mehrerer erfolgreicher Implementierungen in 28 nm CMOS-Technologie gezeigt wurde, sind SAR ADCs grundsätzlich dieser Herausforderung gewachsen. Dabei spiegelt sich der generelle Trend wider, analoge Schaltungen auf das grundsätzlich Nötigste zu reduzieren und ihr nichtideales Verhalten durch zusätzliche digitale Funktionalität zu korrigieren. Kritische analoge Komponenten werden zunehmend durch komplexe digitale Algorithmen ersetzt. Besonders Verfahren zur Rauschunterdrückung werden bei weiter sinkenden Versorgungsspannungen deutlich an Bedeutung gewinnen, da andernfalls Auflösungen über 12 bit nicht mehr erreichbar sind.

Diese Arbeit leistet damit insgesamt einen Beitrag zur Steigerung der Leistungsfähigkeit von SAR ADCs durch den Einsatz zukunftsfähiger digitaler Verfahren mit dem Fokus auf eine Implementierbarkeit in sub-100 nm Technologien.

A Anhang

A.1 Übersicht über Kondensatortypen in CMOS-Technologien

Kondensatoren sind das genauigkeits- und flächenbestimmende Bauelement von SAR ADCs mit kapazitiven DAC. CMOS-Technologien stellen abhängig von der Strukturgröße unterschiedliche Typen an Kondensatoren zur Verfügung. Dieser Abschnitt stellt die grundsätzlichen Bauformen und deren Eigenschaften vor und gibt eine Hilfestellung bei Beurteilung und Auswahl von geeigneten Bauelementen in Abhängigkeit von der verfügbaren Technologie. Dazu wird eine Einordnung hinsichtlich der elektrischen Eigenschaften, der Layoutstruktur und für den Entwurf von SAR ADCs wichtigen Randbedingungen vorgenommen.

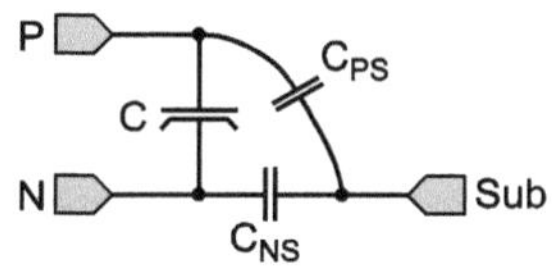

Abbildung A.1: Kondensator als 3-Pol mit parasitären Kapazitäten zum Substrat

A.1.1 Elektrische Kenngrößen von Kondensatoren

Die Kapazität eines idealen Plattenkondensators mit der Fläche A, dem Abstand der Platten d und einem Isolator mit der Permittivität ε_r kann näherungsweise mit

$$C = \varepsilon \cdot \varepsilon_\mathrm{r} \cdot \frac{A}{d} \tag{A.1}$$

berechnet werden. Anstelle von ε_r und d wird in der Technologiedokumentation meist als Zusammenfassung dieser Parameter der Kapazitätsbelag

$$c_\mathrm{a} = \frac{\varepsilon \cdot \varepsilon_\mathrm{r}}{d} \tag{A.2}$$

in fF/µm² angegeben. Zusätzlich zur Fläche existiert bei realen Kondensatoren ein weiterer Kapazitätsanteil, hervorgerufen durch den Umfang der Außenkante, so dass für einen rechteckigen Kondensator mit Länge L und Breite W gilt

$$C = c_\mathrm{a} \cdot W \cdot L + c_\mathrm{p} \cdot 2 \cdot (W + L) \tag{A.3}$$

Die beiden Prozessparameter c_a und c_p sind mit einer gewissen Toleranz für den Designer fest vorgegebene Größen. Der gewünschte Kapazitätswert lässt sich im Layout nur durch die Geometrie einstellen. Jeder realer Kondensator besitzt mindestens zwei zusätzliche unbeabsichtigte, sogenannte parasitäre Kapazitäten, wie in Abbildung A.1 dargestellt. Die Kapazität C_NS der unteren Platte zum Substrat kann je nach Kondensatortyp und Lage im Schichtaufbau bis zu 20% von C betragen. Dessen Modellierung ist meist in der PCELL (Parameterized Cell) enthalten. Die parasitäre Kapazität der oberen Platte ist deutlich geringer und kann erst durch Extraktion des konkreten Layouts ermittelt werden.

Aufgrund der thermischen Ausdehnung des Dielektrikums und der Kondensatorplatten besitzt die Kapazität eine Abhängigkeit von der Temperatur T. Diese wird meist als lineare Näherung in der Form

$$C(T) = C(T_0)\left[1 + t_{\mathrm{cc}} \cdot (T - T_0)\right] \tag{A.4}$$

mit dem Temperaturkoeffizienten t_{cc} und der Bezugstemperatur T_0 in ppm/K angegeben. Die wesentlich stärkere Abhängigkeit der Kapazität von der anliegenden Spannung soll als quadratische Gleichung

$$C(V) = C \cdot \left(v_{\mathrm{cc2}} \cdot V^2 + v_{\mathrm{cc1}} \cdot V + 1\right) \tag{A.5}$$

mit den Linearitätskoeffizienten v_{cc1} in ppm/V und v_{cc2} in ppm/V^2 modelliert werden. Die Spannungsabhängigkeit weist je nach Kondensatortyp und verwendetem Dielektrikum eine unterschiedliche Symmetrie und Krümmung auf [Kim04]. Die Bezeichnung der Linearität bezieht sich bei einem Kondensator auf die Beziehung von Ladung und Spannung. Eine nichtlinearer Kondensator liegt somit auch bei $v_{\mathrm{cc1}} \neq 0$ vor.

Aufgrund der geringen Dicke des Dielektrikums fließt bei verschiedenen Kondensatortypen ein Leckstrom zwischen beiden Platten. Dieser wird meist bei maximaler Spannung, bezogen auf die Fläche, in A/cm^2 oder fA/μm^2 angegeben. Umfangreiche Kondensatormodelle beinhalten zusätzlich Serienwiderstände und Induktivitäten der Anschlüsse. Bei Kondensatoren mit Platten aus Metall ist die Größe dieser parasitären Serienelemente so gering, dass sie ausschließlich für die Modellierung von Hochfrequenzschaltungen betrachtet werden und im Rahmen dieser Arbeit keine Bedeutung haben.

Elektrische Randgrößen sind die maximal zulässigen Spannungen an den beiden Elektroden. Gewöhnlich sind diese deutlich größer als die Durchbruchsspannungen der Transistoren, so dass sie lediglich beim Entwurf von Ladungspumpen zu Einschränkungen führen und für andere analoge Schaltungen keine Auswirkung haben.

Neben den elektrischen Kenngrößen besitzen Kondensatoren in CMOS-Technologie eine Vielzahl weiterer Eigenschaften, vor allem hinsichtlich deren Layoutgestaltung, die bei der Auswahl geeigneter Bauelemente und der Schaltungsdimensionierung frühzeitig berücksichtigt werden müssen. Zum Beispiel deren Lage im Schichtaufbau und daraus resultierende Anschlussoptionen oder Mindestabstände wirken sich besonders beim Erstellen großer hochgenauer Kondensator-Arrays drastisch aus.

A.1.2 Mismatch

Neben den fertigungsbedingten globalen Schwankungen unterliegen die Prozessparameter zufälligen lokalen Schwankungen, die zu einem Unterschied der elektrischen Kenngrößen (Mismatch) zwischen identisch entworfenen Bauelementen führen. Verschiedene Eigenschaften des Herstellungsprozesses, wie Lithographie- und Ätzeffekte, Ausrichtung der Masken und Korngröße des Siliziumoxids, führen bei Kondensatoren zu lokalen Schwankungen der effektiven Länge und Breite, sowie Dicke und Permittivität des Dielektrikums. Mit Hilfe des totalen Differenzials kann die Schwankung der Kapazität in Relation zur Variation der einzelnen Parameter gesetzt werden

$$\frac{\Delta C}{C} = \frac{\Delta \varepsilon_{\mathrm{r}}}{\varepsilon_{\mathrm{r}}} + \frac{\Delta A}{A} - \frac{\Delta d}{d}\,. \tag{A.6}$$

Diese lokalen Abweichungen werden als normalverteilte Zufallsgrößen mit einem Erwartungswert von Null angenommen, deren Standardabweichung mit zunehmender Größe der Bauelemente ab-

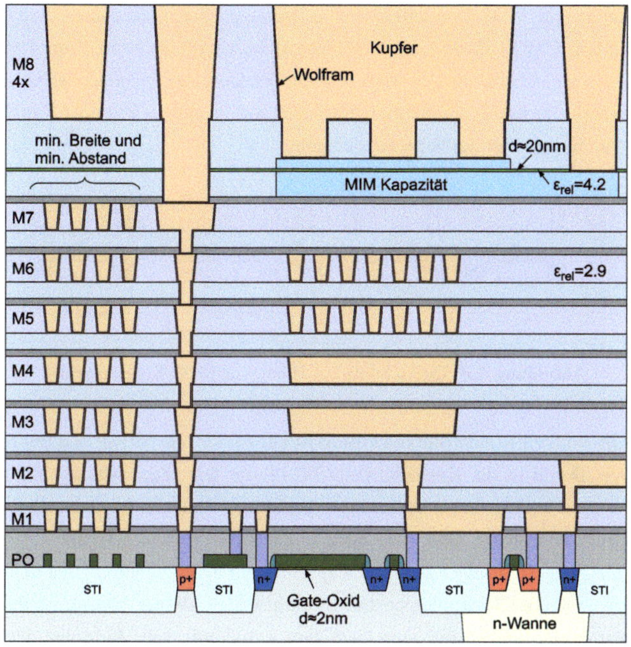

Abbildung A.2: Maßstabsgerechter Querschnitt einer typischen 65nm CMOS-Technologie mit Kupfer Damascene-Prozess.

nimmt (Pelgrom's Law [Pel89]). Da die Variation der einzelnen Prozesseigenschaften kaum direkt messbar ist, wird unmittelbar der Unterschied $\Delta C = C_1 - C_2$ zwischen Kondensatoren identischer Größe ausgewertet. Zusammenfassend wird das Matching von Kondensatoren durch die Beziehung

$$\sigma\left(\frac{\Delta C}{C}\right) = \frac{A_C}{\sqrt{W \cdot L}} \tag{A.7}$$

beschrieben, wobei A_C ein bauelemente- und technologiespezifischer Matching-Faktor mit der Einheit $\%\mu\text{m}$ ist. Dabei angegebene Werte gelten meist für dicht nebeneinander liegende und annähernd quadratische Geometrien. Das Matching kann beim Entwurf nur durch die Größe des Kondensators gesteuert werden. Eine größere Fläche führt zu einer kleineren relativen Schwankung, jedoch gleichzeitig auch zu einer größeren Kapazität. Der absolute Kapazitätswert und das Matching sind somit nicht unabhängig einstellbar.

A.1.3 MOS (Metal Oxide Semiconductor)-Kondensatoren

Die dünnste Isolierungsschicht in einer CMOS-Technologie ist das Gate-Oxid mit einer Stärke von wenigen Nanometern. Vier verschiedene Strukturen sind denkbar, um das Gate-Oxid und die darunter befindliche Raumladungszone als Kondensator zu nutzen. Abbildung A.3 zeigt den Querschnitt dieser Strukturen. Diese sind die beiden Transistortypen NMOS und PMOS, die den Kanal in Inversion betreiben. Weiterhin existieren die Strukturen PCAP und NCAP, die Diffusion und Wanne mit gleichem Ladungsträgertyp verwenden, damit den Kanal in Akkumulation betreiben und nicht als

Transistoren nutzbar sind. MOS-Kondensatoren besitzen typischerweise den größten Kapazitätsbelag der in einem Standard-CMOS-Prozess zur Verfügung steht, allerdings ist die Kapazität stark abhängig von der Gate-Spannung. Abbildung A.4 zeigt typische Verläufe der Spannungsabhängigkeit. NMOS- und PMOS-Struktur erreichen ihre maximale Kapazität nur, wenn ein leitender Kanal ausgeprägt ist, also für Gate-Spannungen über der Schwellspannung.

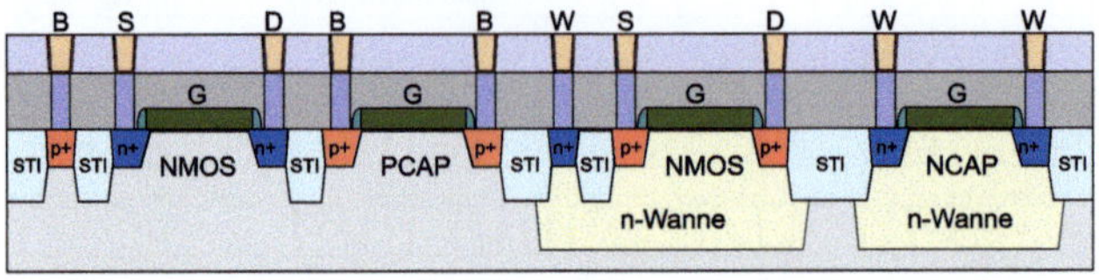

Abbildung A.3: Querschnittsdarstellung von MOS-Kondensatoren

Der Anschluss der unteren Kondensatorelektrode ist bei PCAP und NCAP fest mit Substrat bzw. n-Wanne verbunden. Damit ist die Kapazität einer PCAP nur fest gegen Masse nutzbar, lediglich bei NCAP-Kondensatoren können beide Anschlüsse beliebiges Potential besitzen. Drain- und Source-Kontakt von NMOS und PMOS sind zwar nicht fest mit Substrat oder Wanne verbunden, besitzen jedoch eine vergleichsweise große parasitäre Kapazität und deren Spannung hat deutlichen Einfluss auf die Gate-Kapazität. Bei Technologien mit Strukturweiten kleiner 180 nm ist das Gate-Oxid so dünn, dass nennenswerte Leckströme vom Gate zum Kanal auftreten. Aufgrund der sehr stark ausgeprägten Spannungsabhängigkeit und der eingeschränkten Potentialfreiheit sind MOS-Kapazitäten zur analogen Signalverarbeitung kaum nutzbar. Typische Anwendungen sind Stütz- oder Blockkondensatoren zur Stabilisierung von Versorgungs- oder Referenzspannungen, wo lediglich eine große Kapazität gegen Masse ohne Linearitätsanforderung verlangt wird. Denkbar ist auch ein Einsatz, wo die Spannung über dem Kondensator durch einen festen Arbeitspunkt bestimmt wird und der hohe Kapazitätsbelag enorme Flächenersparnis bewirkt, z. B. die Miller-Kompensation in mehrstufigen Operationsverstärkern. SAR ADCs aller Topologien verlangen Kondensatoren mit bipolarer Kennlinie, d.h. die Signalspannung kann während der Wandlung positive und negative Werte annehmen. Keiner der MOS-Kondensatoren kann eine akzeptable Linearität in einen bipolaren Spannungsbereich bieten.

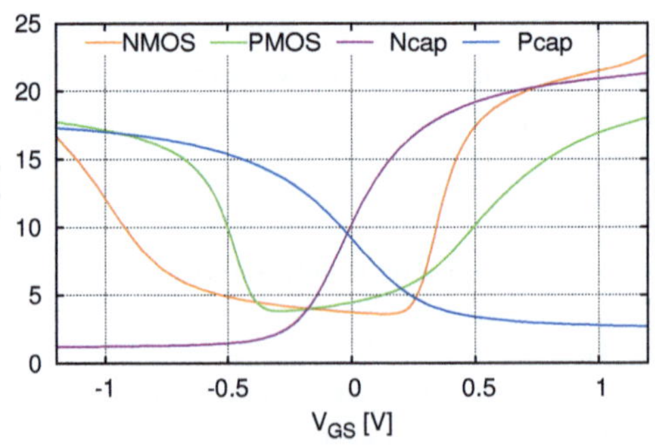

Abbildung A.4: Spannungsabhängigkeit von MOS Kondensatoren in 28 nm CMOS-Technologie mit W=L=1 µm.

A.1.4 Poly (Polysilizium)-Kondensatoren

Polysilizium-Kondensatoren werden aus zwei Ebenen von stark dotierten Polysilizium, getrennt durch eine dünne Oxidschicht, gebildet. Als untere Platte wird das auch als Transistorgate verwendete Polysilizium genutzt. Die obere Platte bildet eine zusätzliche Ebene aus Polysilizium, die nur als zusätzliche Prozessoption zur Verfügung steht. Dieser Schichtaufbau wird in Abbildung A.5 dargestellt. Polysilizium-Kondensatoren finden sich typischerweise in Technologien mit Strukturweiten größer 180 nm und besitzen einen Kapazitätsbelag von 0.5 bis 1.5 fF/um². Die Größe der parasitären Kapazität der unteren Platte zum Substrat ist relativ hoch, so dass sich für empfindliche Anwendungen empfiehlt eine n-Wanne als Schirmung unter dem Kondensator zu verwenden. Polysilizium-Kondensatoren können für bipolare Spannungen genutzt werden. Die Spannungsabhängigkeit ist um Größenordnungen niedriger als bei MOS-Kondensatoren und liegt typischerweise im dreistelligen ppm/V Bereich. Leckströme sind sehr gering. Als hochohmige bzw. isolierte Elektrode wird bevorzugt die obere Polysilizium-Ebene genutzt. Da sich allerdings alle zur Verdrahtung nutzbaren Metallebenen über dieser befinden, ist ein gut geschirmtes Kondensator-Array schwer zu erstellen. Zur Verdrahtung müssen meist Kanäle zwischen den Kondensatoren genutzt werden, die jedoch zusätzliche Fläche belegen.

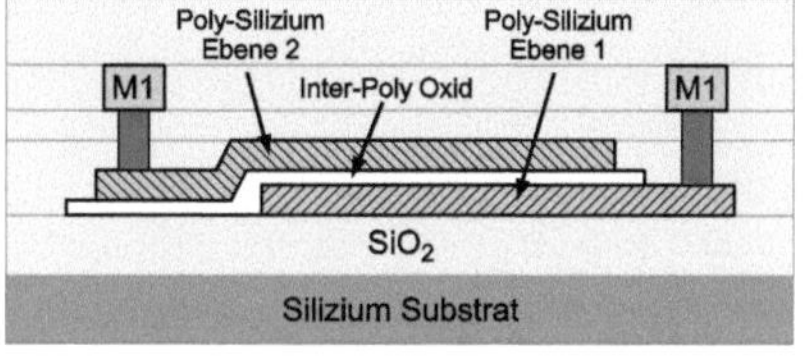

Abbildung A.5: Querschnittsdarstellung eines Polysilizium-Kondensators

A.1.5 MIM (Metall-Isolator-Metall)-Kondensatoren

Im Vergleich zu parasitären Kapazitäten im normalen Metallstapel wird der Kapazitätsbelag von MIM-Kondensatoren durch zwei Maßnahmen gesteigert: anstelle von SiO_2 wird ein Dielektrikum mit höherer Permittivität ε_r verwendet und der Abstand zwischen den Elektroden deutlich verringert. Dazu wird meist unter dem obersten Metall eine zusätzliche Metallebene über einer sehr dünnen Schicht des Dielektrikums aufgetragen. Dieser Schichtaufbau und ein typisches Layout ist in Abbildung A.6 dargestellt. Zur Herstellung sind mindestens eine zusätzliche Maske und spezielle Prozessschritte notwendig, weshalb MIM-Kondensatoren lediglich eine Prozessoption darstellen und nicht in jeder CMOS-Technologie zur Verfügung stehen. Eine Übersicht der in der Halbleitertechnik gebräuchlicher Dielektrika ist in Tabelle A.1 zusammengestellt.

Typische Werte für den Kapazitätsbelag liegen zwischen 1 bis 2 fF/µm², es sind aber auch Werte von 7 fF/µm² möglich [Kim04]. In verschiedenen Technologien, z.B. bei 180 nm, 90 nm und 65 nm CMOS von TSMC (Taiwan Semiconductor Manufacturing Company) werden MIM-Kondensatoren als exklusive Technologieoption mit drei verschiedenen Kapazitätsbelägen (1.0, 1.5 und 2.0 fF/µm²) angeboten. Der Matching-Faktor A_C beträgt typischerweise 1 bis 3 %/µm und ist bei hohem Kapazitätsbelag meist geringfügig kleiner, also besser, was darauf hindeutet, dass Mismatch zum Großteil durch die Randunschärfe der Metallplatten verursacht wird [Gra03].

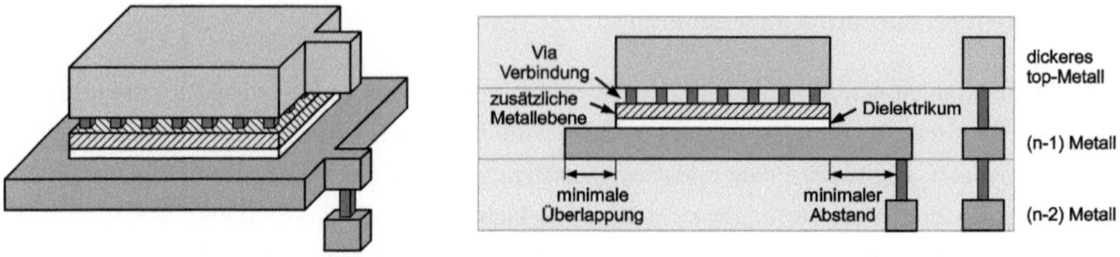

Abbildung A.6: Querschnitts- und 3D-Darstellung eines MIM-Kondensators

Formelzeichen	Erklärung	Permittivität ε_r
SiO_2	trockenes Siliziumoxid	3.9
SiO_2 PECVD	Plasma	4.9
Si_3N_4 PECVD	PECVD Siliziumnitride	7
Si_3N_4	Siliziumnitride	7.5
Al_2O_3	Aluminiumoxid	9
Ta_2O_5	Tantal(V)-Oxid	24 - 28
HfO_2	Hafniumoxid	25

Tabelle A.1: Typische in der Halbleitertechnik verwendete Dielektrika

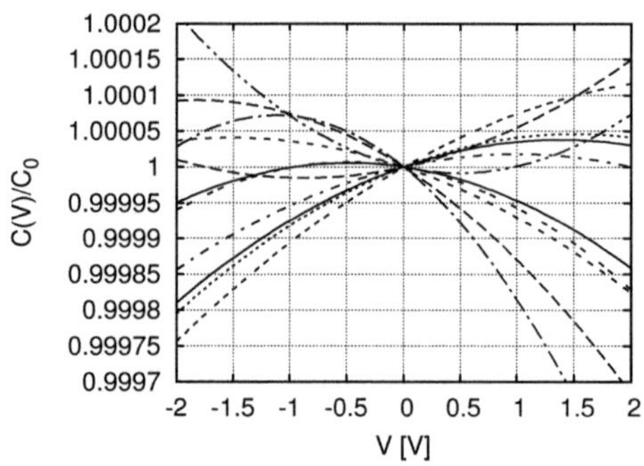

Abbildung A.7: Beispielwerte für die Spannungsabhängigkeit von MIM-Kondensatoren

Da die thermische Ausdehnung des Metalls sehr gering ist, besitzen MIM-Kondensatoren eine sehr niedrige Temperaturabhängigkeit, hauptsächlich hervorgerufen durch die Änderung der Permittivität [Ng02]. Da die Spannungsabhängigkeit proportional zu $1/d$ ist, sind ein hoher Kapazitätsbelag und gute Linearität nicht gleichzeitig erreichbar. Mit einer gestapelten Struktur aus purem Siliziumdioxid und einem Dielektrikum mit hohem ε_r kann die Spannungsabhängigkeit auch bei hohem Kapazitätsbelag optimiert werden [Kim04]. Auch ohne diese Optimierung ist die Nichtlinearität meist sehr gering, wie Abbildung A.7 an typischen Beispielwerten zeigt.

Um Unebenheiten in der unteren Metallplatte und damit Kurzschlüsse zu verhindern, gelten für MIM-Kondensatoren zusätzliche Designregeln, die mögliche Layoutanordnungen einschränken. So darf zum Beispiel die untere Metallplatte nicht unterhalb des Dielektrikums durch Vias kontaktiert werden, sondern wie in Abbildung A.6 dargestellt, erst ab einem Mindestabstand zum eigentlichen Kondensator. Im Vergleich zu MOM-Kondensatoren kann das Layout dadurch weniger flexibel gestaltet werden, was vor allem die Schirmung der sensitiven Elektrode betrifft. Durch die Lage weit oben im Metallstapel ist die parasitäre Kapazität zum Substrat sehr gering und die obere Platte automatisch gegenüber Leitungen unterhalb des Kondensators geschirmt. Dies ermöglicht eine kompakte Verdrahtung des Kondensator-Arrays. Oft ist es sogar erlaubt, aktive Schaltungen unterhalb der Kondensatoren zu platzieren und damit die Chipfläche sehr effizient zu nutzen.

A.1.6 MOM (Metall-Oxid-Metall)-Kondensatoren

MOM-Kondensatoren nutzen die in jeder CMOS-Technologie natürlich vorhandene parasitäre Kapazität zwischen Metallstreifen und werden auch als VPP (vertical parallel plate), NVCAP (natural vertical capacitor), LFC (lateral flux capacitor) oder IFC (interdigitated finger capacitor) bezeichnet. Da in modernen CMOS-Technologien die vertikale Ausdehnung einer Metallleitung größer als die minimale Weite und der Minimalabstand geringer als die Dicke des Oxids zwischen den Metallebenen ist (siehe Darstellung des Querschnitts einer CMOS-Technologie in Abbildung A.2), erreicht die Kapazität nebeneinander geführter Metallstreifen einen größeren Betrag als übereinander liegende Metallflächen. Die typische Struktur eines MOM-Kondensators besteht aus dicht neben- oder zusätzlich auch übereinander geführten Metallstreifen minimaler Breite und minimalem Abstand. Abbildung A.8 zeigt drei Beispiellayouts. Dabei nutzt Variante a) lediglich die laterale Kapazität, während Variante b) und c) sowohl laterale als auch vertikale Kapazitätsanteile nutzen. Durch die unterschiedliche Ausrichtung der Metallstreifen in Variante c) ist dieses Layout weniger sensitiv auf einen Versatz der Masken. Durch die Verwendung von Strukturen mit mehr als zwei Metallebenen kann die Kapazitätsdichte weiter erhöht werden. Aufgrund der geringeren Mindestweite und des geringeren Abstands werden die unteren Metallebenen bevorzugt verwendet, um den Kapazitätswert zu maximieren. Da nur zur Signalverdrahtung vorgesehene Ebenen genutzt werden, sind MOM-Kondensatoren in jeder Technologie ohne zusätzliche Prozessschritte erzeugbar. Allerdings ist eine charakterisierte Layoutvorlage nicht immer vorhanden.

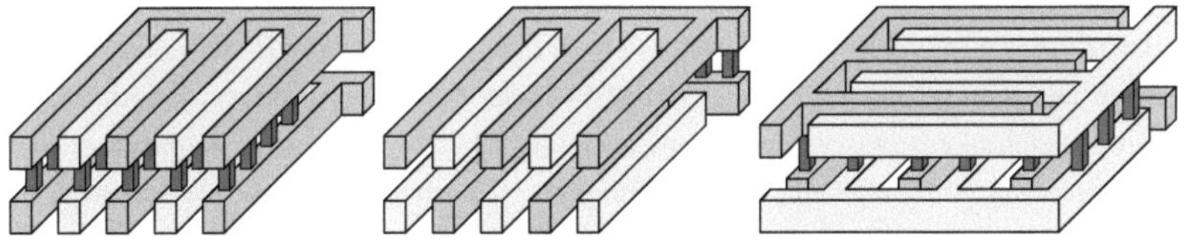

a) nur laterale Kapazität, unsymmetrische Form

b) lateral und vertikal, unsymmetrische Form

c) lateral und vertikal gekreuzt, symmetrische Form

Abbildung A.8: Verschiedene Strukturen von MOM-Kondensatoren

In Abbildung A.10 erkennt man, dass die Kapazitätsdichte von MOM-Kondensatoren mit der Skalierung der Technologien von 180 nm auf 90 nm deutlich zunimmt, bei dem Schritt zu noch kleineren Strukturen jedoch nicht mehr drastisch steigt. Dies ist dadurch zu begründen, dass die minimalen Leitungsabstände zwar stetig abnehmen, jedoch ab 90 nm Strukturweite anstelle von Siliziumdioxid ein Isolator mit deutlich niedrigerer relativer Dielektrizitätszahl, z.B. Kohlenstoff bzw. Fluor dotiertes SiO_2 oder mikroporöse SiO_2verwendet wird. Dadurch sinkt die Kapazität zwischen den Metallstrukturen wieder. Solche Halbleiterprozesse werden als low-k-Prozesse bezeichnet.

MOM-Kondensatoren besitzen extrem niedrige Leckströme und ihre Linearität ist rund eine Größenordnung besser als die von MIM-Kondensatoren. Ist keine feste charakterisierte Layoutstruktur vorgegeben, so besteht volle Freiheit bei der Auswahl der Metallebenen und der Form des Layouts. Dadurch kann die parasitäre Kapazität zum Substrat effektiv minimiert und die hochohmige Elektrode bestmöglich abgeschirmt werden. Jedoch ist die Bestimmung der Kapazität dann vollkommen auf die Genauigkeit der Layout-Extraktionstools angewiesen. Um eine sehr genaue Vorhersage der Kapazitätswerte zu erhalten, wird in [Ers12] die Nutzung einer speziellen 3D-Extraktionssoftware, anstelle der üblichen Layout-Extraktionstools, vorgeschlagen. Ein Vergleich von MIM- und MOM-Kondensatoren wird in [Lim04] durchgeführt.

Mismatch wird hauptsächlich hervorgerufen durch lokale Schwankungen der Dicke von Metall und Dielektrikum, der Weite der Metallstreifen, sowie durch einen Versatz (Misalignment) der Masken. Eine Charakterisierung des Matchings von MOM-Kondensatoren ist, wenn überhaupt, meist nur für eine feste Layoutstruktur verfügbar und kann sehr stark variieren, da die Inter-Metall-Kapazität keiner direkten Prozesskontrolle unterliegt. Laterale Kapazitäten besitzen bessere Matching-Eigenschaften als vertikale Strukturen, da laterale Dimensionen einer besseren Prozesskontrolle unterliegen als die Schichtdicke von Metallebenen und Dielektrikum [Apa02]. Die Sensitivität der Kapazität hinsichtlich Schwankungen des Abstands ergibt sich durch partielle Ableitung von Gleichung A.1 zu

$$\frac{\partial C}{\partial d} = -\varepsilon \cdot \varepsilon_r \cdot \frac{A}{d^2} . \qquad (A.8)$$

Mit Normierung auf den Kapazitätswert und Umstellen erhält man die Beziehung

$$\frac{\partial C}{C} = -\frac{\partial d}{d} . \qquad (A.9)$$

Man erkennt, dass sich die relative Variation der Kapazität mit steigendem Abstand verkleinert. Theoretisch kann das Matching verbessert werden, indem ein größerer Abstand als der geforderte Minimalabstand verwendet wird und sich damit der relative Einfluss von Fertigungsschwankungen der lateralen Abstände verringert. Allerdings verkleinert sich bei größerem Abstand gleichzeitig auch der erzielte Kapazitätsbelag.

Als Sonderform von MOM-Kondensatoren sollen die planaren Strukturen in Abbildung A.9 betrachtet werden. Die Struktur ist vergleichbar mit MIM- oder Poly-Kondensatoren, jedoch ohne einem besonderen Dielektrikum zwischen den Platten. Ziel ist dabei nicht eine hohe Kapazitätsdichte, sondern ein besonders gutes Matching und bestmögliche Schirmung. Dazu ist die Layoutstruktur so symmetrisch wie möglich gestaltet und die sensitive Elektrode wird, zumindest zu darunter liegenden Leitungen, vollständig abgeschirmt.

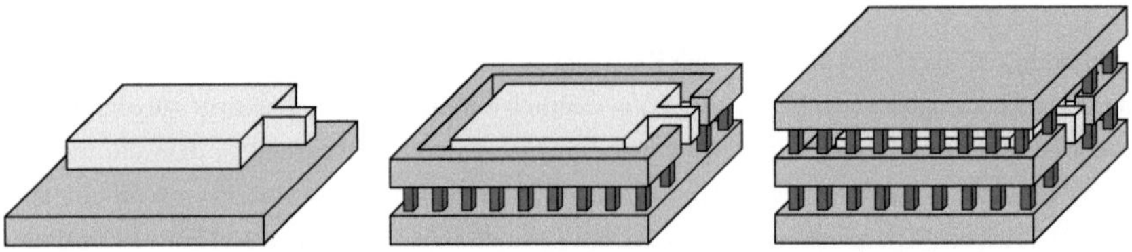

Abbildung A.9: Layoutformen von planaren MOM-Kondensatoren mit Schirmung

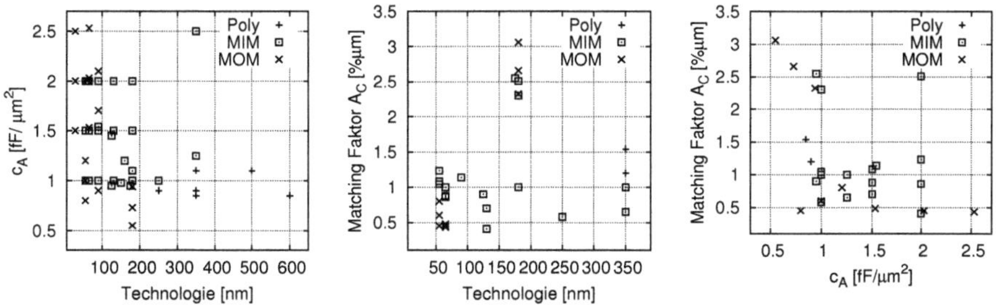

Abbildung A.10: Beispielwerte für Poly-, MIM- und MOM-Kondensatoren in 25 verschiedenen Technologien

A.1.7 Vergleich und Beurteilung

Eine Zusammenstellung von Beispielwerten[4] für Poly-, MIM- und MOM-Kondensatoren in 25 verschiedenen CMOS-Technologien, mit Strukturweiten von 0.6 µm bis 28 nm, ist in Abbildung A.10 dargestellt. Um Vergleichbarkeit zu gewährleisten, wurden nur MOM-Kondensatoren mit drei Metallebenen in die Darstellung einbezogen. Man erkennt deutlich, dass Kapazitätsbelag und Matching aller drei Typen ähnliche Größe besitzen und mit kleinerer Strukturweite der Kapazitätsbelag im Mittel nur leicht zunimmt. Hinsichtlich Matching ist, entgegen der Erwartung, keine klare Verbesserung bei kleinen Strukturweiten zu erkennen. Bei der Gegenüberstellung von Matching und Kapazitätsbelag zeigt sich, dass Kondensatoren mit großem Kapazitätsbelag meist auch besseres Matching erzielen.

Beim Entwurf von SAR ADCs ergeben sich durch zwei Bedingungen Anforderungen an den Kapazitätsbelag: zum einen wird durch das kTC-Rauschen nach Gl. 8.10 eine Mindestgröße, der während des Abtastvorgangs wirksamen Kapazität, gefordert. Zum anderen wird durch die zu erreichende Genauigkeit nach Gl. A.7 eine Mindestfläche der Kondensatoren verlangt. Zusammen mit dem Kapazitätsbelag ergibt sich aus der Mindestfläche ebenfalls eine Matching-bedingte Mindestkapazität, die bei hoher Auflösung deutlich über der Anforderung hinsichtlich des kTC-Rauschens liegt, so dass ein hoher Kapazitätsbelag durch das geforderte Matching zu einer störend großen Kapazität führt. Dadurch ist für hohe Auflösungen oft ein niedriger Kapazitätsbelag vorteilhaft.

Da beim Matching-Faktor A_C, selbst bei gleichem Kondensatortyp, Unterschiede bis zu Faktor 5 auftreten (siehe Abbildung A.10) und damit die erforderliche Kondensatorfläche auf das 25-fache ansteigt, hat die zur Verfügung stehende Technologie entscheidenden Einfluss auf die erzielbare Leistungsfähigkeit bzw. auf die generelle Machbarkeit.

Da die Schaltungsarchitektur selbst nur geringen Einfluss auf die erzielbare Linearität hat, muss auch diese Kenngröße bei der Auswahl von Technologie und Kondensatortyp frühzeitig beachtet werden. Eine detaillierte Analyse dieses Zusammenhanges ist in Kapitel 5 dargestellt. Leckströme in der Größenordnung wie sie bei Poly- oder MIM-Kondensatoren auftreten, sind höchstens bei ADCs mit extrem niedriger Abtastrate von Bedeutung. Da das Wandlungsverfahren von kapazitiven SAR ADCs auf Kapazitätsverhältnissen basiert, sind Schwankungen der absoluten Kapazitätswerte nicht kritisch. Genauso ist auch das Temperaturverhalten der Kondensatoren unbedeutend, solange eine homogene Erwärmung der gesamten Schaltung garantiert wird.

[4] Werte wurden der jeweiligen Technologiedokumentation entnommen oder durch Simulation ermittelt

Kenngröße	MOS	Poly-Poly	MIM	MOM
Elektrische Eigenschaften				
Kapazitätsbelag [fF/µm²]	5 - 25	0.5 - 1.5	1.0 - 2.0	0.5 - 2.5
Spannungsabhängigkeit	schlecht	gut	gut bis sehr gut	sehr gut
Leckstrom	hoch	gering	sehr gering	sehr gering
Matching	schlecht	gut	gut bis sehr gut	schlecht bis gut
parasitäre Kapazität zum Substrat	sehr hoch	hoch	gering	gering
Technologiekriterien				
typische Technologie	alle	$\geq$350nm	$\leq$180nm	$\leq$180nm sinnvoll
Verfügbarkeit	immer	optional	optional	immer
Charakterisierung	sehr gut	gut	gut	eingeschränkt
Layout Eigenschaften				
Lage im Schichtaufbau	Substrat, Wanne	unter Metall	oberste Metallebenen	im Metall beliebig
Gestaltungsfreiheit Layout	mittel	eingeschränkt	eingeschränkt	hoch
Schirmung der empf. Elektrode	schwierig	schwierig	sehr gut	mittel bis gut
Eignung für SAR ADCs	nicht geeignet	mittel	sehr gut	gut

Tabelle A.2: Vergleich von Kondensatortypen hinsichtlich deren Eignung für SAR ADCs

Zusammenfassend bestehen beim Entwurf eines kapazitiven SAR ADC folgende Anforderungen an die Kondensatoren:

- mittlerer bis niedriger Kapazitätsbelag
- sehr gutes Matching
- gute Linearität
- geringe parasitäre Kapazität zum Substrat
- gute Abschirmbarkeit der hochohmigen Elektrode
- günstige Lage im Schichtaufbau zum Führen der Anschlussleitungen

In Tabelle A.2 werden die vier in diesem Abschnitt vorgestellten Kondensatortypen untereinander verglichen und beurteilt. Die Linearität von Poly-Kondensatoren ist meist nur ausreichend für 10 bis 12 bit Auflösung. MOM-Kondensatoren sind hinsichtlich der Linearität allen anderen Varianten überlegen [Lim04]. Generell ist eine gut dokumentierte und umfangreiche Charakterisierung vorteilhaft, um die erreichbare Auflösung sicher ermitteln zu können. MOS-Kondensatoren scheiden bei der Auswahl nahezu vollständig aus. Poly-Kondensatoren sind für mittlere Auflösungen, mit Einschränkungen im Layout, gut geeignet und in den dafür typischen Technologien oft alternativlos. MIM-Kondensatoren bieten hervorragende elektrische Kenngrößen und sind auch für ein kompaktes und sehr gut geschirmtes Layout bestens geeignet und somit die erste Wahl. Aber auch MOM-Kondensatoren besitzen aufgrund der enormen Freiheit bei der Layoutgestaltung viele Vorteile und werden mittlerweile oft verwendet [Shi12, Kut02], zumal dadurch die Integration von ADCs in einem Standard-CMOS-Prozess ohne zusätzliche Technologieoption möglich wird [Hae14a].

A.2 Kenngrößen von AD-Wandlern

Ein ADC ist eine Mixed-Signal-Schaltung mit zwei analogen Eingangssignalen und einer digitalen Ausgangsgröße. Der Ausgang stellt eine digitale Repräsentation der Relation zwischen analogem Eingangssignal und analoger Referenzgröße dar. Die Eingangsgröße eines ADCs kann eine Spannung, ein Strom und im Spezialfall auch eine Ladung darstellen. Jeder ADC benötigt eine Referenzgröße zu der die Eingangsgröße in Beziehung gesetzt wird.

Die Übertragungsfunktion von der Eingangsspannung V_{In}zum digitalen Ergebnis d wird durch die Gleichung

$$d=2^N \cdot G \cdot \frac{V_{\mathrm{In}}}{V_{\mathrm{Ref}}}$$

beschrieben. Dabei ist N die Anzahl an Bits des Ausgabewortes $d[N-1:0]$ und V_{Ref} die Referenzspannung. Der Verstärkungsfaktor G ist bei SAR ADCs meist 1, kann jedoch auch andere Werte annehmen. Die Überführung der analogen Eingangsgröße geht mit einer Wert- und Zeitdiskretisierung einher, da die digitale Darstellung d nur ganzzahlige Werte annehmen kann und die Eingangsgröße nur zu diskreten Zeitpunkten erfasst wird. Die Darstellung negativer Werte erfolgt als Zweierkomplement oder mit Vorzeichenbit.

A.2.1 Ideale Kennlinie

Die ideale Kennlinie eines ADCs mit 3 bit Auflösung ist in Abbildung A.11 dargestellt. Die Eingangsspannung V_{In} wird in 2^N diskrete Digitalwerte überführt. Der erfassbare Eingangsspannungsbereich ist begrenzt und liegt typischerweise zwischen 0 und V_{Ref}. Die prinzipbedingte Abweichung der Kennlinie von einer Geraden wird als Quantisierungsfehler bezeichnet. Die Punkte der Kennlinie, wo ein Übergang von einem Ergebnis zum nächsten stattfindet, also der Quantisierungsfehler Null ist, werden als Diskretisierungsschwellen (engl. transition points) bezeichnet. Die Spannung $V_{\mathrm{In}}(k)$ bezieht sich auf den Übergang vom Digitalwert k zu k+1. Die Kennlinie eines ADCs wird vollständig durch die Position der Diskretisierungsschwellen beschrieben. Die Breite einer Quantisierungsstufe wird als V_{LSB} bezeichnet. Für G=1 gilt die Festlegung

$$V_{\mathrm{LSB}}=\frac{V_{\mathrm{Ref}}}{2^N}\,. \tag{A.10}$$

Die Definition der idealen Kennlinie wird oft um ½ LSB verschoben, da dann der Quantisierungsfehler immer zwischen -½ LSB und ½ LSB liegt. Für Wandler hoher Auflösung ist diese Überlegung praktisch nicht von Bedeutung, da Offset- und Verstärkungsfehler meist im Bereich von mehreren LSB liegen. Deshalb wird in dieser Arbeit von der in Abbildung A.11 dargestellten Kennlinie mit einem Quantisierungsfehler zwischen 0 und 1 LSB ausgegangen.

A.2.2 DC-Kenngrößen

Es existiert in der Literatur eine Vielzahl von Kenngrößen zur Beschreibung und zum Vergleich von ADCs. Eine erste Einteilung kann in Kenngrößen zur Beschreibung von DC-Größen und in dynamische Kenngrößen erfolgen. Nicht alle Parameter sind für jeden Typ von ADC von Bedeutung. Da in der Literatur keine durchgängig einheitlichen Bezeichnungen und Definitionen existieren, werden in dieser Arbeit verwendete Größen nachfolgend festgelegt. Dabei orientieren sich die Definitionen

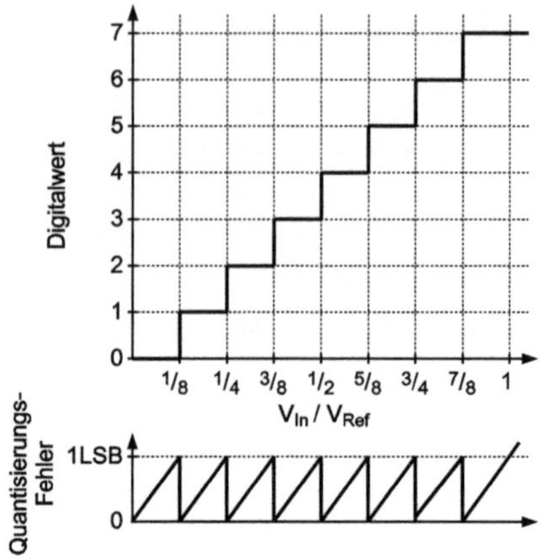

Abbildung A.11: Ideale Kennlinie und Quantisierungsfehler eines ADCs

an den Festlegungen großer Halbleiterhersteller [Nat00, Kes08, Gra06, Max02]. Um eine bessere Zuordnung innerhalb der meist englischsprachigen Referenzen zu ermöglichen, werden die in der englischen Fachliteratur üblichen Abkürzungen und Formelzeichen verwendet. Je nach Anwendung werden ADCs durch unterschiedliche Parameter beschrieben. So erfordert die Genauigkeitsbeurteilung bei der Messung von DC-Größen aus Druck- oder Temperatursensoren andere Kenngrößen, als die Erfassung von hochdynamischen Signalen in Audio-, Signalübertragungs- und Funkanwendungen.

DC-Kenngrößen eines ADCs können als absolute Spannung, in LSB oder % bzw. ppm angegeben werden. Datenblätter von hochauflösenden Wandlern verwenden oft % oder ppm als Einheit. Angaben in LSB sind jedoch zur direkten Beurteilung und zum Vergleich erheblich besser geeignet und werden deshalb in dieser Arbeit bevorzugt.

Offset Fehler Der Offsetfehler E_{OS} ist die Abweichung der ersten tatsächlichen Diskretisierungsschwelle zum Idealwert. Er gibt damit an, wie gut die tatsächliche Kennlinie im Ursprung mit der idealen Kennlinie übereinstimmt.

$$E_{\text{OS}} = V_{\text{In}}(0) \tag{A.11}$$

Der Offsetfehler kann sowohl positiv als auch negativ sein, je nachdem ob der erste Übergang bei höherer oder niedrigerer Spannung auftritt als der Idealwert. Der Offsetfehler ist gewöhnlich ein konstanter Wert, der damit recht einfach gemessen und kalibriert werden kann.

Fehler bei Vollaussteuerung (Full-Scale Error) und Verstärkungsfehler Ein idealer Wandler erreicht den größten Ausgabewert (Full Scale) bei der Eingangsspannung

$$V_{\text{FS}} = G \cdot V_{\text{Ref}} \cdot \frac{2^n - 1}{2^n} = G \cdot (V_{\text{Ref}} - 1V_{\text{LSB}}) \ . \tag{A.12}$$

Die Abweichung der letzten Diskretisierungsschwelle der tatsächlichen Kennlinie von diesem theoretischen Punkt wird als Fehler bei Vollaussteuerung E_{FS} (Full-Scale Error) bezeichnet. Ein Anteil

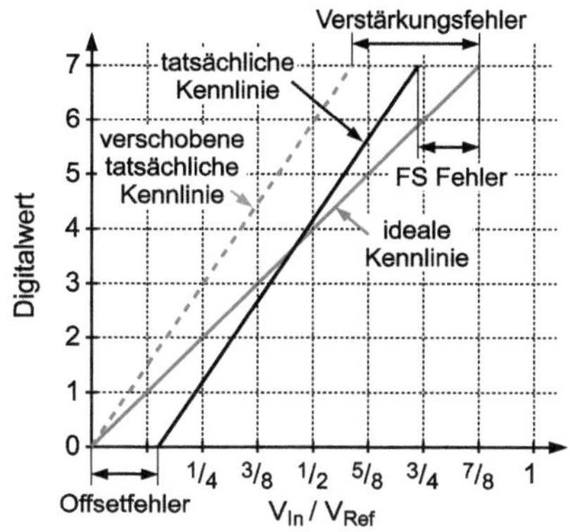

Abbildung A.12: Darstellung von Offset- und Verstärkungsfehler an einem Kennlinienbeispiel

des Fehlers bei Vollaussteuerung wird durch den Offsetfehler verursacht. Subtrahiert man den Offsetfehler vom Fehler bei Vollaussteuerung erhält man den Verstärkungs- bzw. Anstiegsfehler. Dieser gibt somit die Abweichung des Anstiegs der Kennlinie vom idealem Anstieg an und kann auch als Veränderung der Referenz aufgefasst werden:

$$E_{\mathrm{G}} = E_{\mathrm{FS}} - E_{\mathrm{OS}} \,. \tag{A.13}$$

Alternativ zur Angabe des Verstärkungsfehlers in LSB oder Prozent wird oft auch direkt der Anstieg der Kennlinie in Codes pro 1 V Eingangsspannung angegeben. Offset- und Verstärkungsfehler sind in Abbildung A.12 am Beispiel einer unipolaren Kennlinie dargestellt. Die Herleitung der Gleichungen lässt sich gleichermaßen auch auf bipolare Kennlinien anwenden.

Differenzielle Nichtlinearität (DNL) und Fehlende Codes (Missing Code) Bei einem idealen ADC besitzen die aufeinanderfolgenden Diskretisierungsschwellen einen Abstand von 1 LSB. Die Abweichung der Breite der tatsächlichen Quantisierungsstufe vom Idealwert wird als DNL-Fehler bezeichnet

$$DNL(k) = V_{\mathrm{In}}(k) - V_{\mathrm{In}}(k{-}1) - V_{\mathrm{LSB}} \,. \tag{A.14}$$

Abbildung A.13 zeigt den DNL-Fehler an einer Beispielkennlinie. Besitzt die Kennlinie einen großen Verstärkungsfehler, so weicht die mittlere Breite einer Quantisierungsstufe vom Idealwert 1 LSB ab. In diesem Fall ist es sinnvoll, bei der Berechnung des DNL-Fehlers anstatt der idealen Breite einer Quantisierungsstufe die mittlere tatsächliche Breite zu verwenden und damit die Auswirkung des Verstärkungsfehlers zu eliminieren. Die DNL beschreibt die Monotonie der Kennlinie und ist besonders kritisch in Regelungsanwendungen. Ist der DNL-Fehler immer größer als -1 LSB so sind keine fehlenden Codes (Missing Codes) vorhanden.

Integrale Nichtlinearität (INL) Der INL-Fehler ist die Abweichung der tatsächlichen Kennlinie von einer idealen geraden Linie. Diese Gerade ist entweder die Verbindung der Endpunkte der tatsächlichen Kennlinie (Straight-Line-Methode) oder eine Ausgleichsgerade über alle Kennlinienpunkte (Best-Fit-Methode). Die INL enthält weder Offset- noch Verstärkungsfehler sondern ausschließlich

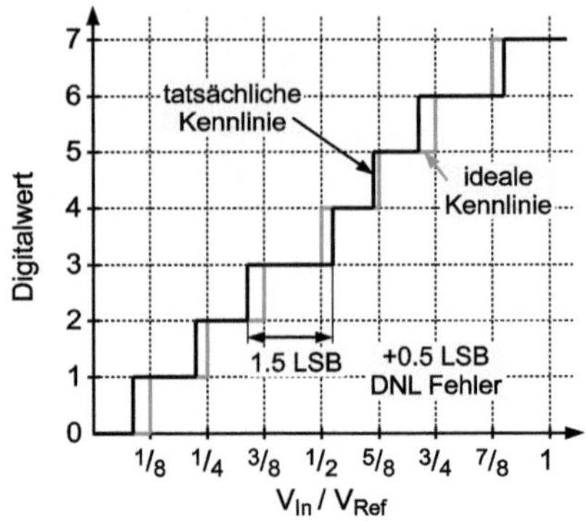

Abbildung A.13: Darstellung des DNL-Fehlers an einem Kennlinienbeispiel

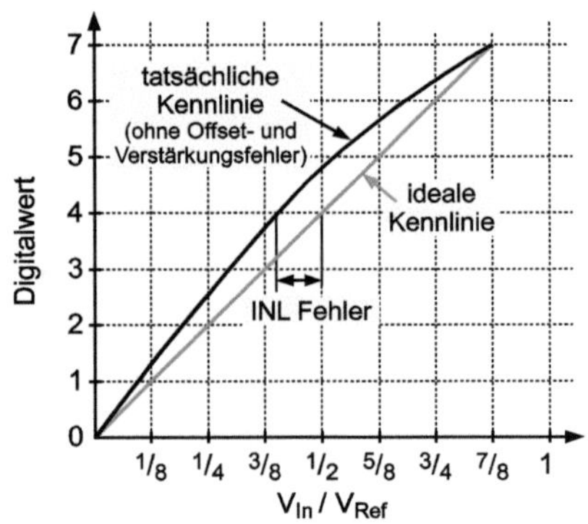

Abbildung A.14: Darstellung des INL-Fehlers an einem Kennlinienbeispiel

die Krümmung der Kennlinie. Dabei werden nur die Diskretisierungsschwellen betrachtet, so dass der Quantisierungsfehler nicht einfließt. Aus der Position der Diskretisierungsschwellen kann die INL mit

$$INL(k) = V_{\mathrm{In}}(k) - E_{\mathrm{OS}} - (V_{\mathrm{Ref}} - E_{\mathrm{G}}) \cdot \frac{k}{2^n} \tag{A.15}$$

berechnet werden. Durch Summieren der DNL-Fehler erhält man die alternative Berechnungsvorschrift:

$$INL(k) = \sum_{i=2}^{k} DNL(i)\,. \tag{A.16}$$

Der INL-Fehler kann somit größer als der maximal auftretende DNL-Fehler sein. Die Best-Fit-Methode wird oft für dynamische Anwendungen verwendet, liefert meist den kleineren maximalen Fehler und wird damit von den Halbleiterherstellern bevorzugt. Die Straight-Line-Methode ist für DC-Anwendungen, wo Offset- und Verstärkungsfehler bekannt sind oder kalibriert werden, aussagekräftiger. Ein Vergleich oder eine Umrechnung der INL beider Methoden ist nicht direkt möglich.

DNL- und INL-Fehler sind statische Kenngrößen, die nicht von der Betriebsfrequenz abhängen. Zur Bestimmung von DNL und INL, mittels Messung oder Simulation einer Kennlinie, müssen die Diskretisierungsschwellen genau bekannt sein, da die INL sonst den Quantisierungsfehler enthält und damit automatisch im Breich von ±0.5 LSB bzw. zwischen 0 und 1 LSB liegt. Zur genauen Bestimmung von INL und DNL ist es zwangsläufig erforderlich, deutlich mehr Punkte der Kennlinie zu erfassen als digitale Ausgabewerte existieren. Um zusätzlich noch den Einfluss zufälliger Abweichungen durch Rauschen oder Störeinkopplung zu verringern, werden meist histogrammbasierte Messverfahren eingesetzt [Bla94].

Gleichtaktunterdrückung CMRR Wandler mit einer bipolaren Kennlinie besitzen meist einen differenziellen Eingang, der es ermöglicht eine negative Eingangsspannung zu messen ohne Spannungen mit absolut negativem Wert einzuspeisen. Der Mittelwert beider differenzieller Eingangsspannungen wird als Gleichtaktspannung (Common-Mode) bezeichnet und die Abhängigkeit des Wandlungsergebnisses von dieser als Gleichtaktunterdrückung. Allgemein gilt die Definition

$$CMRR = 20 \cdot \log\left(\frac{A_{\mathrm{diff}}}{A_{\mathrm{CM}}}\right), \tag{A.17}$$

wobei A_{diff} die Verstärkung des Differenzsignals und A_{CM} die Verstärkung des Gleichtaktsignals angibt. Bei der Berechnung in dieser Form wird der Wert meist in dB angegeben. Für ADCs ist auch eine Angabe in LSB gebräuchlich, dabei wird direkt die Änderung des Wandlungsergebnisses, hervorgerufen durch eine maximale Variation der Gleichtaktspannung, angegeben. Die Gleichtaktunterdrückung kann sowohl für DC- als auch für AC-Signale spezifiziert werden.

Versorgungsspannungsdurchgriff PSRR (Power Supply Rejection Ratio) Der Versorgungsspannungsdurchgriff ist ein Maß dafür, wie gut der Wandler eine Störung der Versorgungsspannung unterdrückt. Meist wird die Änderung des Offset- oder Verstärkungsfehlers im Verhältnis zur Versorgungsspannungsänderung angegeben:

$$PSRR = 20 \cdot \log\left(\frac{\triangle V_{\mathrm{DD}}}{\triangle E_{\mathrm{OS}}}\right) \tag{A.18}$$

Dies kann für eine zeitlich konstante Versorgungsspannung oder für AC-Signale geschehen. Der Versorgungsspannnungsdurchgriff verschlechtert sich meist drastisch bei höherfrequenter Änderung der Versorgungsspannung.

A.2.3 Dynamische Kenngrößen

Dynamische Kenngrößen beschreiben das zeitliche Verhalten des Wandlers oder die Abhängigkeit von der Dynamik der Eingangsgröße.

Abtastrate (Sample-Rate) und Durchsatzrate (Throughput-Rate) Als Wandlungszeit wird nur die direkt zur Wandlung benötigte Zeit gemessen ohne der zur Initialisierung, Einstellen der Multiplexer und zum Abtasten der Eingangsspannung erforderlichen Zeit. Zur Berechnung der Abtastrate wird die gesamte Zeit angesetzt, die zwischen dem Start zwei aufeinanderfolgender Wandlungen bei kontinuierlichem Betrieb vergeht. Im Gegensatz zu Delta-Sigma- oder Pipeline-ADCs ist bei SAR ADCs die Wandlungsrate gleich der Durchsatzrate, da pro Wandlung nur ein Abtastvorgang erfolgt.

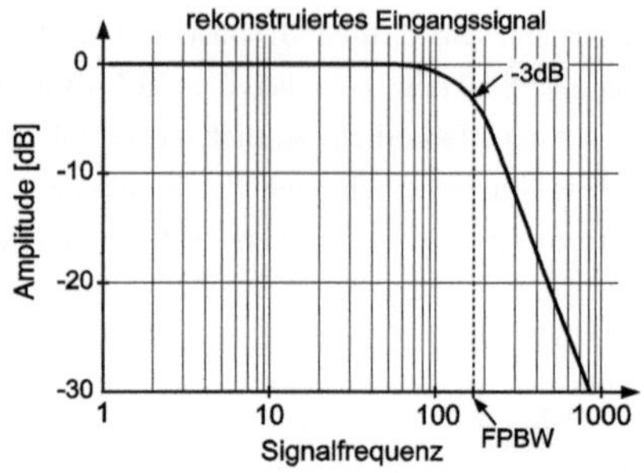

Abbildung A.15: Amplitude des rekonstruierten sinusförmigen Eingangssignal in Abhängigkeit der Signalfrequenz

Aperture-Verzögerung Die Verzögerung zwischen der Taktflanke oder dem asynchronen Abtastsignal bis zum Ende des Abtastvorganges wird Aberture- oder Abtast-Verzögerung genannt. Diese Verzögerung ist bei SAR ADCs meist sehr gering und kommt lediglich durch Gatterlaufzeiten der Logik bis zum Abtastschalter zustande.

Pipeline-Verzögerung oder Latenz Die Anzahl an Taktzyklen die zwischen Auslösen der Wandlung und dem Bereitstellen des Ergebnisses vergeht, wird als Pipeline-Verzögerung oder Latenz bezeichnet. SAR ADCs besitzen keine Pipeline-Verzögerung im eigentlichen Sinne, wie dies bei Sigma-Delta- oder Pipeline-Wandlern der Falls ist, da keine erneute Wandlung begonnen wird, während die vorherige noch andauert. Bei der seriellen Datenausgabe wird oft das MSB des Ergebnisses bereits nach einem Wandlungstakt ausgegeben und das vollständige Ergebnis steht bei N bit Auflösung meist nach N Takten bereit.

Analoge Eingangsbandbreite FPBW (Full Power Bandwidth) Die $FPBW$ gibt an, bei welcher Frequenz das rekonstruierte sinusförmige Eingangssignal mit Vollaussteuerung um 3 dB gegenüber der Amplitude bei niedrigen Frequenzen abfällt. Dies ist ein Maß dafür, bis zu welcher Grenzfrequenz Eingangssignale noch erfasst werden, ohne jedoch eine Information darüber zu liefern, mit welcher Genauigkeit bzw. welchen Verzerrungen das Signal abgebildet wird. Aussagekräftiger wäre die Angabe der effektiven Auflösung in Verbindung zur Signalfrequenz. Bei SAR ADCs wird die analoge Eingangsbandbreite vom Abtastschalter und eventuell vorgeschalteten Multiplexern und der Eingangskapazität bestimmt. Da sich keine aktive Schaltung im Eingangspfad befindet, werden relativ hohe Frequenzen, meist weit oberhalb der Abtastfrequenz, erreicht. Durch einen signalabhängigen Schalterwiderstand treten aber meist schon deutliche Signalverzerrungen bei Frequenzen weit unterhalb der $FPBW$ auf. Abbildung A.15 zeigt einen typischen Amplitudenverlauf.

A.2.4 Spektrale Kenngrößen

Signal-Rauschabstand SNR, SINAD und SFDR Der Signal-Rauschabstand SNR ergibt sich aus dem Verhältnis von Ausgangssignalleistung P_S und Rauschleistung P_R am Ausgang des Wandlers,

$$SNR = 10 \cdot \log\left(\frac{P_\mathrm{S}}{P_\mathrm{R}}\right) . \tag{A.19}$$

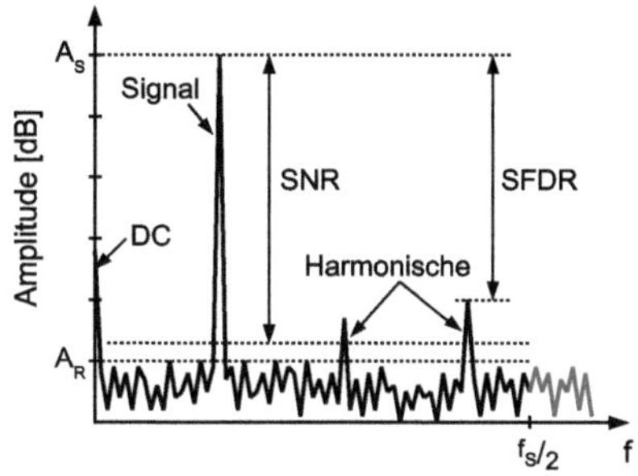

Abbildung A.16: Spektrum des Wandlungsergebnisses bei sinusförmiger Erregung

Dabei werden harmonische Oberwellen des Signals (Verzerrungen) und der Gleichsignalanteil nicht mit einbezogen. Ein idealer ADC mit N bit Auflösung hat einen Signalrauschabstand von

$$SNR_{max} = 6.02 \cdot N - 1.76\,\mathrm{dB}\,, \tag{A.20}$$

dabei wird lediglich das unvermeidbare Quantisierungsrauschen erfasst. Bei einem realen Wandler kommt zusätzlich Rauschen des Abtastschalters, des Komparators sowie Störungen durch den Digitalteil und Taktjitter hinzu. Werden die harmonischen Verzerrungen mit einbezogen, erhält man die Größe $SNDR$ (Signal to Noise and Distortion Ratio), oft auch als $SINAD$ bezeichnet (Signal to Interference Ratio Including Noise and Distortion). Dabei werden alle Spektralkomponenten, außer dem Gleichanteil, unterhalb der halben Nyquist-Frequenz betrachtet.

Das Amplitudenverhältnis der stärksten Harmonischen zum Signal wird als störungsfreier Dynamikbereich $SFDR$ (Spurious Free Dynamic Range) bezeichnet. Abbildung A.16 zeigt diese Größen anhand des Spektrums des Wandlungsergebnisses. Die Kenngrößen SNR, $SNDR$ und $SFDR$ werden für eine bestimmte Signalfrequenz und eine bei der Messung verwendeten Eingangsamplitude angegeben.

Effektive Anzahl an Bits ENOB Ausgehend von Gleichung A.20 kann die effektive Anzahl von Bits basierend auf den spektralen Kenngrößen mit

$$ENOB = \frac{SNDR - 1.76\mathrm{dB}}{6.02\,\mathrm{dB}} \tag{A.21}$$

berechnet werden. Diese gibt die tatsächliche Auflösung des ADCs bei sinusförmigem Eingangssignal an. Eine alternative Berechnung ist basierend auf der rauschbedingten Variation der Wandlungsergebnisse bei konstanter Eingangsspannung möglich. Mit der Standardabweichung σ in LSB und der nominalen Auflösung N erhält man

$$ENOB = N - \log_2 \sigma\,. \tag{A.22}$$

Dabei ist zu beachten, dass man für $\sigma < 1$ LSB Werte oberhalb der nominalen Auflösung erhält. Diese Berechnung ist deshalb nur zulässig, wenn die ENOB des Wandlers durch Rauschen dominiert wird.

A.2.5 Leistungskenngrößen

Die Verlustleistung P_V setzt sich aus zwei Komponenten zusammen. Zum einen aus dem Strom, der aus der Versorgungsspannung fließt und zum anderen der Leistung, die der Referenzspannungsquelle entnommen wird. Der zweite Anteil ist meist sehr klein und wird oft vernachlässigt. Für low-Power-Anwendungen kann die zum Umladen des Kondensator-Arrays erforderliche Leistung jedoch einen signifikanten Anteil beitragen. Die vom Kondensator-Array benötigte Leistung hängt vom Wandlungsergebnis und der Architektur ab. Durch besondere Schaltschemata kann dieser Leistungsanteil reduziert werden [Gin07]. Der Versorgungsstrom wird meist durch den Komparator und das Steuerwerk dominiert, wobei im Komparator oft ein statischer Strom fließt und das Steuerwerk lediglich einen für CMOS-Logik typischen dynamischen Anteil aufweist. Stark vereinfacht kann folgender Zusammenhang angegeben werden:

$$P_V = I_{DC} \cdot V_{DD} + f_{Clk} \cdot \left(C_V \cdot V_{DD}^2 + C_{Array} \cdot V_{Ref}^2 \right) \; . \tag{A.23}$$

Die Energieeffizienz von ADCs kann durch verschiedenen Größen gekennzeichnet werden. Um einen einheitlichen Vergleich zu ermöglichen, hat sich in der wissenschaftlichen Literatur die Definition

$$FOM = \frac{P_V}{f_S \cdot 2^{ENOB}} \tag{A.24}$$

von R. H. Walden durchgesetzt [Wal99]. Diese stellt die Verlustleistung in Relation zur Abtastrate f_S und der erzielten tatsächlichen Auflösung. Eine 1 bit höhere *ENOB* erlaubt eine Verdopplung der Verlustleistung oder Halbierung der Abtastrate.

A.3 Berechnung des Quotienten von Normalverteilungen

Bei der Berechnung von DNL- und INL-Fehlers eines kapazitiven DAC ergeben sich typischerweise Gleichungen, die Quotienten aus Summen von Kapazitätswerten enthalten. Um die Verteilung von DNL und INL basierend auf einer Normalverteilung der Größe der Einheitskondensatoren zu bestimmen, ist es erforderlich, die Verteilung des Quotienten von Normalverteilungen zu berechnen. Eine Näherung mittels Reihenentwicklung und eine Untersuchung deren Gültigkeit wird im folgenden dargestellt.

A.3.1 Allgemeine Lösung

Die in dieser Arbeit relevanten Gleichungen lassen sich auf eine einheitliche Struktur abbilden. Dabei ergibt sich die Zufallsvariable Y in der Form

$$Y = k \cdot \frac{X_1 - X_2}{X_1 + X_2 + X_3} - m \tag{A.25}$$

aus drei unabhängigen normalverteilten Zufallsvariablen X_i mit dem Erwartungswert E_i und der Varianz $\mathrm{Var}(X_i)$, sowie dem konstanten Faktor k und Summand m.

Gesucht ist die Varianz der Zufallsvariable Y in Abhängigkeit der der Parameter von X_i. Eine analytische Berechnung der Überlagerung mehrerer Normalverteilungen ist nur für eine lineare Verkettung möglich. Die exakte Berechnung eines Quotienten ist nicht möglich, da für das Integral über die Wahrscheinlichkeitsdichte einer Normalverteilung keine analytische Lösung existiert.

Nach Gleichung 5.5.9 aus Abschnitt 5.5 „Properties of a random sample“ in [Cas02] ergibt sich mittels Taylor-Reihenentwicklung für die Varianz die folgende Näherung

$$\mathrm{Var}(Y) = k^2 \cdot \sum_{i=0}^{3} \left[\left(\frac{\mathrm{d}Y}{\mathrm{d}X_i} (X_1 = E_1, X_2 = E_2, X_3 = E_3) \right)^2 \cdot \mathrm{Var}(X_i) \right] \tag{A.26}$$

unter der Voraussetzung, dass die Co-Varianzen von X_1, X_2 und X_3 Null sind, also keine Korrelation zwischen ihnen besteht. Für die konkrete gegebene Funktion von Y erhält man

$$\begin{aligned} \mathrm{Var}(Y) = {} & k^2 \cdot \left(\frac{1}{E_1 + E_2 + E_3} - \frac{E_1 - E_2}{(E_1 + E_2 + E_3)^2} \right)^2 \cdot \mathrm{Var}(X_1) \\ & + k^2 \cdot \left(- \frac{1}{E_1 + E_2 + E_3} - \frac{E_1 - E_2}{(E_1 + E_2 + E_3)^2} \right)^2 \cdot \mathrm{Var}(X_2) \\ & + k^2 \cdot \left(- \frac{E_1 - E_2}{(E_1 + E_2 + E_3)^2} \right)^2 \cdot \mathrm{Var}(X_3) \,. \end{aligned} \tag{A.27}$$

Zusammenfassen der Brüche und anschließendes Ausklammern ermöglicht die Vereinfachung zu

$$\mathrm{Var}(Y) = \frac{k^2}{(E_1 + E_2 + E_3)^4} \Big((2E_2 + E_3)^2 \cdot \mathrm{Var}(X_1) + (2E_1 + E_3)^2 \cdot \mathrm{Var}(X_2) + (E_1 - E_2)^2 \cdot \mathrm{Var}(X_3) \Big) \,. \tag{A.28}$$

A.3.2 Berechnung des DNL-Fehlers

Die Berechnung des DNL-Fehlers eines binär gewichteten kapazitiven DAC in Abschnitt 5.1 mit der Auflösung N liefert die Gleichung

$$\frac{DNL_{\text{MSB}}}{LSB} = 2^N \cdot \frac{\left(C_N - \sum_{i=1}^{N-1} C_i\right)}{\sum_{i=1}^{N} C_i + C_0} - 1\,.$$

Ein Aufteilen der Summe im Nenner liefert

$$\frac{DNL_{\text{MSB}}}{LSB} = 2^N \cdot \frac{\left(C_N - \sum_{i=1}^{N-1} C_i\right)}{C_N + \sum_{i=1}^{N-1} C_i + C_0} - 1$$

und ermöglicht ein Umschreiben in die allgemeine Form

$$Y = 2^N \cdot \frac{X_1 - X_2}{X_1 + X_2 + X_3} - 1$$

und entspricht damit der Struktur von Gl. A.25 mit $k{=}2^N$ und $m{=}1$. Die Variablen X_1, X_2 und X_3 enthalten keine gemeinsamen Kapazitäten, wodurch keine Korrelation vorliegt. Die Kenngrößen aller einzelnen Zufallsvariablen X_i lassen sich durch Erwartungswert $E_0{=}C$ und Standardabweichung $\sigma_0{=}\sigma(C)$ eines Einheitskondensators ausdrücken. Die Zufallsvariable X_1 ist die Summe aus 2^{n-1} Normalverteilungen mit dem Erwartungswert $E_1{=}2^{n-1}{\cdot}E_0$ und der Standardabweichung $\sigma_1{=}\sqrt{2^{n-1}}{\cdot}\sigma_0$. Die Zufallsvariable X_2 ist die Summe aus $2^{n-1}{-}1$ Normalverteilungen mit dem Erwartungswert $E_2{=}(2^{n-1}{-}1){\cdot}E_0$ und der Standardabweichung $\sigma_2{=}\sqrt{2^{n-1}{-}1}{\cdot}\sigma_0$. Die Zufallsvariable X_3 entspricht einem einzelnen Einheitskondensator und hat damit den Erwartungswert $E_3{=}E_0$ und die Standardabweichung $\sigma_3{=}\sigma_0$. Durch Einsetzen der konkreten Werte in Gl. A.28 und umfangreiches Zusammenfassen erhält man die Varianz

$$\frac{\text{Var}(DNL_{\text{MSB}})}{V_{\text{LSB}}} = \left(\frac{\sigma(C)}{C}\right)^2 \cdot \left(2^N - 1 - 2^{-N}\right) \tag{A.29}$$

und die Standardabweichung

$$\frac{\sigma(DNL_{\text{MSB}})}{V_{\text{LSB}}} = \frac{\sigma(C)}{C} \cdot \sqrt{2^N - 1 - 2^{-N}}\,. \tag{A.30}$$

A.3.3 Berechnung des INL-Fehlers

Die Berechnung des INL-Fehlers eines binär gewichteten DAC in Abschnitt 5.1 liefert die Gleichung

$$\frac{INL}{V_{\text{LSB}}} = 2^N \left[\frac{\sum_{i=0}^{N-1} (C_{i+1} \cdot d[i])}{\sum_{i=0}^{N} C_i} - d\right]. \tag{A.31}$$

Diese lässt sich umschreiben zu

$$Y = 2^N \left[\frac{X_1}{X_1 + X_3} - d\right]$$

und entspricht der Form von Gl. A.25 mit $X_2{=}0$, $k{=}2^N$ und $m{=}{-}d$. Dabei besitzen die unabhängigen Zufallsgrößen X_1 und X_2 die Erwartungswerte $E_1{=}d{\cdot}C$, $E_2{=}\left(2^N{-}d\right){\cdot}C$ und die Standardabweichungen $\sigma_1 = \sqrt{d} \cdot \sigma_0$, $\sigma_2 = \sqrt{2^N - d} \cdot \sigma_0$. Einsetzen in Gl. A.28 liefert die Varianz des INL-Fehlers

$$\frac{\mathrm{Var}(INL)}{V_{\mathrm{LSB}}} = \left(\frac{\sigma(C)}{C}\right)^2 \cdot \left(d - \frac{d^2}{2^N}\right)$$

und die Standardabweichung

$$\frac{\sigma(INL)}{V_{\mathrm{LSB}}} = \frac{\sigma(C)}{C} \cdot \sqrt{d - \frac{d^2}{2^N}}.$$

A.3.4 Gültigkeit der Näherung

Zur Verifikation der analytischen Berechnung wurde eine Schätzung der tatsächlichen Verteilung von DNL- und INL-Fehler für verschiedene Auflösungen und Standardabweichungen σ_0 durch numerische Simulation mit einem Stichprobenumfang von einer Million Punkte ermittelt. Der Gültigkeitsbereich der linearen Näherung wird in zwei Schritten bestimmt:

Zuerst wird überprüft, wie genau die berechnete Standardabweichung der simulativ geschätzten entspricht. Dazu ist in Abbildung A.17 der relative Fehler der Standardabweichung von DNL und INL bezogen auf das Ergebnis der numerischen Simulation dargestellt. Lediglich bei einer Auflösung von $N = 4$ und bei einer Standardabweichung der Einheitskondensatoren von $\frac{\sigma(C)}{C} = 0.8$ sind geringe Abweichungen erkennbar. Ein realistisches Mismatch selbst von sehr kleinen Kondensatoren liegt unterhalb von 10%, also $\frac{\sigma(C)}{C} < 0.1$. In diesem Bereich wird auch für niedrige Auflösungen eine sehr genaue Näherung der Standardabweichung erzielt.

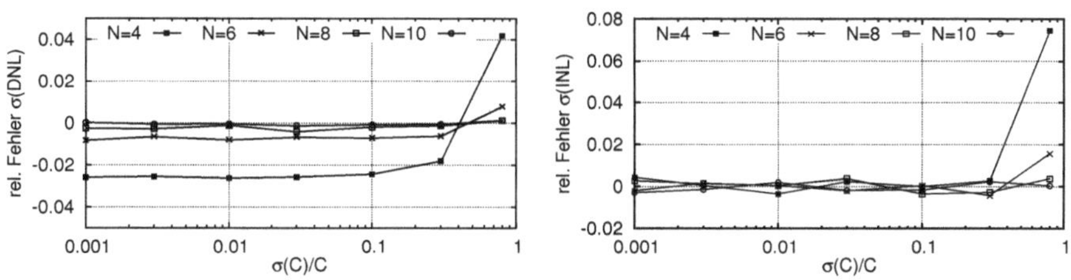

Abbildung A.17: Relativer Fehler der berechneten Standardabweichung von DNL und INL

Als zweiter Schritt zum Überprüfen des Gültigkeitsbereiches der linearen Näherung wird die Form der Verteilung näher untersucht. Dazu sind in Abbildung A.18 und A.19 die Quantile der simulierten, also empirischen Verteilung, und einer Normalverteilung mit gleicher Standardabweichung gegenübergestellt. Entspricht die tatsächliche Verteilung einer Normalverteilung, so ergibt sich eine Gerade mit dem Anstieg 1. Es ist erkennbar, dass lediglich bei sehr kleinen Auflösungen und gleichzeitig unrealistisch großer Standardabweichung der Einheitskapazität im äußeren Bereich der Verteilung eine Abweichung auftritt. Bei $N \geq 6$ und $\frac{\sigma(C)}{C} < 0.4$ ist für die Berechnung von Quantilen im Bereich $\pm 3\sigma$, basierend auf der Annahme einer Normalverteilung, sowohl für DNL als auch INL eine hohe Genauigkeit gegeben. Weiterhin ist anzumerken, dass die der Analyse zugrunde liegende Normalverteilung der Kapazitätswerte einzelner Einheitskondensatoren auch nur eine Annahme darstellt und damit eine noch genauere Untersuchung der Randbereiche der Verteilung wenig sinnvoll ist.

Es konnte gezeigt werden, dass man mittels Taylor-Reihenentwicklung eine präzise Näherung der Verteilung von DNL- und INL-Fehler erhält. Die hohe Genauigkeit der linearen Näherung des Quotienten ist in den beiden hier behandelten Fällen darauf zurückzuführen, dass die Erwartungswerte von Divisor und Dividend jeweils proportional zu 2^N ansteigen, während deren Standardabweichung nur mit $\sqrt{2^N}$ wächst. Damit ist bei ausreichend großer Auflösung N die zufällige Variation in Relation zum Erwartungswert sehr klein und eine Linearisierung möglich.

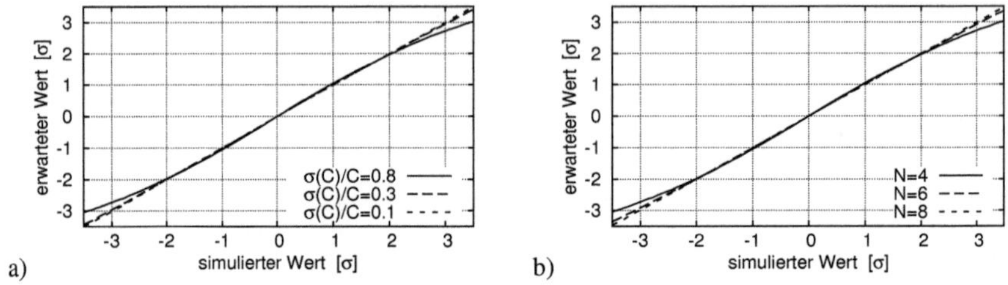

Abbildung A.18: Quantil-Quantil-Plot des DNL Fehlers für a) N=4 und b) $\frac{\sigma(C)}{C}$=0.8

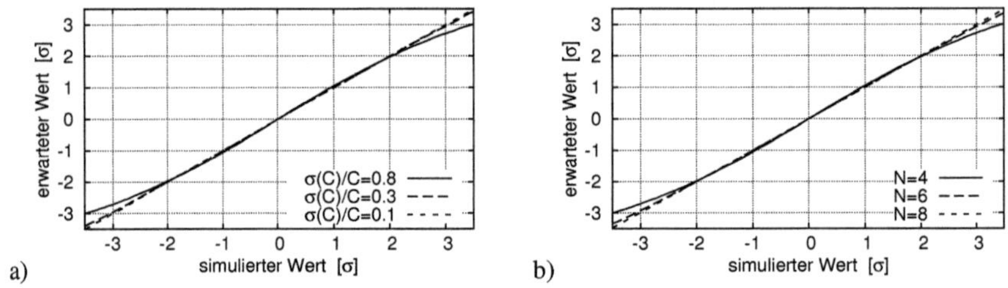

Abbildung A.19: Quantil-Quantil-Plot des INL Fehlers für a) N=4 und b) $\frac{\sigma(C)}{C}$=0.8

A.4 MOS-Transistor Gleichungen

Für Handrechnungen mit MOS-Transistoren werden die folgenden Definitionen und Gleichungen verwendet:

Schwellspannung V_{th} $[V]$ mit Berücksichtigung des Body-Effekts

$$V_{\text{th}} = V_{\text{th0}} + \gamma\left(\sqrt{2\phi + V_{\text{SB}}} - \sqrt{2\phi}\right) \tag{A.32}$$

mit Schwellspannung V_{th0} $[V]$ bei $V_{\text{SB}} = 0$, Body-Effekt-Koeffizient $\gamma \approx 0.4\,..0.6\,\sqrt{V}$ und Fermi-Potential $\phi = 0.3V$. Die Variation der Schwellspannung muss vor allem bei einem Arbeitspunkt mit großer Source-Bulk-Spannung berücksichtigt werden, z.B. beim Einsatz als Differenzpaar oder Schalter.

Transkonduktanzparameter β $[\frac{A}{V^2}]$mit Berücksichtigung der Mobilitätsreduktion. Bei großer Gate-Source-Spannung (z.B. Einsatz als Schalter) bewirkt die hohe Feldstärke eine Ablenkung der Ladungsträger und damit eine Reduktion der Leitfähigkeit. Die Abnahme des Transkonduktanzparameters kann mit folgender Gleichung modelliert werden

$$\beta = \beta_0 \cdot \frac{1}{1 + f_\beta\,(V_{\text{GS}} - V_{\text{th}})} \tag{A.33}$$

mit dem technologieabhängigem Faktor $f_\beta \approx 0.8$. Aus der Transistorgeometrie kann die Transkonduktanz berechnet werden

$$\beta_0 = \beta_\square \cdot \frac{W_{\text{eff}}}{L_{\text{eff}}} \tag{A.34}$$

mit Transkonduktanzparameter pro Flächeneinheit $\beta_\square$, effektive Transistorweite W_{eff} und effektive Transistorlänge L_{eff}.

Kanallängenmodulation λ $[\frac{1}{V}]$

Gleichungen im Sättigungsbereich Der MOS-Transistor befindet sich im Sättigungsbereich wenn gilt:

$$V_{\text{DS}} > V_{\text{DSsat}} = V_{\text{GS}} - V_{\text{th}} \approx \sqrt{\frac{2I_D}{\beta}} \tag{A.35}$$

Drain-Strom

$$I_{\text{D}} = \frac{\beta}{2}\,(V_{\text{GS}} - V_{\text{th}})^2 \cdot (1 + \lambda V_{\text{DS}}) \approx \frac{\beta}{2}\,(V_{\text{GS}} - V_{\text{th}})^2 \tag{A.36}$$

Differentielle Gate-Steilheit (Transkonduktanz)

$$g_{\text{m}} = \frac{dI_{\text{D}}}{dV_{\text{GS}}} = \beta\,(V_{\text{GS}} - V_{\text{th}}) \cdot (1 + \lambda V_{\text{DS}}) \approx \beta\,(V_{\text{GS}} - V_{\text{th}}) \tag{A.37}$$

Gleichungen im ohmschen Bereich Der MOS-Transistor befindet sich im ohmschen (linearen) Arbeitsbereich wenn gilt:

$$V_{\text{DS}} < V_{\text{DSsat}} \tag{A.38}$$

Der Drain-Strom beträgt

$$I_{\mathrm{D}} = \beta \left(V_{\mathrm{GS}} - V_{\mathrm{th}} - \frac{V_{\mathrm{DS}}}{2} \right) \cdot V_{\mathrm{DS}} \cdot (1 + \lambda V_{\mathrm{DS}}) \tag{A.39}$$

Kleinsignalleitwert für $\lambda \cdot V_{\mathrm{DS}} \ll 1$ ist gegeben durch

$$g_{\mathrm{DS}} = \frac{dI_{\mathrm{DS}}}{dV_{\mathrm{DS}}} = \beta \left(V_{\mathrm{GS}} - V_{\mathrm{th}} - V_{\mathrm{DS}} \right) \tag{A.40}$$

Für kleine V_{DS} kann weiter vereinfacht werden

$$g_{\mathrm{DS}} = \beta \left(V_{\mathrm{GS}} - V_{\mathrm{th}} \right) = \frac{1}{R_{\mathrm{On}}} \tag{A.41}$$

Im ohmschen Bereich sind Kleinsignal- und Großsignalleitwert gleich groß, weshalb der Transistor näherungsweise als gesteuerter Widerstand R_{On} betrachtet werden kann.

Eigene Publikationen als Hauptautor

[Hae08] S. HAENZSCHE, M. ANDER UND R. SCHÜFFNY. A high speed CMOS-image-sensor with column parallel AD-converter. In *Dresdner Arbeitstagung Schaltungs- und Systementwurf DASS 2008, Dresden*, S. 103–106, Mai 2008.

[Hae10] S. HAENZSCHE, S. HENKER UND R. SCHÜFFNY. Modelling of capacitor mismatch and non-linearity effects in charge redistribution SAR ADCs. In *Mixed Design of Integrated Circuits and Systems (MIXDES), 2010 Proceedings of the 17th International Conference*, S. 300–305, Juni 2010.

[Hae12] S. HAENZSCHE, S. HENKER, R. SCHÜFFNY, T. REICHEL UND M. GARZAROLLI. A 14 bit self-calibrating charge redistribution SAR ADC. In *Circuits and Systems (ISCAS), 2012 IEEE International Symposium on*, S. 1038–1041, Mai 2012.

[Hae13] S. HAENZSCHE UND R. SCHÜFFNY. Analysis of a charge redistribution SAR ADC with partially thermometer coded DAC. In *Circuit Theory and Design (ECCTD), 2013 European Conference on*, S. 1–4, Sept. 2013.

[Hae14a] S. HAENZSCHE, S. HÖPPNER, G. ELLGUTH UND R. SCHÜFFNY. A 12-b 4-MS/s SAR ADC with configurable redundancy in 28-nm CMOS technology. *Circuits and Systems II: Express Briefs, IEEE Transactions on*, 61(11):835–839, Nov. 2014.

[Hae14b] S. HAENZSCHE, S. HÖPPNER UND R. SCHÜFFNY. A 10 bit 16 MS/s redundant SAR ADC with flexible window function for a digitally controlled DC-DC converter in 28 nm CMOS. In *NORCHIP, 2014*, S. 1–4, Okt. 2014.

[Hae15] S. HAENZSCHE, S. HÖPPNER UND R. SCHÜFFNY. A 10 bit 16-to-26MS/s flexible window SAR ADC for digitally controlled DC-DC converters in 28 nm CMOS. *Analog Integrated Circuits and Signal Processing*, 84(3):421–431, Juni 2015.

Publikationen als Co-Autor

[Gör13] J. GÖRNER, J. UHLIG, S. HAENZSCHE UND R. SCHÜFFNY. Behavioral model of a continuous current integrator with time discrete feedback and sampling. In *Circuit Theory and Design (ECCTD), 2013 European Conference on*, S. 1–4, Sept. 2013.

[Höp12a] S. HÖPPNER, H. EISENREICH, D. WALTER, G. ELLGUTH, S. SCHOLZE, S. HENKER, S. HÄNZSCHE, C. SHAO, M. ANDER, J.-U. SCHLÜSSLER, R. SCHÜFFNY, M. WINTER UND G. FETTWEIS. Atlas: A heterogeneous MPSoC with GALS clocking, ultra-fast DVFS, and high-speed network-on-chip interconnects. In *EUROPRACTICE IC Service Activity Report 2011*, 2012.

[Höp12b] S. HÖPPNER, S. HAENZSCHE, S. HARTMANN, S. SCHIEFER UND R. SCHÜFFNY. Temperature and supply voltage compensated biasing for digitally controlled oscillators. In *Mixed Design of Integrated Circuits and Systems (MIXDES), 2012 Proceedings of the 19th International Conference*, S. 283–288, Mai 2012.

[Höp13] S. HÖPPNER, S. HAENZSCHE, G. ELLGUTH, D. WALTER, H. EISENREICH UND R. SCHÜFFNY. A fast-locking ADPLL with instantaneous restart capability in 28-nm CMOS technology. *Circuits and Systems II: Express Briefs, IEEE Transactions on*, 60(11):741–745, Nov. 2013.

[Höp15a] S. HÖPPNER, S. HAENZSCHE, S. SCHOLZE UND R. SCHÜFFNY. An all-digital PWM generator with 62.5ps resolution in 28nm CMOS technology. In *Circuits and Systems (ISCAS), 2015 IEEE International Symposium on*, S. 1738–1741, Mai 2015.

[Höp15b] S. Höppner, D. Walter, T. Hocker, S. Henker, S. Hänzsche, D. Sausner, G. Ellguth, J.-U. Schlüssler, H. Eisenreich und R. Schüffny. An energy efficient multi-gbit/s noc transceiver architecture with combined ac/dc drivers and stoppable clocking in 65 nm and 28 nm cmos. *Solid-State Circuits, IEEE Journal of*, 50(3):749–762, März 2015.

[Sch12] S. Scholze, H. Eisenreich, S. Höppner, G. Ellguth, S. Henker, M. Ander, S. Hänzsche, J. Partzsch, C. Mayr und R. Schüffny. A 32 GBit/s communication SoC for a waferscale neuromorphic system. *Integration, the VLSI Journal*, 45(1):61–75, 2012.

[Uhl13a] J. Uhlig, S. Haenzsche, J. Görner, R. Schüffny, T. Reichel und L. Göpfert. Hybrid incremental-Sigma-Delta-ADC for ambient light sensing applications. In *Circuits and Systems (ISCAS), 2013 IEEE International Symposium on*, S. 1256–1259, Mai 2013.

[Uhl13b] J. Uhlig, S. Haenzsche, R. Schüffny, T. Reichel, L. Göpfert und V. Razhenikov. Rapid prototyping of higher order incremental Sigma-Delta-ADC topologies and NTFs. In *Electronics, Circuits, and Systems (ICECS), 2013 IEEE 20th International Conference on*, S. 561–564, Dez. 2013.

[Wal12] D. Walter, S. Höppner, H. Eisenreich, G. Ellguth, S. Henker, S. Hänzsche, R. Schüffny, M. Winter und G. Fettweis. A source-synchronous 90Gb/s capacitively driven serial on-chip link over 6mm in 65nm CMOS. In *Solid-State Circuits Conference Digest of Technical Papers (ISSCC), 2012 IEEE International*, S. 180–182, Feb. 2012.

Patente

[Höp15] S. Höppner und S. Haenzsche. Method and arrangement for generating a clock signal by means of a phase locked loop, März 2015. US Patent 8,994,418.

[Uhl14] J. Uhlig, J. Görner und S. Haenzsche. Wandlungsanordnung zur Analog-Digital-Wandlung von Strömen, April 2014. deutsches Patent DE102014105880A.

Literaturverzeichnis

[Ahm13] M. Ahmadi und Won Namgoong. A 3.3fJ/conversion-step 250kS/s 10b SAR ADC using optimized vote allocation. In *Custom Integrated Circuits Conference (CICC), 2013 IEEE*, S. 1–4, Sept. 2013.

[And72] T. O. Anderson. Optimum control logic for successive approximation analog-to-digital converters. *Computer Design*, 11(7):81–86, Juli 1972.

[Apa02] R. Aparicio und A. Hajimiri. Capacity limits and matching properties of integrated capacitors. *Solid-State Circuits, IEEE Journal of*, 37(3):384–393, Mar 2002.

[Ari12] Amir Arian, Mehdi Saberi, Saied Hosseini-Khayat, Reza Lotfi und Yusuf Leblebici. A 10-bit 50-MS/s redundant SAR ADC with split capacitive-array DAC. *Analog Integrated Circuits and Signal Processing*, 71(3):583–589, 2012.

[ARM13] ARM und Globalfoundries. ARM and Globalfoundries to optimize next-generation ARM mobile processors for 28nm-SLP process. Press Release, Juni 2013. http://www.globalfoundries.com/newsroom/press-releases/2013/12/28/arm-and-globalfoundries-to-optimize-next-generation-arm-mobile-processors-for-28nm-slp-process-technology, abgerufen 5. Nov. 2014.

[Arn92] Barry C. Arnold und Patrick L. Brockett. On distributions whose component ratios are cauchy. *The American Statistician*, 46(1):25–26, 1992.

[Bae13] Seung-Yeob Baek, Jae-Kyum Lee und Seung-Tak Ryu. An 88-dB max-SFDR 12-bit SAR ADC with speed-enhanced ADEC and dual registers. *Circuits and Systems II: Express Briefs, IEEE Transactions on*, 60(9):562–566, Sept. 2013.

[Bla94] J. Blair. Histogram measurement of ADC nonlinearities using sine waves. *Instrumentation and Measurement, IEEE Transactions on*, 43(3):373–383, Jun 1994.

[Buk05] C. Bukethal. Rauschanalyse zeitdiskreter analoger Baublöcke. Studienarbeit, Technische Universität Dresden, 2005.

[Cao08] Zhiheng Cao, Shouli Yan und Yunchu Li. A 32mW 1.25GS/s 6b 2b/step SAR ADC in 0.13 um CMOS. In *Solid-State Circuits Conference, 2008. ISSCC 2008. Digest of Technical Papers. IEEE International*, S. 542–634, 2008.

[Cas02] G. Casella und R. L. Berger. *Statistical Inference*. Duxbury Press, Belmont, 2 edition, 2002.

[Cha09] Chi-Hang Chan, Yan Zhu, U-Fat Chio, Sai-Weng Sin, Seng-Pan U und R.P. Martins. A voltage-controlled capacitance offset calibration technique for high resolution dynamic comparator. In *SoC Design Conference (ISOCC), 2009 International*, S. 392–395, Nov. 2009.

[Cha10] Kok Lim Chan, A.A. Lee, Xiaojun Yuan, K.R. Krishna und Minkyu Je. A 8.9-ENOB 2.5-uW 150-KS/s non-binary redundant successive approximation ADC in 0.18-um CMOS for bio-implanted devices. In *Engineering in Medicine and Biology Society (EMBC), 2010 Annual International Conference of the IEEE*, S. 650–653, Sept. 2010.

[Cha11] Sun-Il Chang, K. Al-Ashmouny und Euisik Yoon. A 0.5V 20fJ/conversion-step rail-to-rail SAR ADC with programmable time-delayed control units for low-power biomedical application. In *ESSCIRC (ESSCIRC), 2011 Proceedings of the*, S. 339–342, 2011.

[Cha13a] A.H. Chang, Hae-Seung Lee und D. Boning. A 12b 50MS/s 2.1mW SAR ADC with redundancy and digital background calibration. In *ESSCIRC (ESSCIRC), 2013 Proceedings of the*, S. 109–112, Sept. 2013.

[Cha13b] Albert Hsu Ting Chang. *Low-Power High-Performance SAR ADC with Redundancy and Digital Background Calibration*. PhD thesis, Massachusetts Institute of Technology, 2013.

[Che06] S.-W.M. Chen und R.W. Brodersen. A 6-bit 600-MS/s 5.3-mW asynchronous ADC in 0.13um CMOS. *Solid-State Circuits, IEEE Journal of*, 41(12):2669–2680, Dez. 2006.

[Che11] Jia Hao Cheong, Kok Lim Chan, P.B. Khannur, Kei Tee Tiew und Minkyu Je. A 400-nW 19.5-fJ/conversion-step 8-ENOB 80-kS/s SAR ADC in 0.18-um CMOS. *Circuits and Systems II: Express Briefs, IEEE Transactions on*, 58(7):407–411, Juli 2011.

[Che12a] Denis Guangyin Chen und Amine Bermak. A low-power dynamic comparator with digital calibration for reduced offset mismatch. In *Circuits and Systems (ISCAS), 2012 IEEE International Symposium on*, S. 1283–1286, Mai 2012.

[Che12b] Huei-Shan Chen, Chun-Hung Yang, Chien-Hung Tsai und Guan-Lin Li. Design and implementation of window delay-line ADC for low-power DC-DC SMPS. In *Control and Modeling for Power Electronics (COMPEL), 2012 IEEE 13th Workshop on*, S. 1–4, Juni 2012.

[Che14] Long Chen, Arindam Sanyal, Ji Ma und Nan Sun. A 24-uW 11-bit 1-MS/s SAR ADC with a bidirectional single-side switching technique. In *European Solid State Circuits Conference (ESSCIRC), ESSCIRC 2014 - 40th*, S. 219–222, Sept. 2014.

[Cho10] Sang-Hyun Cho. *Power Efficient Algorithms for SAR ADCs*. PhD thesis, Korea Advanced Institute of Science and Technology, Daejeon, 2010.

[Cho12] Sang-Hyun Cho, Chang-Kyo Lee, Sang-Gug Lee und Seung-Tak Ryu. A two-channel asynchronous SAR ADC with metastable-then-set algorithm. *Very Large Scale Integration (VLSI) Systems, IEEE Transactions on*, 20(4):765–769, April 2012.

[Chu13] Yung-Hui Chung, Meng-Hsuan Wu und Hung-Sung Li. A 24uW 12b 1MS/s 68.3dB SNDR SAR ADC with two-step decision DAC switching. In *Custom Integrated Circuits Conference (CICC), 2013 IEEE*, S. 1–4, Sept. 2013.

[Cli12] S. Cliquennois, A Donida, P. Malcovati, A Baschirotto und A Nagari. A 65-nm, 1-A buck converter with multi-function SAR-ADC-based CCM/PSK digital control loop. *Solid-State Circuits, IEEE Journal of*, 47(7):1546–1556, Juli 2012.

[Dan10] J. Daniels, W. Dehaene, M. Steyaert und A Wiesbauer. A 0.02mm2 65nm CMOS 30MHz BW all-digital differential VCO-based ADC with 64dB SNDR. In *VLSI Circuits (VLSIC), 2010 IEEE Symposium on*, S. 155–156, Juni 2010.

[Den13] Lin Deng, Chao Yang, Menglian Zhao, Yang Liu und Xiaobo Wu. A 12-bit 200KS/s SAR ADC with a mixed switching scheme and integer-based split capacitor array. In *New Circuits and Systems Conference (NEWCAS), 2013 IEEE 11th International*, S. 1–4, 2013.

[Doo08] T.S. Doorn, E.J.W. ter Maten, J.A. Croon, A. Di Bucchianico und O. Wittich. Importance sampling monte carlo simulations for accurate estimation of SRAM yield. In *Solid-State Circuits Conference, 2008. ESSCIRC 2008. 34th European*, S. 230–233, Sept. 2008.

[Dor11] K. Doris, E. Janssen, C. Nani, A. Zanikopoulos und G. Van Der Weide. A 480mW 2.6GS/s 10b 65nm CMOS time-interleaved ADC with 48.5dB SNDR up to nyquist. In *Solid-State Circuits Conference Digest of Technical Papers (ISSCC), 2011 IEEE International*, S. 180–182, Feb. 2011.

[Enz96] C.C. Enz und G.C. Temes. Circuit techniques for reducing the effects of op-amp imperfections: autozeroing, correlated double sampling, and chopper stabilization. *Proceedings of the IEEE*, 84(11):1584–1614, Nov. 1996.

[Ers12] M. Ershov. MOM capacitor simulation challenges and solutions. Jun 2012.

[Fin96] I.G. Finvers, J.W. Haslett und F.N. Trofimenkoff. Noise analysis of a continuous-time auto-zeroed amplifier. *Circuits and Systems II: Analog and Digital Signal Processing, IEEE Transactions on*, 43(12):791–800, Dez. 1996.

[Fre12] J.A. Fredenburg und M.P. Flynn. A 90-MS/s 11-MHz-bandwidth 62-dB SNDR noise-shaping SAR ADC. *Solid-State Circuits, IEEE Journal of*, 47(12):2898–2904, Dez. 2012.

[Gan02] JIANHUA GAN UND J. ABRAHAM. A non-binary capacitor array calibration circuit with 22-bit accuracy in successive approximation analog-to-digital converters. In *Circuits and Systems, 2002. MWSCAS-2002. The 2002 45th Midwest Symposium on*, volume 1, S. 567–70 vol.1, aug. 2002.

[Gia08] V. GIANNINI, P. NUZZO, V. CHIRONI, A. BASCHIROTTO, G. VAN DER PLAS UND J. CRANINCKX. An 820 uW 9b 40MS/s noise-tolerant dynamic-SAR ADC in 90nm digital CMOS. In *Solid-State Circuits Conference, 2008. ISSCC 2008. Digest of Technical Papers. IEEE International*, S. 238–610, feb. 2008.

[Gin07] B.P. GINSBURG UND AP. CHANDRAKASAN. 500-MS/s 5-bit ADC in 65-nm CMOS with split capacitor array DAC. *Solid-State Circuits, IEEE Journal of*, 42(4):739–747, April 2007.

[Glo14] GLOBALFOUNDRIES UND CADENCE. Cadence and globalfoundries announce first test chip featuring ARM cortex A12 processor in 28nm SLP process. Press Release, März 2014. http://www.globalfoundries.com/docs/default-source/Press-release/cadence-and-globalfoundries-3-12-14.pdf, abgerufen 7. Jan. 2015.

[Gor61] B.M. GORDON UND E.T. COLTON. Signal conversion apparatus, Aug. 1961. US Patent, Number 2,997,704.

[Got90] J. GOTOH, T. SATOH, H. KISHIGAMI UND T. IIDA. A self-calibrating 16 bit 6 us CMOS audio ADC. In *Custom Integrated Circuits Conference, 1990., Proceedings of the IEEE 1990*, Mai 1990.

[Gra03] A. GRAUPNER. *Robuster Entwurf und statistische Modellierung für Bildsensoren mit hochparalleler analoger Bildverarbeitungseinheit.* Dissertation, Technische Universität Dresden, 2003.

[Gra06] N. GRAY. *ABCs of ADCs, Analog-to-Digital Converter Basics.* National Semiconductor, 2006.

[Gra07] H. E. GRAEB. *Analog Design Centering and Sizing.* Springer Verlag, 2007.

[Gue12] J. GUERBER, H. VENKATRAM, M. GANDE, A. WATERS UND U. MOON. A 10-b ternary SAR ADC with quantization time information utilization. *Solid-State Circuits, IEEE Journal of*, 47(11):2604–2613, Nov. 2012.

[Hae05] S. HAENZSCHE. Entwicklung einer skalierbaren Einheit zur AD-Wandlung und Parallelisierung für gemischt Analog-Digitale Rechenfelder. Studienarbeit, Technische Universität Dresden, 2005.

[Har10] P. HARPE, CUI ZHOU, XIAOYAN WANG, G. DOLMANS UND H. DE GROOT. A 30fj/conversion-step 8b 0-to-10MS/s asynchronous SAR ADC in 90nm CMOS. In *Solid-State Circuits Conference Digest of Technical Papers (ISSCC), 2010 IEEE International*, S. 388–389, Feb. 2010.

[Har11] P.J.A. HARPE, C. ZHOU, YU BI, N.P. VAN DER MEIJS, XIAOYAN WANG, K. PHILIPS, G. DOLMANS UND H. DE GROOT. A 26 uW 8 bit 10 MS/s asynchronous SAR ADC for low energy radios. *Solid-State Circuits, IEEE Journal of*, 46(7):1585–1595, Juli 2011.

[Har12a] P. HARPE, G. DOLMANS, K. PHILIPS UND H. DE GROOT. A 0.7V 7-to-10bit 0-to-2MS/s flexible SAR ADC for ultra low-power wireless sensor nodes. In *ESSCIRC (ESSCIRC), 2012 Proceedings of the*, S. 373–376, Sept. 2012.

[Har12b] P. HARPE, YAN ZHANG, G. DOLMANS, K. PHILIPS UND H. DE GROOT. A 7-to-10b 0-to-4MS/s flexible SAR ADC with 6.5-to-16fJ/conversion-step. In *Solid-State Circuits Conference Digest of Technical Papers (ISSCC), 2012 IEEE International*, S. 472–474, feb. 2012.

[Har12c] P.J.A. HARPE, B. BUSZE, K. PHILIPS UND H. DE GROOT. A 0.47-1.6 mW 5-bit 0.5-1 GS/s time-interleaved SAR ADC for low-power UWB radios. *Solid-State Circuits, IEEE Journal of*, 47(7):1594–1602, 2012.

[Har13] P. HARPE, E. CANTATORE UND A. VAN ROERMUND. A 2.2/2.7fJ/conversion-step 10/12b 40kS/s SAR ADC with data-driven noise reduction. In *Solid-State Circuits Conference Digest of Technical Papers (ISSCC), 2013 IEEE International*, S. 270–271, 2013.

[Har14] P. HARPE, E. CANTATORE UND A. VAN ROERMUND. An oversampled 12/14b SAR ADC with noise reduction and linearity enhancements achieving up to 79.1dB SNDR. In *Solid-State Circuits Conference Digest of Technical Papers (ISSCC), 2014 IEEE International*, S. 194–195, Feb. 2014.

[Hes07] M. HESENER, T. EICHLER, A. HANNEBERG, D. HERBISON, F. KUTTNER UND H. WENSKE. A 14b 40MS/s redundant SAR ADC with 480MHz clock in 0.13um CMOS. In *Solid-State Circuits Conference, 2007. ISSCC 2007. Digest of Technical Papers. IEEE International*, S. 248–600, feb. 2007.

[Hon04] LI HONGZHI. *A BIST (built-in-self-test) strategy for mixed-sognal integrated circuits*. PhD thesis, Universität Erlangen-Nürnberg, 2004. Dissertation.

[Hon07] HAO-CHIAO HONG UND GUO-MING LEE. A 65-fJ/conversion-step 0.9-V 200-kS/s rail-to-rail 8-bit successive approximation ADC. *Solid-State Circuits, IEEE Journal of*, 42(10):2161–2168, oct. 2007.

[Hon12] LIU HONGBING, CHEN WEIBING UND TAN CHUANWU. A 1mW multi-channel 12-bit SAR A/D converter. In *Intelligent System Design and Engineering Application (ISDEA), 2012 Second International Conference on*, S. 1173–1175, 2012.

[Jan13] E. JANSSEN, K. DORIS, A. ZANIKOPOULOS, A. MURRONI, G. VAN DER WEIDE, YU LIN, L. ALVADO, F. DARTHENAY UND Y. FREGEAIS. An 11b 3.6GS/s time-interleaved SAR ADC in 65nm CMOS. In *Solid-State Circuits Conference Digest of Technical Papers (ISSCC), 2013 IEEE International*, S. 464–465, 2013.

[Jia12] TAO JIANG, WING LIU, F.Y. ZHONG, C. ZHONG, KANGMIN HU UND P.Y. CHIANG. A single-channel, 1.25-7GS/s, 6-bit, 6.08-mW asynchronous successive-approximation ADC with improved feedback delay in 40-nm CMOS. *Solid-State Circuits, IEEE Journal of*, 47(10):2444–2453, Okt. 2012.

[Jon10] B.E. JONSSON. A survey of A/D-converter performance evolution. In *Electronics, Circuits, and Systems (ICECS), 2010 17th IEEE International Conference on*, S. 766–769, 2010.

[Jon11] B.E. JONSSON. Area efficiency of ADC architectures. In *Circuit Theory and Design (ECCTD), 2011 20th European Conference on*, S. 560–563, 2011.

[Jon12] B.E. JONSSON. A/D-converter performance evolution. *Converter Passion*, 2012.

[Kan09] JOSHUA J. KANG UND M.P. FLYNN. A 12b 11MS/s successive approximation ADC with two comparators in 0.13 um CMOS. In *VLSI Circuits, 2009 Symposium on*, S. 240–241, Juni 2009.

[Kes05] W. KESTER. *The Data Conversion Handbook*. Newnes, 2005.

[Kes08] W. KESTER. *Understand SINAD, ENOB, SNR, THD, THD + N, and SFDR so You Don't Get Lost in the Noise Floor*. Analog Devices, 2008. Tutorial MT-003.

[Kim04] SUN JUNG KIM, BYUNG JIN CHO, M. F LI, S.-J. DING, M.B. YU, CHUNXIANG ZHU, ALBERT CHIN UND D.-L. KWONG. Engineering of voltage nonlinearity in high-k MIM capacitor for analog/mixed-signal ICs. In *VLSI Technology, 2004. Digest of Technical Papers. 2004 Symposium on*, S. 218–219, Juni 2004.

[Kuo11] CHIEN-HUNG KUO UND CHENG-EN HSIEH. A high energy-efficiency SAR ADC based on partial floating capacitor switching technique. In *ESSCIRC (ESSCIRC), 2011 Proceedings of the*, S. 475–478, 2011.

[Kur07] Y. KURAMOCHI, A. MATSUZAWA UND M. KAWABATA. A 0.05-mm2 110-uW 10-b self-calibrating successive approximation ADC core in 0.18-um CMOS. In *Solid-State Circuits Conference, 2007. ASSCC '07. IEEE Asian*, S. 224 – 227, nov. 2007.

[Kut02] F. KUTTNER. A 1.2V 10b 20MSample/s non-binary successive approximation ADC in 0.13 um CMOS. In *Solid-State Circuits Conference, 2002. Digest of Technical Papers. ISSCC. 2002 IEEE International*, volume 1, S. 176–177 vol.1, 2002.

[Le05] BIN LE, T.W. RONDEAU, J.H. REED UND C.W. BOSTIAN. Analog-to-digital converters. *Signal Processing Magazine, IEEE*, 22(6):69–77, 2005.

[Lee83] HAE-SEUNG LEE UND D. HODGES. Self-calibration technique for A/D converters. *Circuits and Systems, IEEE Transactions on*, 30(3):188 – 190, mar. 1983.

[Lee84a] H.-S. LEE, D.A. HODGES UND P.R. GRAY. A self-calibrating 15 bit CMOS A/D converter. *Solid-State Circuits, IEEE Journal of*, 19(6):813 – 819, dec. 1984.

[Lee84b] HAE-SUNG LEE, D. HODGES UND P. GRAY. A self calibrating 12b 12us CMOS ADC. In *Solid-State Circuits Conference. Digest of Technical Papers. 1984 IEEE International*, volume XXVII, S. 64 – 65, feb. 1984.

[Lee85] HAE-SEUNG LEE UND D. HODGES. Accuracy considerations in self-calibrating A/D converters. *Circuits and Systems, IEEE Transactions on*, 32(6):590 – 597, jun. 1985.

[Lei09] SUN LEI, DAI QINYUAN, LEE CHUANGCHUAN UND QIAO GAOSHUAI. Analysis on capacitor mismatch and parasitic capacitors effect of improved segmented-capacitor array in SAR ADC. In *Intelligent Information Technology Application, 2009. IITA 2009. Third International Symposium on*, volume 2, S. 280–283, Nov. 2009.

[Lew09] L.L. LEWYN, T. YTTERDAL, C. WULFF UND K. MARTIN. Analog circuit design in nanoscale CMOS technologies. *Proceedings of the IEEE*, 97(10):1687–1714, Okt. 2009.

[Li12] CHUNG-YI LI, CHIH-WEN LU, HAO-TSUN CHAO UND CHIN HSIA. A 10-bit area-efficient SAR ADC with re-usable capacitive array. In *Anti-Counterfeiting, Security and Identification (ASID), 2012 International Conference on*, S. 1–5, 2012.

[Lim04] Q.S.I. LIM, A.V. KORDESCH UND R.A. KEATING. Performance comparison of MIM capacitors and metal finger capacitors for analog and RF applications. In *RF and Microwave Conference, 2004. RFM 2004. Proceedings*, S. 85–89, Okt. 2004.

[Lin05] ZENGJIN LIN, HAIGANG YANG, LUNGUI ZHONG, JIABIN SUN UND SHANHONG XIA. Modeling of capacitor array mismatch effect in embedded CMOS CR SAR ADC. In *ASIC, 2005. ASICON 2005. 6th International Conference On*, volume 2, S. 982–986, Okt. 2005.

[Lin12] D.T. LIN, LI LI, S. FARAHANI UND M.P. FLYNN. A flexible 500 MHz to 3.6 GHz wireless receiver with configurable DT FIR and IIR filter embedded in a 7b 21 MS/s SAR ADC. *Circuits and Systems I: Regular Papers, IEEE Transactions on*, 59(12):2846–2857, 2012.

[Liu11] WENBO LIU, PINGLI HUANG UND YUN CHIU. A 12-bit, 45-MS/s, 3-mW redundant successive-approximation-register analog-to-digital converter with digital calibration. *Solid-State Circuits, IEEE Journal of*, 46(11):2661–2672, nov. 2011.

[Liu12] WENBO LIU, PINGLI HUANG UND YUN CHIU. A 12-bit 50-MS/s 3.3-mW SAR ADC with background digital calibration. In *Custom Integrated Circuits Conference (CICC), 2012 IEEE*, S. 1–4, Sept. 2012.

[Lon08] JIEYI LONG, SEDA OGRENCI MEMIK, GOKHAN MEMIK UND RAJARSHI MUKHERJEE. Thermal monitoring mechanisms for chip multiprocessors. *TACO*, 5(2), 2008.

[Mal12] B. MALKI, T. YAMAMOTO, B. VERBRUGGEN, P. WAMBACQ UND J. CRANINCKX. A 70dB DR 10b 0-to-80MS/s current-integrating SAR ADC with adaptive dynamic range. In *Solid-State Circuits Conference Digest of Technical Papers (ISSCC), 2012 IEEE International*, S. 470–472, Feb. 2012.

[Mar06] GEORGE MARSAGLIA. Ratios of normal variables. *Journal of Statistical Software*, 16(4):1–10, Mai 2006.

[Max02] Maxim Integrated. *ADC and DAC Glossary*, 2002. Tutorial 641.

[McC75] J.L. McCreary und P.R. Gray. All-MOS charge redistribution analog-to-digital conversion techniques. I. *Solid-State Circuits, IEEE Journal of*, 10(6):371–379, Dez. 1975.

[Mer03] K.G. Merkel und A.L. Wilson. A survey of high performance analog-to-digital converters for defense space applications. In *Aerospace Conference, 2003. Proceedings. 2003 IEEE*, volume 5, S. 2415–2427, 2003.

[Mil90] G. Miller, M. Timko, H.-S. Lee, E. Nestler, M. Mueck und P. Ferguson. An 18b 10us self-calibrating ADC. In *Solid-State Circuits Conference, 1990. Digest of Technical Papers. 37th ISSCC., 1990 IEEE International*, S. 168–169, Feb. 1990.

[Mor13] T. Morie, T. Miki, K. Matsukawa, Y. Bando, T. Okumoto, K. Obata, S. Sakiyama und S. Dosho. A 71dB-SNDR 50MS/s 4.2mW CMOS SAR ADC by SNR enhancement techniques utilizing noise. In *Solid-State Circuits Conference Digest of Technical Papers (ISSCC), 2013 IEEE International*, S. 272–273, Feb. 2013.

[Mur08] B. Murmann. A/D converter trends: Power dissipation, scaling and digitally assisted architectures. In *Custom Integrated Circuits Conference, 2008. CICC 2008. IEEE*, S. 105–112, 2008.

[Mur15] B. Murmann. ADC performance survey 1997-2015, 2015. http://www.stanford.edu/~murmann/adcsurvey.html, abgerufen 9. Mär. 2015.

[Nat00] National Semiconductor. *A/D Converter Definition Of Terms*, 2000. MS101150.

[Neu01] H. Neubauer, T. Desel und H. Hauer. A successive approximation A/D converter with 16bit 200kS/s in 0.6um CMOS using self calibration and low power techniques. In *Electronics, Circuits and Systems, 2001. ICECS 2001. The 8th IEEE International Conference on*, volume 2, S. 859–862 vol.2, 2001.

[Ng02] C.H. Ng, K.W. Chew, J. X. Li, T. T. Tjoa, L.N. Goh und S.-F. Chu. Characterization and comparison of two metal-insulator-metal capacitor schemes in 0.13um copper dual damascene metallization process for mixed-mode and RF applications. In *Electron Devices Meeting, 2002. IEDM '02. International*, S. 241–244, Dez. 2002.

[Nuz08] P. Nuzzo, F. De Bernardinis, P. Terreni und G. Van der Plas. Noise analysis of regenerative comparators for reconfigurable ADC architectures. *Circuits and Systems I: Regular Papers, IEEE Transactions on*, 55(6):1441–1454, Juli 2008.

[Oga08] T. Ogawa, H. Kobayashi, M. Hotta, Y. Takahashi, Hao San und N. Takai. SAR ADC algorithm with redundancy. In *Circuits and Systems, 2008. APCCAS 2008. IEEE Asia Pacific Conference on*, S. 268–271, Dez. 2008.

[Pan09] Wen-Yi Pang, Chao-Shiun Wang, You-Kuang Chang, Nai-Kuan Chou und Chorng-Kuang Wang. A 10-bit 500-KS/s low power SAR ADC with splitting comparator for bio-medical applications. In *Solid-State Circuits Conference, 2009. A-SSCC 2009. IEEE Asian*, S. 149–152, Nov. 2009.

[Pel89] M.J.M. Pelgrom, Aad C J Duinmaijer und A.P.G. Welbers. Matching properties of MOS transistors. *Solid-State Circuits, IEEE Journal of*, 24(5):1433–1439, Okt. 1989.

[Pun13] Kong-Pang Pun, Lei Sun und Bing Li. Unit capacitor array based SAR ADC. *Microelectronics Reliability*, 53(3):505 – 508, 2013.

[RB87] W.W. Rouse Ball und H.S.M. Coxeter. Mathematical recreations and essays. *Dover Publications*, S. 50–51, 1987.

[Sab11] M. Saberi, R. Lotfi, Khalil Mafinezhad und W.A Serdijn. Analysis of power consumption and linearity in capacitive digital-to-analog converters used in successive approximation ADCs. *Circuits and Systems I: Regular Papers, IEEE Transactions on*, 58(8):1736–1748, Aug. 2011.

[Sch48] J. Schelleng. Code modulation communication system, Nov. 1948. US Patent, number 2,453,461.

[Sek11] R. SEKIMOTO, A. SHIKATA, T. KURODA UND H. ISHIKURO. A 40nm 50S/s-8MS/s ultra low voltage SAR ADC with timing optimized asynchronous clock generator. In *ESSCIRC (ESSCIRC), 2011 Proceedings of the*, S. 471–474, sept. 2011.

[Sha14] MOHSEN SHAHGHASEMI, REZA INANLOU UND MOHAMMAD YAVARI. An error-feedback noise-shaping SAR ADC in 90nm CMOS. *Analog Integrated Circuits and Signal Processing*, S. 1–10, 2014.

[She12] S.A SHEN, SHUANG XIE UND WAI TUNG NG. A power and area efficient 65nm CMOS delay line ADC for on-chip voltage sensing. In *Electron Devices and Solid State Circuit (EDSSC), 2012 IEEE International Conference on*, S. 1–4, Dez. 2012.

[Shi08] SOON-KYUN SHIN, YONG-SANG YOU, SEUNG-HOON LEE, KYOUNG-HO MOON, JAE-WHUI KIM, L. BROOKS UND HAE-SEUNG LEE. A fully-differential zero-crossing-based 1.2V 10b 26MS/s pipelined ADC in 65nm CMOS. In *VLSI Circuits, 2008 IEEE Symposium on*, S. 218–219, Juni 2008.

[Shi12] A. SHIKATA, R. SEKIMOTO, T. KURODA UND H. ISHIKURO. A 0.5 v 1.1 MS/sec 6.3 fJ/conversion-step SAR-ADC with tri-level comparator in 40 nm CMOS. *Solid-State Circuits, IEEE Journal of*, 47(4):1022–1030, 2012.

[Shr06] A. SHRIVASTAVA. 12-bit non-calibrating noise-immune redundant SAR ADC for system-on-a-chip. In *Circuits and Systems, 2006. ISCAS 2006. Proceedings. 2006 IEEE International Symposium on*, S. 4 pp.–1518, Mai 2006.

[Smi53] B.D. SMITH. Coding by feedback methods. *Proceedings of the IRE*, 41(8):1053–1058, Aug. 1953.

[Ste12] D. STEPANOVIC UND B. NIKOLIC. A 2.8GS/s 44.6mW time-interleaved ADC achieving 50.9dB SNDR and 3dB effective resolution bandwidth of 1.5GHz in 65nm CMOS. In *VLSI Circuits (VLSIC), 2012 Symposium on*, S. 84–85, 2012.

[Sun12] LEI SUN, KONG-PANG PUN UND ALEX WONG. Analysis and design of a 14-bit SAR ADC using self-calibration DAC. In *Circuits and Systems (ISCAS), 2012 IEEE International Symposium on*, S. 1267–1270, Mai 2012.

[Tab14] E.Z. TABASY, A. SHAFIK, KEYTAEK LEE, S. HOYOS UND S. PALERMO. A 6 bit 10 GS/s TI-SAR ADC with low-overhead embedded FFE/DFE equalization for wireline receiver applications. *Solid-State Circuits, IEEE Journal of*, 49(11):2560–2574, Nov. 2014.

[Tai12] HUNG-YEN TAI, HUNG-WEI CHEN UND HSIN-SHU CHEN. A 3.2fJ/cs 0.35V 10b 100KS/s SAR ADC in 90nm CMOS. In *VLSI Circuits (VLSIC), 2012 Symposium on*, S. 92–93, 2012.

[Tan13] H. TANG, Z.C. SUN, K.W.R. CHEW UND L. SIEK. A 5.8 nW 9.1-ENOB 1-kS/s local asynchronous successive approximation register ADC for implantable medical device. *Very Large Scale Integration (VLSI) Systems, IEEE Transactions on*, PP(99):1–1, 2013.

[Tsa11] JEN-HUAN TSAI, YEN-JU CHEN, MENG-HUNG SHEN UND PO-CHIUN HUANG. A 1-v, 8b, 40MS/s, 113uW charge-recycling SAR ADC with a 14uW asynchronous controller. In *VLSI Circuits (VLSIC), 2011 Symposium on*, S. 264–265, Juni 2011.

[VdP08] G. VAN DER PLAS UND B. VERBRUGGEN. A 150 MS/s 133 uW 7 bit ADC in 90 nm digital CMOS. *Solid-State Circuits, IEEE Journal of*, 43(12):2631–2640, 2008.

[VE08] M. VAN ELZAKKER, E. VAN TUIJL, P. GERAEDTS, D. SCHINKEL, E. KLUMPERINK UND B. NAUTA. A 1.9 uW 4.4fJ/conversion-step 10b 1MS/s charge-redistribution ADC. In *Solid-State Circuits Conference, 2008. ISSCC 2008. Digest of Technical Papers. IEEE International*, S. 244–610, 2008.

[Ver06] N. VERMA UND A.P. CHANDRAKASAN. A 25/spl mu/w 100kS/s 12b ADC for wireless micro-sensor applications. In *Solid-State Circuits Conference, 2006. ISSCC 2006. Digest of Technical Papers. IEEE International*, S. 822–831, 2006.

[Ver12] B. VERBRUGGEN, M. IRIGUCHI UND J. CRANINCKX. A 1.7 mW 11b 250 MS/s 2-times interleaved fully dynamic pipelined SAR ADC in 40 nm digital CMOS. *Solid-State Circuits, IEEE Journal of*, 47(12):2880–2887, 2012.

[Wal94] R.H. WALDEN. Analog-to-digital converter technology comparison. In *Gallium Arsenide Integrated Circuit (GaAs IC) Symposium, 1994. Technical Digest 1994., 16th Annual*, S. 217–219, 1994.

[Wal99] R.H. WALDEN. Analog-to-digital converter survey and analysis. *Selected Areas in Communications, IEEE Journal on*, 17(4):539–550, 1999.

[Wal08] R.H. WALDEN. Analog-to-digital converters and associated IC technologies. In *Compound Semiconductor Integrated Circuits Symposium, 2008. CSIC '08. IEEE*, S. 1–2, 2008.

[Xu10] YE XU UND T. YTTERDAL. A low-offset dynamic comparator using bulk biasing technique in digital 65nm CMOS technology. In *Solid-State and Integrated Circuit Technology (ICSICT), 2010 10th IEEE International Conference on*, S. 102–104, Nov. 2010.

[Yin12] GUOHE YIN, HE-GONG WEI, U-FAT CHIO, SAI-WENG SIN, U. SENG-PAN, ZHIHUA WANG UND R.P. MARTINS. A 0.024mm2 4.9 fj 10-bit 2 MS/s SAR ADC in 65 nm CMOS. In *ESSCIRC (ESSCIRC), 2012 Proceedings of the*, S. 377–380, 2012.

[Yon09] HE YONG, WU WUCHEN, MENG HAO UND ZHOU ZHONGHUA. A 14-bit successive-approximation AD converter with digital calibration algorithm. In *ASIC, 2009. ASICON '09. IEEE 8th International Conference on*, S. 234 – 237, oct. 2009.

[Yos10] M. YOSHIOKA, K. ISHIKAWA, T. TAKAYAMA UND S. TSUKAMOTO. A 10b 50MS/s 820uW SAR ADC with on-chip digital calibration. In *Solid-State Circuits Conference Digest of Technical Papers (ISSCC), 2010 IEEE International*, S. 384–385, Feb. 2010.

[Yos12] K. YOSHIOKA, A. SHIKATA, R. SEKIMOTO, T. KURODA UND H. ISHIKURO. An 8bit 0.35-0.8V 0.5-30MS/s 2bit/step SAR ADC with wide range threshold configuring comparator. In *ESSCIRC (ESSCIRC), 2012 Proceedings of the*, S. 381–384, 2012.

[Yos13] K. YOSHIOKA, A. SHIKATA, R. SEKIMOTO, T. KURODA UND H. ISHIKURO. A 0.0058mm2 7.0 ENOB 24MS/s 17fJ/conv. threshold configuring SAR ADC with source voltage shifting and interpolation technique. In *VLSI Circuits (VLSIC), 2013 Symposium on*, S. C266–C267, Juni 2013.

[Yu11] LI YU, JINGYONG ZHANG, LEI WANG UND JIANGUO LU. A 12-bit fully differential SAR ADC with dynamic latch comparator for portable physiological monitoring applications. In *Biomedical Engineering and Informatics (BMEI), 2011 4th International Conference on*, volume 1, S. 576–579, 2011.

[Yua13] CHAO YUAN UND Y.Y.H. LAM. A 281-nW 43.3 fJ/conversion-step 8-ENOB 25-kS/s asynchronous SAR ADC in 65nm CMOS for biomedical applications. In *Circuits and Systems (ISCAS), 2013 IEEE International Symposium on*, S. 622–625, Mai 2013.

[Zha12a] DAI ZHANG UND A. ALVANDPOUR. A 3-nW 9.1-ENOB SAR ADC at 0.7 V and 1 kS/s. In *ESSCIRC (ESSCIRC), 2012 Proceedings of the*, S. 369–372, 2012.

[Zha12b] DAI ZHANG, A. BHIDE UND A. ALVANDPOUR. A 53-nW 9.1-ENOB 1-kS/s SAR ADC in 0.13um CMOS for medical implant devices. *Solid-State Circuits, IEEE Journal of*, 47(7):1585–1593, 2012.

[Zhu08] YAN ZHU, U-FAT CHIO, HE-GONG WEI, SAI-WENG SIN, SENG-PAN U UND R.P. MARTINS. Linearity analysis on a series-split capacitor array for high-speed SAR ADCs. In *Circuits and Systems, 2008. MWSCAS 2008. 51st Midwest Symposium on*, S. 922–925, Aug. 2008.

Über den Autor

Stefan Hänzsche (*18.07.1980) erhielt 2006 sein Diplom in Elektrotechnik von der Technischen Universität Dresden, Deutschland. Seit 2006 ist er wissenschaftlicher Mitarbeiter an der Professur für Hochparallele VLSI-Systeme und Neuromikroelektronik der Technischen Universität Dresden. Sein Tätigkeitsfeld liegt im Entwurf und der Verifikation von analogen und Mixed-Signal Schaltungen. Er hat in Kooperationsprojekten mit Atmel, ZMDI, Globalfoundries und Bosch gearbeitet.